건축 콘서트

국립중앙도서관 출판시도서목록(CIP)

건축 콘서트 : 건축으로 통하는 12가지 즐거운 상상 / 이영수 외 12명 지음. ― 파주 : 효형출판, 2010
  p. ;   cm

ISBN 978-89-5872-095-9 03540 : ₩17000

건축[建築]

610.4-KDC5
720.2-DDC21   CIP2010003606

건축 콘서트

건축으로 통하는 12가지 즐거운 상상

이영수 외 12명 지음

효형출판

책을 내며

즐거운 건축 콘서트에 당신을 초대합니다

오리엔테이션이 필요했다. 청춘의 시간을 걸고, 나아갈 미래의 진로에 대해. 학문의 체계가 되었든 직업의 세계든, 그 불확실함을 없애줄 정보가 절실했다. 나는 건축을 전공하기로 마음먹은 아들에게 정작 건축을 알려줄 수 없었다. 건축을 공부하고 가르치는 일을 업으로 삼은 지 이십여 년이 지났다. 그런데, 그간 만나고 고민하고 궁리했던 건축을 한마디로, 아니 몇 문장으로마저 압축하지 못하다니. 난처했다.

서점을 뒤졌다. 난독증에 빠진 듯 이 책, 저 서가를 넘나들어도 맞춤한 책을 발견하지 못했다. '건축이란 이런 것이다' 책 한 권에 담기 버거운 주제로구나. 일필휘지 한 권의 책으로 그런 방향 설정이, 일목요연 줄거리의 밑그림이 가능하다면? 누군가에게는 단비와 같으리라 확신했다.

예비 건축가들에게 확장과 분주分株를 거듭하는 건축의 여러 분야를 지도처럼 보여주고 싶었다. 여러 갈래 길을 내려다보고 선택할 수 있는 자유란 얼마나 요긴한가! 그뿐이랴, 건축으로부터 자유로운 이는 아무도 없다. 거리, 시청, 광장이 마음에 들지 않더라도 이사를 가버리기 전에는 매일 마주쳐야 하니까. 벗어날 수 없는, 늘 부대끼며 함께 사는 집과 골목이 당신의 삶을 어떻게 변화시킬 수 있는지 말해주고 싶었다.

그러나 전력 질주하는 선수는 옆 레인을 살피기 어려운 법. 자칫 내 우물 밖 세상일에는 어두운 개구리가 되지는 않았던가. 그래도 쉽고, 편안하게 이야기하길 원했다. 혼자서 할 수 있는 일이 아니었다. 사람과 공간에 대한 열정을 나눠온 내 정신적 형제들에게 동참을 타진했다. 다들 비슷한 경험이 있다며 맞장구쳤다.

목표를 정했다. 누구나 부담 없이 읽는 건축 책. 각자 몸담은 분야를 소개하는 글을 써서 모으기로 의기투합했다. '불친절한 건축가'인 자신에 대한 성찰이기도 했다. 하지만 쉽지 않았다. 글을 써나가다가 문득 되짚어 읽어보면, 쉽게 쓰자 했던 애초의 약속이 무색하게도 어느새 글은 어려워져있었다. 각자 주어진 분량 안에 많은 이야기를 풀어놓으니 글은 점점 더 난해해져갔다. 건축가인 우리도 자신의 일을 설명하는 데 이렇게 어려우니, 독자들은 오죽하겠느냐는 반성이 오고 갔다. 그리고 정말 이렇게 책이 만들어졌다.

건축은 사람의 삶을 제 안에 담는다. 수많은 삶이 깃든 건축은 고유한 당대의 양식을 형성한다. 지역 밖, 또는 후대의 사람들은 그곳의 건축을 보면서 그 시대, 그 지역의 문화적 특징을 이해한다. 건축이 곧 문화의 척도가 되는 셈이다. 사람의 삶이 깃드는 환경의 창조자인 건축가는 당대를 포착하고 표현하는, 나아가 미래의 삶을 제안하고 선도하는 자로서 무겁고 큰 짐을 진다. 과거에도 그랬고, 현재도 그러하며, 앞으로도 그럴 것이다. 이 순간에도 세계의 건축, 건축가는 모든 학문과 실용의 경계를 넘나드는 문화의 아방가르드로서 시공의 최전방을 탐측하며 진화하고 있다.

건축으로 세상을 펼치는 건축가의 사정은 이러한데, 그럼 건축계 밖에 있는 사람들은? 그들 역시 각자의 삶 속에서 한시도 빼놓지 않고 건축을 마주한다. 건축에 대해 공부한 적 없는 사람도 자기 앞에 선 기둥이나 벽이 건축의 면면임을 잘 안다. 음악을 듣듯, 그림을 보듯, 액세서리를 고르듯, 사람들은 각자의 감각기관으로 건축을 접하고 또 말한다. 그러면서도 선뜻 다가서기 주저하는 대상이 또 건축이다. 이제껏 뭇사람에게 전달된 건축의 용어, 역사, 양식 등 모든 지식이 너무 낯설고 어려웠기 때문이다. 건축은 어려웠다. 건축가는 불친절했다. 건축가들은 사람을 위한다는 목표로 건축 행위를 수행하면서도, 거기 깃들 삶의 주인들에게 자신이 하는 일의 속을 쉬 내보이지는 않았다.

《건축 콘서트》라는 제목이 암시하듯, 이 책은 건축계에 몸담은 12명의 저자가 저마다 건축에 대한 흥미로운 이야깃거리를 들고 나와 마이크를 잡는다. 건축이 어떤 것인지 알고자 하는 독자 앞에 성큼 다가서서, 건축으로 통하는 쉽고 재미있는 12개의 길을 놓는 셈이다. 건축가를 꿈꾸는 학생은 물론, 다른 분야의 직업인으로 살고 있지만 신경의 한 끝은 건축에 가 닿아있는 성인까지도 이 책의 훌륭한 독자가 될 수 있으리라. 콘서트의 프로그램은 다음과 같이 크게 다섯 무대로 구성되었다.

본 공연에 돌입하기 전 도입부로, 건축가에 대한 이야기가 시작된다. 인간의 역사 속에서 땅과 삶과 집의 중재자로 자리매김해온 건축가들의 이야기와 함께, 한국 현대건축사의 장면들이 개략적으로 소개된다. 5개의 본무대 중 첫 번째 공연은 상상력과 건축에 관한 이야기다.

상상이란 누구든 품는 것. 그렇다면 건축가는 어떤 상상을 하고, 그 한계는 어디까지인지, 또 건축에 대한 우리의 상상력은 계발 가능한 것인지 짚어본다. 두 번째 공연은 공간과 건축의 관계를 다룬다. 건축이 다른 예술 장르와 구별되는 결정적 요인은, 인간을 척도로 하는 공간을 다룬다는 점이리라. 이러한 공간이 건축을 통해 어떻게 창조되고 또 변신하는지 들려준다. 세 번째 공연은 시각적 요소가 건축과 어우러져 자아내는 하모니에 주목한다. 빛과 색의 예술로서 건축에 대한 이야기로, 건축에 도입된 색과 빛의 기획이 공간의 성격을 어떻게 변화시키는지, 그리고 색채 요소를 적극적으로 도입한 공간이 궁극적으로 무엇을 이루고자 하는지 답해준다. 네 번째 공연에서는 건축이 현대사회와 관계 맺는 두 가지 전혀 다른 방향을 조망한다. 현대사회에서 소비로써 자기 존재를 확인하고자 하는 대중의 욕구를 건축이 어떻게 반영하고 활용하는지 확인하는 한편, 현대사회가 낳은 환경 위기를 건축이 어떻게 반성하고 극복하고 치유하는지 살펴본다. 다섯 번째 공연은 첨단기술로 구축해가는 건축의 미래에 대한 이야기다. 변화무쌍하게 돌아가는 세상에서 건축이 사람과 소통하는 새로운 방식을 목격하고, 이를 가능하게 한 디지털 기술의 발전상을 짚어본다. 마지막으로, 건축이 인류의 문화 형성에 미친 영향과 그 속에서 형성된 건축과 예술의 관계 맺음을 되짚어보며 공연을 마친다.

우리는 쉽고 재미있는 콘서트를 꿈꿨지만 독자가 그렇게 받아들여줄지 모르겠다. 다만 이 책은 명망 있는 건축가의 거창한 건축론도, 감상적이고 두루뭉술한 건축 에세이도, 으리으리한 건축물 사진을 죽 펼쳐놓은 휘황한 건축 작품집도 아닌, 건축에 다가서려는 이에게 슬며

시 내려놓는 낮은 댓돌임을 알아주었으면 한다. 건축이 무엇인지, 건축에 대해 좀 더 깊이 알려면 어떤 요소들에 주목해 접근해가야 하는지 이 책을 통해 하나하나 알아가길 바란다. 그렇게 되려면 독자도 우리를 도와주어야 한다. 건축은 텔레비전에서 흘러나오는 음악보다도 더 우리 삶에 가까이 다가와있다. 좋아하는 음악이 흘러나올 때 볼륨을 높이듯, 흥미로운 건축물이 눈에 들어오면 가까이 다가가 구석구석 살펴봐주길. 음악이 우리의 감정을 물결처럼 흔들어놓듯이, 건축도 우리의 이성과 감성에 다가와 제 몸과 마음의 이야기를 속삭일 것이다.

이 콘서트가 막을 내리는 순간, 건축을 전공하고자 하는 학생에게는 건축 공부에 필요한 기본적인 지식이 좀 더 쌓여있기를, 그냥 건축이 좋아 다가온 이에게는 건축을 마주하는 오감이 조금 더 활짝 열리는 소득이 있기를 바란다. 그럼으로써 우리의 공연도 한 번으로 끝나지 않고 거듭되기를 기대해본다.

끝으로, 출간의 뜻을 이해하고 강한 의지로 많은 시간을 함께해준 동료이자 제자인 12명의 저자에게 깊이 감사드린다. 아울러, 선뜻 출간에 응해주고 처음부터 끝까지 세세히 챙겨준 효형출판 식구들에게도 감사드린다.

2010년 10월의 어느 멋진 날에,
홍익대학교 와우관에서
저자를 대표하여 이영수

책을 내며
즐거운 건축 콘서트에 당신을 초대합니다 5

건축가란?
건축가, 땅 사람 집의 이야기를 듣다 _ 노은주 12

01 상상하라, 끝도 없이!
건축, 그리고 상상하기 _ **박영태** 38
유쾌한 딴지걸기 _ **이종환** 82

02 건축, 공간의 탄생
공간의 탐독 _ **유명희** 112
사람을 만드는 공간, 사람이 만드는 공간 _ **김수진** 144

03 건축, 빛과 색의 예술
말랑말랑한 빛, 끈적끈적한 색 _ **김선영** 172
마음을 움직이는 색 _ **이선민** 198

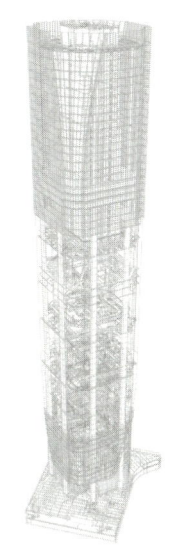

04 건축의 오늘, 생태냐 욕망이냐
포스트모던 사회와 세상의 소통방식 _ 임기택 214
자연을 품은 건축과 공간 _ 이윤희 234

05 건축, 미래를 향하다
건축과 대화하기 _ 김정신 262
건축과 디지털 기술 _ 권영석 276

건축이란?
건축, 예술 그리고 문화 _ 장정제 310

더 읽어볼 만한 책 331

건축가 建築家

「명사」 건축에 대한 전문적인 지식이나 기술을 가진 사람. 건축 계획, 건축 설계, 구조 계획, 공사 감리 따위의 일을 한다.

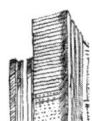

Understanding Architect

건축가, 땅 사람 집의 이야기를 듣다

노은주

현대사회에서 더위와 추위, 비와 바람, 온갖 위험한 것들로부터의 도피처를 마련하기 위한 원초적 집 짓기란, 흘러간 옛 노래처럼 해묵은 이야기일 수도 있다. 어느새 집은 '짓는' 것이 아니라 다른 생필품처럼 '사는' 것, 즉 경제적 가치로 대체되었다. 하지만 여전히 누구나 집을 짓는 꿈을 꾼다. 마음속으로 짓기도 하고, 실제 세상에서 짓기도 한다.

건축가architect, 설계자라 불리는 사람은 그러한 과정에 직간접적으로 개입하기에, 광범위한 의미로는 창조자로도 불린다. 여러 환경—도시든 자연이든—과 법규와 제도가 건축가의 자유로운 상상력과 아이디어를 제한하긴 하지만, 사람이 살아갈 안식처를 만들고, 나아가 도시의 풍경을 만든다는 점에서 건축가의 작업이 '창조'에 가깝다는 사실은 많은 사람이 수긍한다. 그러면서도 건축가의 작업이 구체적으로 어떻게 이루어지는지 아는 사람은 별로 없다.

　건축은 서로 만날 일이 없던 존재들을 때로는 무당처럼, 때로는 중매쟁이처럼 이어주는 역할을 수행한다. 건축가는 집이 지어질 땅의 기운을 읽고, 그곳에서 살아갈 사람의 의지를 비추어 그것이 엮일 공간을 만들어내는 복잡한 방정식을 풀어야 한다. 땅과 사람과 집이 서로 다툼 없이 조화롭게 어우러진, 보기에도 편안하고 살기에도 기꺼운 건축을 우리는 '좋은 건축'이라 부른다. 건축가는 모든 작업이 그처럼 '해피엔딩'이 되기를 바라는 대책 없는 낭만주의자다.

| 땅과 삶과 집의 중재자

경복궁 옆 통의동에서 사무실을 운영하던 몇 해 전 어느 날, 누가 불쑥 찾아왔다. 심층 취재 프로그램으로 낯익은, 그러나 실제로는 일면식도 없었던 한 방송사의 유명 프로듀서였다. 업무 관계로 여기저기를 둘러보며 다니던 중 효자동에서 집 한 채를 발견해 사들였고, 누군가의 소개로 우리 사무실의 전화번호만 간신히 알아낸 뒤 설계를 의뢰하러 찾아온 것이다. 사람들은 송사訟事가 생겼을 때나 병에 걸렸을 때, 주변 사람들을 통해 한 다리 두 다리 건너 변호사와 의사를 찾곤 한다. 건축가 역시 사정이 비슷해서, 생면부지의 사람이 찾아오기보다는 이렇게 알음알음으로 의뢰인과 연결되는 경우가 흔하다.

　그가 구한 집은 청와대 건너편 연무관을 끼고 들어간 골목 안, 늘 우두커니 서있는 모습이 유난히 눈에 들어오던 '적산가옥'이었다(일제가 패망 후 이 땅에 남겨놓고 간 이러한 '적의 재산'은 종로나 용산 일대에 아직 드문드문 남

효자동의 어느 적산가옥. 사람과 땅을 새롭게 만나면서 건축가의 일이 시작된다.

아 있다). 말하자면, 사람도 땅도 눈에는 익으나 잘 알지 못했던, 그러나 반가운 존재였다. 그 집의 이 층, 한쪽 벽창엔 백악산이, 다른 쪽 창엔 인왕산이 들어앉은 방에 앉아, 집의 주인과 집의 건축가는 시간 가는 줄 모르고 이야기를 나누었다. 10센티미터짜리 뼈대는 기름기 없이 날렵한 목재였고, 마당 쪽으로 덧붙인 듯한 구조는 아마도 광복 이후 방의 면적을 늘리면서 생긴 듯했다. 30평 남짓한 작은 공간이어도 1936년 지어진 이래 오랜 세월 연륜이 쌓인 집 안에서, 새로 들어가 살 사람, 그리고 그 집을 매만질 건축가의 꿈은 서로 목소리를 높이며 얽혀들었다.

전 세계 어느 곳에서든 건축가는, 다년간의 설계사무소 생활을 통해 일과 사람을 함께 익히고, 땅을 보면서 세상과 인연을 쌓아감으로써 건축가의 길을 수련한다. 루이스 칸Louis Isadore Kahn(1901-1974) 같은 건축의 대가는 물론, 현대건축의 아이콘이라 불리는 르코르뷔지에Le Corbusier(1887-1965)도 명성을 얻기까지 오랜 수행의 시간을 보냈다. 낙숫물이 바위를 뚫어내듯 인내심을 갖고 깊은 내공을 쌓은 건축가가 결국 걸작을 남기는 것을 보며, 건축가의 마음가짐을 종종 '농부의 마음'에 비유하기도 한다.

건축가의 원초적이고 사전적인 의미는 '건축에 대한 전문적인 지식이

도면과 모형 작업 등 설계 과정을 통해 지어질 집의 형태를 예측한다. 이런 과정을 거쳐 효자동 적산가옥은 카페로 재탄생했다. ⓒ박상현

나 기술을 가진 사람으로서 건축 계획, 건축 설계, 구조 계획, 공사 감리 따위의 일을 하는 사람'이다. 우리나라를 비롯한 대부분의 나라에서는 전문적으로 건축 설계를 담당하는 사람의 자격을 의사나 변호사처럼 국가에서 관리한다. 우리나라에서는 이를 '건축사建築士'라 부르고(언론이나 방송에서 흔히 쓰이는 '건축설계사'라는 명칭은 심각한 오해다), 건축사법에서도 "국토해양부장관이 시행하는 자격시험에 합격한 자로서 건축물의 설계 또는 공사 감리의 업무를 행하는 자를 말한다"라고 규정하고 있다. 설계는 스케치와 도면, 모형 등을 통해 실제 지어질 건물에 대한 정보를 만드는 작업이고, 감리는 설계대로 건물이 지어지도록 감독하는 일을 말한다.

그런데 근대 이전에는 건축가의 역할이 그런 식으로 뚜렷하게 규정되어 있지 않았다. 수많은 예술가가 미술, 건축, 기타 예술 장르를 두루두루 섭렵한 '종합예술인'이었기 때문이다. 가령 바티칸에 있는 〈성베드로대성당Basilica di San Pietro〉의 건축에는 브라만테, 라파엘로, 베르니니 등 여러 명의 예술가가 참여하였는데, 특히 위대한 조각가이자 화가, 그리고 건축가였던 미켈란젤로Michelangelo Buonarroti(1475-1564)는 말년의 30여 년간 건축 작업에 전념하였다. 마지막 스케치도 이 〈성베드로대성당〉의 돔 설계

종합예술인 미켈란젤로가 '건축가'로서 참여한 〈성베드로대성당〉.(위)
우암 송시열이 만든 〈남간정사〉.(왼쪽)
남명 조식이 설계한 〈산천재〉.(오른쪽) 작은 건물이지만 남명의 큰 사상이 반영된 건축 작품이다.

도였다고 하는데, 그 형태는 영국의 〈세인트폴대성당〉 돔, 프랑스 파리의 〈앵발리드〉 돔, 미국 워싱턴의 〈국회의사당〉 지붕 등의 원형이 되었다. 로마의 일곱 개 언덕 중 가장 작지만 중심으로서 가장 신성한 장소라 여겨지는 캄피돌리오Campidoglio 언덕과 광장 또한 다가갈수록 폭이 넓어지는 역원근법에 의한 착시 효과를 불러일으키는 독창적인 설계로, 그의 조각이나 그림 이상의 걸작으로 남았다.

최초의 건축가 임호텝. 건축가이자 제사장이자 당대의 지식인으로, 사후에 의술의 신으로까지 추대되었다.

우리나라에서도 김대성의 〈불국사〉나 이황의 〈도산서원〉, 송시열의 〈남간정사〉, 조식의 〈산천재〉 등 옛집을 통해 볼 수 있듯이, 당대의 지식인은 대부분 자신의 지식과 이상을 담은 건축을 남긴 훌륭한 건축가였다.

초기의 피라미드를 설계한 이집트의 임호텝Imhotep 또한 영화 〈미이라The Mummy〉에서 악역으로 등장했던 것과는 달리, 실제로는 건축가이자 이집트의 재상이자 대사제였다. 이집트 고왕국의 조세르 왕Pharaoh Djoser(기원전 2600년대) 시절 사람으로, 건축은 물론 천문학·수학·의학·역사·지리·시문·음악 등 다방면에 조예가 깊어, 왕은 물론 국민의 믿음을 얻어 사후에도 이집트와 그리스에서 의술의 신 아스클레피오스Asclépios로 불리며 존경을 받았다. 특히 그가 기원전 2660년 무렵 건설한 피라미드(밑변 108×126미터, 높이 62미터)가 바로 세계 최초의 석조건물이자 최초의 피라미드로 꼽히는 〈조세르의 계단식 피라미드Step Pyramid〉이다.

임호텝이 설계한 세계 최초의 석조건물, 〈조세르의 계단식 피라미드〉.

말하자면 조세르 왕이 바로 건축가 임호텝의 최초이자 최대의 건축주client였던 셈이다. 왕이나 교황 같은 절대적 권력자, 그리고 르네상스 시대의 메디치 가Medici family 같은 부유한 후원자가 역사적으로 많은 예술가와 건축가 들을 지원해주었다.

| 누구를 위해 건축할 것인가?

건축가가 신관이자 제사장 역할을 한 것은 고대에만 있었던 일은 아니다. 각 시대를 대표하는 수많은 종교 건축물이 건축가의 손을 거쳤고, 20세기 들어서도 고전적 의미의 '신관' 같은 역할을 한 건축가가 있다. 동시대 건축사에서 어떠한 카테고리에도 포함되지 않고 아무도 이름을 불러주지 않는, 나치에 부역한 전범 중에서 재판 후 사형선고를 받지 않고 유일하게 살아남은 알베르트 슈페어Berthold Konrad Hermann Albert Speer(1905-1981)의 이야기다.

그는 당시 많은 독일 젊은이가 그러했듯이 나치의 이상에 동화되고, 특히 히틀러에게 감복하여 함께 그의 꿈을 이루고자 했다. 채 서른도 되지 않은 젊은 나이에 나치 정부에 발탁되어 히틀러가 그리는 새로운 제국의 모습을 구체적으로 그려낸 그의 탁월한 능력은, 이른바 '발키리Valkyrie'라는 작전명 하에 히틀러를 암살하고자 한 집단에게도 높이 평가되어 회유 대상자 목록에 이름이 오르기도 했다고 한다.

슈페어와 히틀러는 고대 그리스나 로마의 유적처럼 수천 년 후 폐허가 되더라도 미적 가치가 남는 건물을 건축하려 했고, 모든 제3

히틀러와 슈페어.

나치의 이상을 건축으로 구현하고자 한 〈게르마니아〉. '세계의 수도'로서의 베를린을 위해 히틀러와 슈페어가 꿈꿨던 웅장한 도시계획이었다.

제국의 중요한 건물이 이러한 개념으로 지어져야 한다고 생각했다. 웅장한 건축물처럼 제국의 권위를 시각적으로 손쉽게 전달할 수 있는 수단도 별로 없기 때문이다. 슈페어는 마라토너 손기정이 금메달을 딴 1936년 베를린 올림픽의 주경기장의 설계에도 관여했으며, 1937년 파리에서 열린 국제박람회의 〈독일관〉도 그의 작품이었다.

1937년 히틀러는 슈페어를 '제국수도 총건축감독관'으로 임명했고, 슈페어는 히틀러가 원하는 '세계의 수도'로서의 베를린을 위해 웅장한 도시 계획을 만들어냈는데 그것이 바로 〈게르마니아Germania〉다. 계획안에는 18만 명의 군중을 수용할 수 있는 210미터의 돔 구조물과 120미터의 개선문이 포함되어있었는데, 제2차 세계대전의 발발로 모두 건설이 중단되었다. 이처럼 히틀러의 가장 가까운 곳에서 충성을 바친 그가 종전 후 살아남을 수 있었던 것은, 나치의 만행을 진심으로 반성한 점과 그의 재능을 아까워 한 유럽 지식인들 덕분이었다.

극단적인 사례지만, 자신의 이상을 위해 나치의 만행을 외면한 슈페어의 삶은 건축가의 윤리성에 회의를 품게 하는 게 사실이다. 건축가가 이처럼 권력자를 위해 일하며 자신의 이상을 투영하고자 했던 선택을 어떻게 받아들여야 할까? 엘리트 집단의 일원으로서 소수 상위 계층을 위하여 일하는 모습은 부정할 수 없는 건축가의 일면이기도 하다.

반면 이집트 건축가 하싼 파티Hassan Fathy는 '민중'을 위한 건축에 평생을 바쳤다. 1945년 이집트 룩소르 부근의 〈구르나 마을New Gourna Village〉 건설 계획을 담당했던 그는 농촌 사회와 문화, 경제 문제 등 당시 이집트 농촌의 생존 조건을 면밀히 검토한 후, 전통 축조술을 응용한 흙 건축으로 아름다운 마을을 건설했다.

그는 본래 부유한 지주의 아들로 태어나 영국에서 건축 수업을 받았다. 농촌 생활에 대한 막연한 환상과 오해를 가지고 있던 그는, 성인이 되어서야 처음으로 자기 집안 소작인들의 집을 방문했고, 그때 이집트 농촌의 주거 환경의 참혹한 현실을 깨닫게 된다. 그는 농촌 주거의 대안으로 전통적인 흙벽돌집의 기술을 발굴해냈고, 고대 왕조 무덤의 도굴을 주업으로 삼던 구르나 지역 주민 7000명이 이주해갈 마을을 새로 건설하는 일을 맡게 된다. 그가 제안한 방법은 흙이라는 자연 재료를 그대로 활용할 수 있으며, 콘크리트 건축물보다 몇 배나 비용도 적게 드는 것이었다.

배타적인 타 건축가들이나 공공 기관의 관료주의, 공동 작업의 어려움

이집트 건축가 하싼 화티가 제안했던 민중을 위한 건축, 〈구르나 마을〉.

등으로 인해 그의 작업은 성공을 거두지는 못했다. 그러나 그는 마을 사람들과 함께 직접 마을을 건설하면서 단순히 집을 짓는 일뿐만 아니라 마을 경제의 수입원이 될 각종 장인 교육을 부활시키고, 학교와 사원, 시장 등의 공공시설을 먼저 건설하면서, 삶 속에서 실천할 수 있는 건축가의 도덕적 책무가 어떠한 것인지 훌륭히 보여주었다.

| 시대를 비추는 거울

사실 건축가의 직능이 구체적 모습으로 확립된 것은 데카르트의 인본주의적 이성주의, 칸트의 인식론, 헤겔의 변증법 등의 철학적 기초와 마르크스의 유물론 등이 기술혁명과 산업혁명을 통한 시대적 변혁을 예견하거나 뒷받침하면서 새로운 사회구조에 걸맞는 정신적 시대사조로서 작용한, 모더니즘modernism을 기반으로 한 현대건축이 전개된 19세기 이후라 할 수 있다.

초기 모더니즘을 주도한 세력은 '도시 중심'의 '아방가르드'이자 '엘리트'Avant-garde Elite들이었다. 이들은 산업혁명에 의해 형성된 '신도시'에서 거주하며 사회구조의 혁신과 새로움을 추구했는데, 그것이 유럽 전체와 미국으로 퍼져나가며 국제화에 성공하게 된다. 피카소 등과 더불어 모더니즘의 아이콘이 된 건축가 르코르뷔지에는 "집은 살기 위한 기계"라 선언하고, 월터 그로피우스Walter Adolph Georg Gropius(1883-1969), 미스 반데어로에Ludwig Mies van der Rohe(1886-1969) 등과 함께 국제주의건축을 이끌었다.

이들 모더니스트 건축가 그룹이 관심을 가진 것은 시민혁명과 산업혁

새로운 사회의 새로운 건축을 실현하고자 했던 르코르뷔지에의 〈빛나는 도시〉.

명 이후 형성된 근대사회에서 변화된 사람들의 생활환경에 대한 대응 방식과 건축적인 개선 방향이었다. 전통적으로 건축가가 설계하는 건축물의 주 이용자는 귀족, 혹은 부르주아계급이었으나 시민사회 이후 그 양상이 크게 변화되는데, 새롭게 정치·문화·사회의 주도 세력이 된 시민계급은 근대 문명의 한 축을 형성하였고, 새로운 사회는 새로운 건축 시설을 필요로 했다.

즉 교회나 궁전, 성 같은 건축물이 이전의 건축 문화를 주도했다면, 19세기 이후에는 관청, 공장, 박물관, 병원, 도서관, 학교, 극장, 박람회, 감옥, 수용소, 상업건축물 등 새로운 산업의 등장에 따른 새로운 건축 시설들이 나타나 이 시대의 사회와 사람들의 삶에 연동했다. 따라서 아방가르드적 건축가들이 새로운 건축의 규범, 즉 볼륨, 규칙성, 부가 장식의 제거 등을 주장하면서 이른바 '국제양식International Style'을 이끄는 동안, 한편에서는 엔지니어들이 과학적, 기술적 접근을 강조하면서 보다 실질적인 방향의 건축을 진행하였다. 대중을 이끌 것인가, 대중에 맞춘 건축을 할 것인가 하는 문제는 1960년대 이후 포스트모더니즘 건축가들에 의해 보다 상업주의적인 방향으로 전개되기도 했다.

이처럼 건축가의 역할 수행은 사람들의 삶이 진화하기도 하고, 스페인 북부 빌바오Bilbao의 사례처럼 도시의 정체성을 변화시키는 단초가 되기도 한다. 인구 35만 명의 작은 도시 빌바오의 연간 관광객 수는 100만 명 이상인데, 이는 〈빌바오 구겐하임 미술관Guggenheim Museum〉이라는 유명한 건축물이 그곳에 있기 때문이다.

'건물은 네모난 박스'라는 상식을 뛰어넘어 마치 금속으로 빚어낸 꽃같이 화려하게 빛나는 이 미술관은 미국 건축가 프랭크 게리Frank Owen Gehry(1929-)가 설계한 작품이다. 강가에 비치는 미술관의 아름다운 전경에 매혹된 수많은 관광객이 이 건물을 보기 위해 이 작은 도시로

퇴락한 빌바오를 문화도시로 거듭나게 한 금속으로 빚어낸 꽃, 프랭크 게리의 〈빌바오 구겐하임 미술관〉.

날아온다.

사실 빌바오는 1970년대까지 공업도시로서 순조롭게 성장했지만, 1980년대 주력 산업인 철강업이 붕괴되면서 실업률이 치솟고 바스크Basque 분리주의자의 테러가 이어지면서 쇠퇴의 길을 걷기 시작했다. 빌바오는 이러한 어려움을 극복할 방법으로 '문화'를 선택했다. 그리고 세계 최고의 현대미술관 중 하나인 구겐하임 미술관의 유럽 분원 유치 경쟁에 뛰어들어 이탈리아 베네치아, 오스트리아 잘츠부르크 같은 유명 도시를 제치고 1997년 국제지명공모(국제적으로 유명한 여러 건축가들에게 설계안을 의뢰하여 당선작을 뽑는 공모전)를 통해 선정된 프랭크 게리의 설계안을 완성하였다. 게리의 건축이 주는 강렬한 이미지는 '건축의 기능과 형태의 조화'라는 건축가의 오랜 고민에 대한 유쾌한 도전이었다.

│ 타의에 의해 열린 한국의 현대건축

우리나라에서 근대적 의미의 건축은 1876년 개항 이후부터 들어서기 시작했다고 볼 수 있다. 전통적인 기와지붕이나 목조건축만이 즐비하던 당시, 서양 건축가들이 우리나라에 건너와 퍼뜨린 소위 이양건축異樣建築의 도면이나 공법, 재료 등은 모두 놀라운 것이었다. 기와지붕과 초가지붕이 즐비한 사대문 안에 불쑥 불쑥 솟아오른 콘크리트 건물이나 성당의 첨탑은 본의 아니게 문이 열려버린 한국의 슬픈 근대를 상징하는 것들이었다.

1883년 고종은 조선 정부의 통상과 외교 고문을 맡고 있던 독일인 묄렌도르프Paul George von Möllendorf에게 조계지 측량과 궁궐 건축을 맡길 서양인 건축 기술자를 구해오라고 명한다. 그래서 조선에 들어오게 된 사람이 러시아 건축가 사바틴Afanasij Ivanobich Scredin Sabatin(1860-1921)이다. 당시 고종이 서양인 건축 기술자를 부른 것은 서양 건축양식 수용에 대한 장기적인 계획을 바탕으로 한 것은 아니었고, 또 고종이 궁궐에 출입하는 외교관 및 고문 역할을 했던 외국인들을 지나치게 총애한 면이 있어서, 오히려 조선인 관원이나 공장들은 이국의 건축가에게 반감을 갖고 있었다. 따라서 사바틴 같은 일개 서양인 기술자가 당시 열강의 압박과 민란 등으로 실추된 왕권과 관원들의 부패 구조 속에서 이전의 환경과 전혀 다른 새로운 양식의 건축을 실현하는 일이란 결코 쉽지 않았을 것이다.

사바틴이 궁중 도서관으로 설계하여 1901년 완성된 궁궐 최초의 서양식 건물은 원래 〈수옥헌漱玉軒〉의 영역이었던 〈중명전重明殿〉이다. 이 건물은 도서관보다는 외교사절 접견장이자 연회장으로 주로 사용되어 1906년에는 순종비 윤씨의 가례 때 외국 사신을 위한 연회가 열렸고, 1904년 4월 경운궁(현재 덕수궁)에 불이 나자 1907년 순종에게 왕위를 물려줄 때까지 고종 일가가 이곳에 기거하기도 했다. 국력이 기울었다고는 하나 한 나라의 군주가 머물기에는 초라하기 이

덕수궁 〈중명전〉. 본래와는 다른 모습, 다른 용도로 변한 채 소홀히 관리되다가, 2010년에 비로소 제 모습을 되찾았다.

를 데 없는 공간이었다. 1905년 바로 이곳에서 을사늑약이 체결되었다. 〈중명전〉은 이후 1915년부터 1960년대까지 외국인의 사교 장소로 임대되기도 했으나 1963년 일본에서 귀국한 영친왕 이은李垠 공 등 마지막 왕족에게 상속되었다. 그 후에도 몇 번이나 주인이 바뀌었다. 〈중명전〉은 1983년에야 서울시 유형문화재 제 53호로 지정되었고, 2007년 비로소 다시 덕수궁 권역에 편입되어 국권피탈 100년이 되는 2010년 8월 29일 복원·개방되었다.

사바틴이 설계한 건물은 〈중명전〉뿐만 아니라 〈독립문〉과 〈구舊 러시아공사관〉, 그리고 덕수궁의 〈정관헌〉, 〈손탁호텔〉 등이 있는데, 그때 〈독립문〉의 공사에 참여한 사람이 심의석沈宜碩(1854-1924)이다. 그는 전통 건축과 서양 건축을 동시에 익히면서 양쪽을 적절히 접합시키는 가능성을 보여주어 종종 '20세기 최초의 한국 건축가'로 꼽힌다. 그는 배재학당, 정동 제일교회 등의 공사와 영국인 하딩J. R. Harding이 설계한 덕수궁 〈석조전〉의 공사에 참여하기도 했다. 그러나 그가 설계자라기보다는 시공자의 입장이었다는 점에서, 그를 순수한 의미의 '건축가'로 보기에는 상당히 무리가 있다.

일제강점기에 주요 건축물은 일제에 의해 설치된 탁지부度支部(조선 말기 관청의 하나로, 호조戶曹의 업무를 계승하여 국가의 재무행정 전반을 담당) 건축소와 일본인 건축가들에 의해 세워졌다. 그 사이 근대 건축교육기관인 경성공업전문학교 등에서 한국인 졸업생들이 배출되기 시작하여, 1930년대 초부터는 박길룡朴吉龍(1898-1943), 박동진, 박인준, 강윤 등 우리 건축가에 의해 설계된 건축물이 하나 둘씩 들어서게 된다.

특히 한국 근대건축의 기틀을 잡은 건축가로 평가되는 인물이 박길룡이다. 그는 최초로 한국인(박흥식)이 세운 백화점인 〈화신백화점〉(1937)을 설계하였다. 비록 1988년 철거되어 지금 그 자리에는 미국에서 활동 중인 건축가 라파엘 비뇰리Rafael Vinoly가 설계한 〈종로타워〉가 있지만, 일제강점기에는 한국인 상권을 대표하던 이른바 랜드마크 건물이었다. 박길룡은 경성공업전문학교 1회 졸업생으로, 1920년 조선총독부에 건축 기수로 들어가서 청사 신축공사에 실무자로 참여하기도 했다. 일본인에게 역량을 인정받은 박길룡은 1932년 건축사무소를 개설하여 그의 이름을 건 작업을 본격적으로 시작했다. 그는 당시로서는 매우 세련된 건물들을 설계했고, 주거에 대한 문화·개량·위생 운동을 위하여 신문, 잡지 등 매체를 통해 건축 계몽을 벌이기도 했다. 그가 종로 일대를 중심으로 여러 근대식 빌딩을 세워 나감으로써, 당시 한국 건축은 나름대로 자발적 건축 활동의 기반을 만들 수 있었다.

특히 시인 이상李箱(1910-1937)이 건축을 공부한 후 박길룡 등과 함께 잠시나마 함께 일했던 일화는 유명하다. 이상은 조선총독부의 기관지인 《조선과 건축》의 표지 도안 현상공모에 1등과 3등으로 당선되는 등 그림과 도안에 재능을 보였는데, 〈오감도〉, 〈삼차각설계도〉, 〈건축무한육면각체〉 등의 시에서 그가 공부한 근대건축 및 기하학, 상대성이론 등의 영향을 엿볼 수 있다.

한국 최초의 현대건축가로 불리는 박길룡의 〈화신백화점〉. 종로의 한국인 상권을 대표하는 건물이었다.

| 전통의 마음, 현대의 몸

해방 이후 20세기 후반까지 한국 현대건축의 가장 중요한 이슈는 콘크리트라는 재료(일본 건축가들 역시 이 새로운 재료에 매혹되었다)와 세계 건축계를 휩쓴 '국제주의' 건축 양식이었다. 당시 우리 현대건축을 이끈 두 거장은 김중업金重業(1922-1988)과 김수근金壽根(1931-1986)이다. 김중업은 르코르뷔지에 문하에서 새로운 유럽 건축을 보고 배운 뒤 귀국하여, 홍익대 교수를 지내며 〈서강대 본관〉, 〈주한프랑스대사관〉, 〈제주대 본관〉 등을 설계한다. 대담한 형태와 섬세한 디테일의 콘크리트 건물들은 건축의 조형성을 극대화하며 현대건축의 한국적 구현이라는 숙제를 앞서서 풀어갔다는 평가를 받았다. 그는 〈삼일로빌딩〉(1969) 이후 현실 참여적 발언으로 정부와 불화를 겪으며 해외 도피 생활을 하기도 했던 한국 현대건축계 최고의 풍운아다.

김수근은 1959년 도쿄예술대학 건축과를 졸업한 직후 남산 〈국회의사당〉 현상공모에 응모하여 1등으로 당선(박춘명, 강병기, 정형, 정종태 등과 합작)된 후 귀국한다. 비록 이 계획은 실현되지 못했지만, 이후 '김수근건축연구소'를 열고 5·16

한국 건축의 지붕의 선을 아름답게 현대화한 김중업의 대표작 〈주한프랑스대사관〉.(위)

김수근의 〈공간사옥〉. 한국적인 공간의 현대화는 모든 건축가의 과제다.(아래) ⓒ박영채

군부 쿠데타 후 워커힐호텔〈힐탑바〉에서 대담한 구조를 표현한 후,〈자유센터〉,〈타워호텔〉,〈한국일보사옥〉,〈세운상가〉등을 설계하며 최고의 스타 건축가로서 입지를 굳혔다. 그러나〈부여박물관〉으로 일본 신사 표절 논란을 겪게 되고, 이를 계기로 오히려 전통에 대한 깊은 탐구에 들어가면서 종합예술지인《공간空間》을 창간하는 등 문화계의 발전에 크게 기여했다. 한국 현대건축의 백미로 불리는〈공간사옥〉과〈마산성당〉,〈경동교회〉등이 대표작으로 꼽히며,〈올림픽 주경기장〉등 국가적으로 중요한 건축물도 다수 설계하였다.

두 건축가 외에도 수많은 한국의 현대 건축가들이 전통의 현대화, 즉 현대건축의 한국적 구현이라는 중요한 화두를 품고 있었다.〈절두산순교박물관〉,〈국립극장〉등을 설계한 이희태李喜泰(1925-1981)도 그랬다. 근대

순교 정신의 상징과 한국적인 토착성, 전통적인 고유미를 살려낸 이희태의 〈절두산순교박물관〉.

최근 가장 유명세를 치르는 건축가 중 한 사람인 자하 하디드의 〈동대문디자인플라자〉.

와 전통의 결합에서 빼어난 독창적 건축 언어를 보여준 〈절두산순교박물관〉은 건립 당시 산의 모양을 조금도 변형하지 않는다는 조건하에 설계를 공모하여 이희태의 계획안이 선정되었는데, 순교 정신의 상징과 한국적인 토착성, 그리고 전통적인 고유미를 살려낸 건축 개념이 잘 드러나며 한강변의 가장 아름다운 건축물로 손꼽히고 있다.

그러나 〈전주시청사〉나 〈독립기념관〉 같은 직설적 표현에 대한 찬반 논란에서 보듯, 기와지붕이나 목조 구조 등 형태적인 요소로서 한국성을 표현하는 작업은 재료적인 한계와 세계적인 현대건축과 그 흐름을 달리한다는 부정적 인식이 대두되었다. 이에 따라 전통미에 대한 건축계의 관심은 점차 '마당', '길' 같은 공간의 변용에 대한 쪽으로 전환되어, 1990년대 이후 승효상의 〈수졸당〉, 방철린의 〈미제루〉 등 추상화된 전통 요소의 반영으로 이어진다.

〈화신백화점〉 같은 근대건축뿐 아니라 〈제주대 본관〉, 〈한국일보사옥〉 같은 20세기 현대건축의 중요한 작품이 철거되면서 당시 건축가의 노력과 고민의 흔적이 점점 사라져가는 것이 안타깝다. 오늘날 한국 건축가들은 현대사회의 복잡하고 다양한 변화상과 더불어 통일된 하나의 이념보다는 건축가 개인의 개성을 강조하며 각기 다양한 모습으로 활동하고 있다. 이들은 〈동대문디자인플라자〉를 설계한 자하 하디드Zaha Hadid나 〈서울대 미술관〉을 설계한 렘 쿨하스Rem Koolhaas, 〈갤러리아 백화점〉 외관을 디자인한 벤 반 베르켈Ben Van Berkel 등 국제적 명성을 자랑하는 건축가들과 치열하게 경쟁하고 있다.

| 건축가의 단서들

이처럼 건축가는 자신이 사는 시간(시대성), 건축이 들어서게 될 땅(장소성), 그리고 자신의 이념(건축가의 정체성) 등을 고민하며 설계에 임한다. 물론 당연히 거기에 살게 될 사람까지 생각해야 한다. 땅의 의지, 사람의 의지, 건축가 자신의 의지, 심지어 지어질 집의 의지까지, 그 복잡한 목소리에 모두 귀 기울이며 하나의 이야기로 엮어가는 방식, 그리고 그 단서를 얻는 방법은 건축가마다 모두 다르다.

  건축이 하나의 독자적 개체로만 설 수 없는 것은 그것이 딛고 있는 대지, 주변 환경, 나아가 도시 속 풍경, 그리고 직접적인 이용자들과 단지 바라볼 뿐인 타자의 시선에 이르기까지 모두가 서로 관계 맺고 있음을 부정할 수 없기 때문이다. 한 사람의 집이든 수만 명이 이용하는 공공시설이든, 건축가에게 땅이 던져질 때는 언제나 그 모든 조건이 '단서'가 된다. 수많은 단서는 추리소설에서처럼 '오직 하나만의 진실'을 위한 것이 아니다.

  때로 건축은 '자연의 산물'로 혹은 '시스템의 문제'로 갈리고, 그 다원화의 급류 속에서 건축가의 서랍은 기약 없이 부지런히 열리고 닫히며 삐걱거리곤 한다. 산티아고 칼라트라바Santiago Calatrava(1951-)는 공룡 뼈 같이 거대하고 경이로운 골격의 건축으로 유명한 스페인 건축가다. 고향 발렌시아에 설계한 〈예술과학공원Ciutat de les Arts i les Ciències〉은 형태의 유사함뿐만 아니라 그 스케일도 공룡처럼 압도적이다. 그의 건축적 논리는 사

"자연은 어머니이자 선생님이다"라고 말하는 칼라트라바의 원초적 스케치가 실현된 〈예술과학공원〉.

뭇 단순하고 명쾌하다. 나뭇가지나 동물의 골격 형태를 연상시키는 골조는 기반이 상단보다 더 두껍다는 자연의 법칙, 일명 '순환의 원리'에서 출발한다. "자연은 어머니이자 선생님이다 Natura Mater et Magistra"라는 것이다. 비록 그의 '원초적인' 스케치를 실현하기 위해서는 첨단의 컴퓨터 그래픽 기술과 숙련된 조선造船 기술자까지 동원되기는 하지만, 많은 건축가에게 근대적 도시성의 상징인 콘크리트가 칼라트라바에게는 "유연하고 다루기 쉬운 바위"가 된다. 그 자신의 표현대로 "단지 기술적인 지식만이 아니라, 그 재료가 가지고 있는 내재적이고 시적인 표현 잠재력을 이해"해야 가능한 일이다.

그러한 시적이고 유쾌한 상상력은, 파리의 〈퐁피두 센터Centre Pompidou〉를 통해 일찍이 테크놀로지의 상징성을 표현한 이탈리아 건축가 렌조 피아노Renzo Piano(1937-)의 작품에서 명쾌하게 구현된다. 그의 스튜디오인 〈렌조 피아노 빌딩 워크숍〉은 "기계는 자연을 파괴하는 것이 아니라 우리의 삶을 도와주는 것이어야 하며, 공간은 위압적이지 않고 그 안에서 일하는 사람에게 기쁨을 선사할 수 있어야 한다"는 건축가의 입장을 대변해주는 건물이다.

특히 전래의 오두막 형태를 극적으로 은유하는 뉴칼레도니아의 〈장 마리 티바우 문화센터〉는 가장 하이테크적인 재료들이 가장 원초적인 형태로 표현된, 과거와 현재, 자연과 테크놀로지 같은 모든 건축적 단서의 매혹적이고도 행복한 결합이다.

자연으로부터 출발했지만 건축가의 독자적인 해석으로 거듭나면서 직관적으로 감성을 자극하는 건축이라면, 스페인 바르셀로나를 대표하는 건축물 〈사그라다 파밀리아Sagrada Familia(성가족성당)〉를 설계한 건축가 가우디Antonio Gaudí y Cornet(1852-1926)도 빼놓을 수 없다. 가우디는 20세기 초반 유럽의 중요한 건축 경향이었던 아르누보Art Nouveau(새로운 예술)을 가장 독창적으로 실천한 건축가다. 생물체의 형상 같기도 하고 상상 속의 공간 같기도 한 그의 작품은, 기괴하지만 아름답고 환상적이다. 가우디 작품의 70퍼센트 이상이 바르셀로나와 그 주변에 있는데, 1984년에 〈구엘공원Parque Guell〉과 저택 및 〈카사밀라Casa Mila〉가 유네스코 세계문화유산으로 지정되었고, 2005년에는 바르셀로나에 있는 그의 모든 작품으로 그 범위가 확대되었다.

전래의 오두막 형태를 극적으로 은유하고 있는 렌조 피아노의 〈장 마리 티바우 문화센터〉.

100년도 넘게 공사 중인 바르셀로나의 상징적 건축물, 가우디의 〈사그라다 파밀리아〉.

〈사그라다 파밀리아〉는 가우디가 서른 살 때인 1882년 공사가 시작되어 1926년 그가 죽을 때까지 일부만 완성되었고, 현재도 계속 공사 중이며, 완성되기까지 시간이 얼마나 걸릴지는 아무도 모른다고 한다. 건축 비용이 후원자의 기부금만으로 충당되기 때문이다. 가우디는 평생을 바친 그 성당의 지하에 잠들어있다. 죽은 후까지 자신의 꿈이 이루어지는 곳에 머무는 가우디의 현재가, 어쩌면 수많은 건축가들 또한 조용히 꿈꾸는 미래일지도 모른다.

| 건축가의 즐거움

작은 도면 위에 그려넣은 한 장의 스케치에서 시작되어 그것이 사람들의 삶을 담아내고, 도시를 이루고, 세상을 채워가는 모든 과정을 이끌어가는

것이 건축가의 일이다. 설계한 도면대로 건물이 완성되는지도 지켜보아야 하고, 살게 될 사람의 마음도 어루만져야 한다. 그것이 정부와 부유한 이들을 위한 거창한 사업이 될 수도 있고, 오래되고 남루한 집에 약간의 덧칠을 할 뿐인 소박한 일이 될 수도 있지만, 자칫 한눈팔다가는 비가 샐 수도, 지붕이 무너질 수도 있으니 잠시라도 마음을 놓으면 안 된다. 고된 야근으로 이어지는 나날이 당연하고, 때로는 불협화음이 되기 쉬운 아마추어 오케스트라의 서툰 지휘자처럼 악보의 다음 페이지를 잊고 헤매기도 하지만, 봄에 씨를 뿌리고 여름 내내 잡초와 사투를 벌이는 농부의 마음처럼, 대지 곳곳에 심어둔 생각이 꽃을 피워내고 쑤욱 솟아올라 든든한 뼈대를 갖는 집으로 완성될 때, 그 모든 어려움과 괴로움은 씻은 듯 사라진다.

그것이 건축가의 가장 큰 즐거움이다.

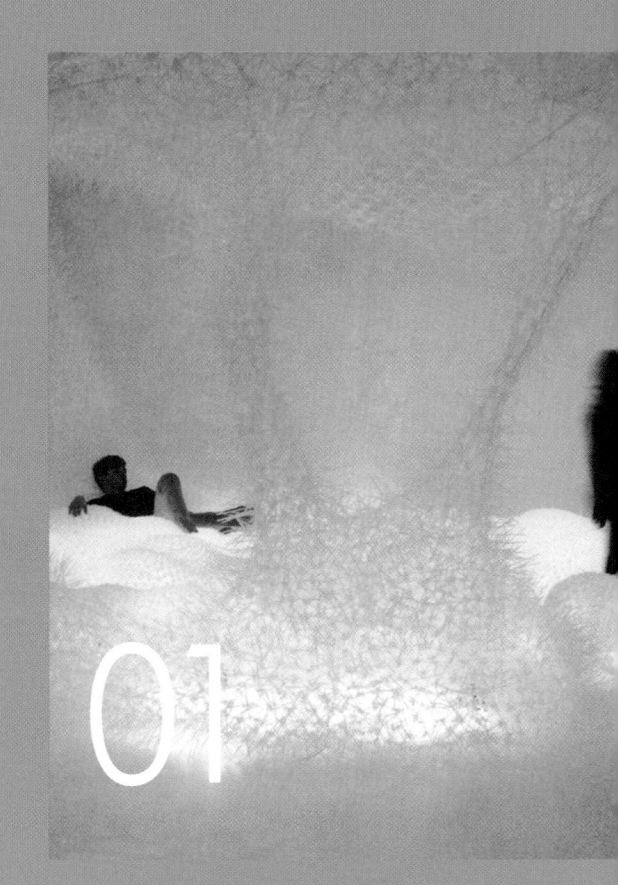

상상력과 건축_
상상하라, 끝도 없이!

멋진 상상, 행복한 상상, 아름다운 상상, 기발한 상상들도 계속 해야겠지만, 무엇보다도 이제 우리는 '반드시 했어야만 하는 상상'을 되찾아야 한다. 대단히 발전된 과학 기술로 탄생한 존재이지만 그 근원은 인간의 심장을 지닌 채 전 우주적 공존을 염원하는 아바타의 상상이 바로 그것이다.

Imagination
with Architecture

건축, 그리고 상상하기

박영태

상상은 누구나 마음대로 할 수 있다. 좋은 상상, 나쁜 상상, 유쾌한 상상, 우울한 상상, 아름다운 상상. 상상은 내 머릿속에서 나만이 가질 수 있는 유일한 세계이며, 상상 속에서는 어떤 불가능도 없다. 그런데 우리는 그동안 상상한 대로 행동하지 못했거나, 나쁜 상상을 해온 듯하다. 오늘날 세상은 이상한 방향으로 발전해버려서 우리 사회와 지구는 병들어가고 있다. 그래서 우리는 지금 이를 치유하기 위해 또다시 열심히 상상을 하고 있는지도 모른다.

건축과 상상. 건축과 공간도 이런 지구를 치료하기 위해 계속 다양한 상상을 하고 있다. 편리하고 아름다운 건축에 대한 상상뿐 아니라, 남까지

다이달로스의 상상은 아들 이카로스의 어깨에 날개를 달아주었다.

배려하는 건강한 건축에 대한 상상. 건축은 이제 우리 동네, 우리 집과 함께 온 세상을 상상하고 있다. 테크놀로지만 뒷받침해준다면 우리가 살고 있는 지구, 아니 우주 전체를 상상할 수도 있을 터. 마치 조물주가 된 것처럼, 건축이 펼친 발칙하고 재미있는 상상들을 살펴보자.

참, 상상은 발칙해야 더욱 가치가 있다. '무엇What?', '왜How?', '왜 안 돼Why not?' 이 세 가지를 거듭 되새기며, 재미있고 발칙한 건축의 세상을 들여다보자.

| 다이달로스와 이카로스의 욕망 그리고 상상

그리스 신화에 등장하는 이카로스Icaros의 날개는 그의 아버지 다이달로스Daedalos가 만든 것이다. 아테네 출신인 다이달로스는 지상의 헤파이스토스Hephaestos, 즉 대장장이 신이라 불릴 정도로 많은 발명을 하였고, 조각과 건축, 기술 등의 분야에 뛰어난 손재주와 감각을 지닌 사람이었다. 최고의 장인으로서 그는 배의 돛, 톱, 접는 의자, 아교와 같은 편리한 도구를 만들어냈다고 하며, 크레타에 가서는 미노스Minos 왕의 환심을 사기 위해 걸어다니고 윙크하는 조각상을 만들었다고도 한다. 이런 다이달로스는 인간도 하늘을 날 수 있다고 상상하기에 이른다.

다이달로스는 바닷새의 깃털을 모아 날개를 만들어낸다. 그리고 그 날개를 달고 하늘을 날겠다는 야심찬 탈주 계획을 세운다. 인간의 몸으로 처음 하늘을 나는 데 성공한 다이달로스와 아들 이카로스. 그러나 그 성취감에 도취된 이카로스는 보다 높은 곳으로 날아가려 한다. 날개가 부서진다는 아버지의 충고를 외면하고 태양을 향해 날아간 소년은 결국 깃털을 고정시켜 놓은 밀랍이 녹아버리는 바람에 날개를 잃고 추락한다. 다이달로스는 아들을 구하지 못한 채 눈물을 삼키며 마저 날아가서 탈출에 성공하였다고 한다.

인간 욕망의 대명사인 이카로스. 그는 뛰어난 발명가이자 천재인 아버지와 달리 무모한 꿈을 향한 몽상가라고 말할 수도 있을 것이다. 아버지 다이달로스와 이카로스의 이야기는 그리스 신화에 나오는 작은 에피소드에 불과할지도 모른다. 하지만 하늘을 날고자 하는 인간의 욕망과 그 상상으로 만든 날개는, 르네상스의 천재 발명가 레오나르도 다빈치의 욕망과 상상을 통해 다시 한 번 재현된다. 하늘을 날고자 하는 인간의 욕망은 이후 많은 상상을 원동력으로 시도되었다.

그렇다면 이러한 날개를 만들기 위해 사람들은 어떤 상상을 하였을까? 바람, 중력, 팔의 운동 등을 연구했을까? 아니면 날개를 만들 재료에 대해 고민했을까? 물론 이런 구체적인 생각도 해야 될 것이다. 사실 이러한 점이 다른 분야와 건축의 차이점이기도 하다. 건축은 신화, 소설, 영화, 예술 작품 들과는 달리 실제로 눈앞에서 실현되어야만 하기 때문이다. 그래서 더 많은 욕망과 상상을 하게 되는지도 모른다. 하지만 상상의 실현에 대한 책임감은 다음으로 미루어도 된다. 상상은 그것 자체만으로도 가치가 있다. 건축도 그런 상상 속에서 발전해왔으니까.

| 자유롭게 날아다닐 수 있다면

일본 애니메이션의 명작 중 하나인 〈천공의 성 라퓨타〉는 미야자키 하야오 감독이 조너선 스위프트의 소설 《걸리버 여행기》 제3부에 등장하는 라퓨타 섬으로부로터 아이디어를 가져온 작품이다. 실제로 감독은 영화 제작을 위해서 소설의 배경이 된 영국의 웨일스 지방을 방문하고, 예전의 탄광마을까지 답사했다고 한다.

《걸리버 여행기》에 등장했던 이 부유浮游하는 공간은 단순히 떠다니는 상상, 그 이상의 이야기를 말하고 있다. 이 영화는 초기 산업사회의 배경 속에 최첨단 기술이 공존하는 묘한 세상을 무대로 한다. 거대한 공중 섬 라퓨타에서 보이는 구성 요소들은 지금 우리가 짓고 있는 건축공간과 비교해볼 때 훨씬 섬세하며, 이 섬이 가지고 있는 구석구석은 건축을 상상하

일본 애니메이션의 거장 미야자키 하야오 감독이 새롭게 창조해낸 라퓨타는 살아있는, 날아다니는 인공섬이다.

는 데에 언제나 신선한 자극이 된다. 라퓨타는 과거와 현재, 자연과 과학 기술 문명 속의 인간의 모습에 대한 상상의 공간이다.

| 언젠가 꿈꾼 듯한 살아있는 공간

잠깐 동안의 낮잠 속에서 나타났거나 가끔은 가보고 싶었던, 또는 가본 적 있는 듯한 공간 라퓨타. 라퓨타는 바람에 의해 공중에서 떠다니는 인공 섬으로 기계가 아직 즐거움을 지닌 시대, 과학 기술이 인간을 불행하게 하는

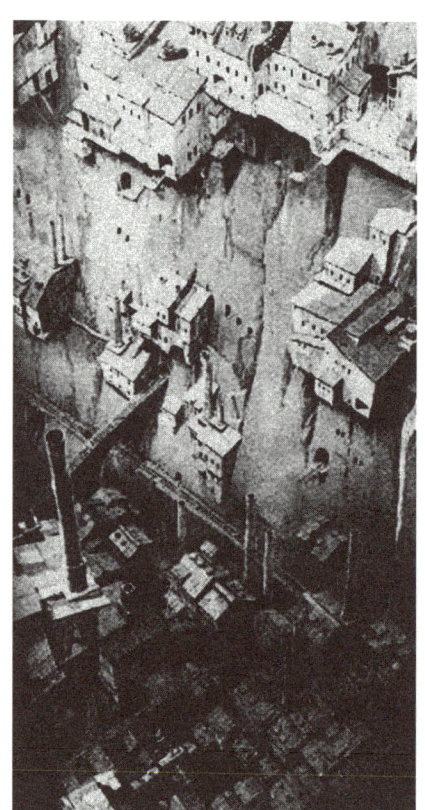

〈천공의 성 라퓨타〉에 등장하는 절벽에 박힌 주택은 초기 산업사회 기계 문명의 흔적을 나타낸다.

존재로 결정되기 이전의 시대를 상상하고 있다. 과거인 듯, 미래인 듯, 서구적인 듯하면서도 동양의 냄새도 풍기는 이런 이중성이 라퓨타의 매력이다. 또 이 공간은 많은 이야기를 담고 있다. 성경 속의 바벨탑이 다시 지어진 장면을 연상시키는 한편, 일부 공간은 인류의 산업화 과정에서 탄생한 폐허의 광경을 떠올리게 한다. 자연과 인간 그리고 과학 기술에 대한 우리의 오만함에 대해 이 영화는 경고한다.

라퓨타가 가지는 건축에 대한 상상의 가치는 과연 무엇일까? 바로 중력에 대한 자유로움이다. 건물은 땅에 붙어있어야 한다는 고정관념을 깨뜨린, 자유롭게 떠다니는 건축공간에 대한 섬세한 표현들이 이 영화가 지닌 가장 큰 매력이다. 우리가 발을 딛고 있는 이 땅으로부터 떠오를 수 있다면 참 많은 것이 가능해질 것이다. 영화의 마지막 부분에서 섬의 하부가 부수어지지만, 거대한 나무의 뿌리가 비행석을 지탱해 다시 하늘로 올라간다. 라퓨타는 이처럼 부유하는 공간이자, 살아있는 공간이다.

용감한 소년과 감성적인 소녀가 주인공인 이 작품은 그 줄거리의 상상력만큼이나, 많은 공간적 상상력을 담고 있다. 문명과 기술의 자만심으로 똘똘 뭉친 무분별한 개발과 건설의 자세가 아닌 치유와 재생의 메시지를 던지며, 인간적인 공간에 대한 상상을 끊임없이 재촉하고 있다.

| 도시가 걸어다닌다고?

도시가 걸어다니는 상상을 해보았는가? 한 건축가는 걸어다니는 도시를 상상하기도 하였다. 〈워킹시티Walking City〉는 1964년에 건축가 론 헤론Ron Heron이 발표한 작품이다. 이러한 상상을 가능하게 한 것은 아키그램Archigram이라는 영국의 실험적인 건축 그룹이다. 이들의 아이디어는 1960~70년대의 자유분방한 예술과 문화, 과학 속에서 다양하게 표현되었

걸어다니는 도시, 〈워킹시티〉의 이미지는 당시로서는 매우 파격적이었다.

다. 이 시대는 비틀즈가 대중음악계의 신화를 창조하고, 자유와 평등, 해방을 찬미하는 히피 문화가 유행했으며, 달 탐험 등의 우주 계획이 활발히 전개된 때였다. 이러한 시대적 분위기가 아키그램의 상상을 부추긴 것이 사실이다. 〈워킹시티〉는 건축의 움직임과 이동 등에 대한 아키그램의 다양한 실험 중에서도 가장 획기적인 시도였다.

이 아이디어는 프래그멘테이션Fragmentation이라는 개념과 관련이 있다. 자동차 등 조립 가능한 제품과 같이, 생산하는 장소와 상황에 따라 분해와 구축이 가능한 건물을 일컫는다. 도시의 모든 요소는 미리 공장에서 만들어지거나, 현장에서 재빨리 구축할 수 있는 모듈Module 형식으로 제작되는 방식을 띤다. 이러한 개념은 기존의 건축과 도시가 가지고 있던 형태와 장소의 제한으로부터, 비록 기계적인 힘을 빌리기는 하지만, 완전히 자유로울 수 있는 혁신적인 시도였다.

한번 상상해보자, 우리가 살고 있는 아파트 같은 건물에 벌레처럼 다리가 달려서 뉴욕의 마천루 사이를 활보하는 모습을. 론 헤론이 상상한 거대한 벌레와도 같은 도시의 모습은 공상과학영화의 한 장면을 연상하게 한다.

〈워킹시티〉는 후대에 하이테크High-Tech라고 불리는 건축 경향과 그 밖의 많은 작가들에게 영향을 주었으며, 무엇보다도 건축이 가지고 있던 고정관념을 부숴버리는 데에 커다란 영향을 미쳤다. 이 밖에도 아키그램은 레고 블록같이 유닛unit들을 끼워서 도시를 구축하는 〈플러그 인 시티 Plug-in City〉, 〈캡슐 주택Capsule House〉 등을 통해, 건축에 대한 과학과 기술의 적용을 매우 낙천적이고 즐거운 상상으로 마음껏 표현하였다.

| 우리 내면의 상상 공간

이러한 〈워킹시티〉에 대한 상상은 앞서 소개한 미야자키 하야오 감독이 다이애나 윈 존스의 소설을 바탕으로 만든 〈하울의 움직이는 성〉으로 다시 다가온다. 건축적 상상은 문학과 예술에 도움을 주기도 한다. 당연히 문학이나 다른 예술 분야의 상상은 건축에 소중한 자원이 된다. 건축의 발칙한 상상의 자원은 무한하기 때문이다.

19세기 말, 과학과 마법이 존재하는 세계 '앵거리'에 살고 있는 소녀 소피와, 신비한 꿈속의 왕자님 같은 하울을 주인공으로 이야기는 전개된다. 움직이는 하울의 성은 주인공 하울의 마음을 나타내는 것으로, 아름다운 과거와 어린 시절의 추억을 찾아 헤매며 복잡한 현실에 안주하지 못하고 떠돌게 된다. 세상을 뒤흔드는 거대한 마법의 성, 사람들이 그토록 무서워하는 이 성은 네 개의 다리로 걷는 기괴한 생물과도 같은 모습이다.

하울의 성은 론 헤론의 〈워킹시티〉처럼 걸어다니며 움직이는데, 그 내부 공간 역시 아주 신기하다. 〈이상한 나라의 앨리스〉, 영화 〈매트릭스〉에서 본 듯한 장면들이 등장한다. 성의 문고리

네 다리로 걷는 기괴한 하울의 성.

를 돌릴 때마다 다른 곳으로 연결된 장소가 나타난다. 분주하게 돌아가는 마을, 도시와 연결되기도 하고, 황무지가 나타나기도 한다. 또 별똥별이 떨어지던 하울의 추억의 들판과 연결되기도 한다. 새로운 공간과의 만남을 중재하는 이 성의 상상은 참 많은 공간적 가치를 지닌다. 그리움과 희망은 물론, 어릴 적엔 어른이 되고 싶어하고 어른이 되어서는 어린 시절을 그리워하며, 세상과의 힘겨운 싸움에 만신창이가 되어가는 우리의 삶의 모습을 담담하게 표현하고 있다.

아키그램과 론 헤론의 〈워킹시티〉가 기술에 대한 낙천적 희망으로 우리의 미래를 투사해 보여주는 반면, 하울의 성은 〈천공의 성 라퓨타〉와 같이 생명체로서 우리의 사랑과 그리움의 결정적 공간을 제시한다. 또 인간의 내면을 표현하는 상상의 공간으로 우리에게 다가온다. 미야자키 하야오 감독은 작품을 통해 재미있는 건축적 상상과 함께, 우리 인간의 성찰, 그리고 자연과 문명의 회복에 대한 이야기 속으로 우리를 빠져들게 하는 마력을 가졌다.

| 도시 위에 새로운 도시는 이렇게

앞서 살펴본 아키그램, 뒤에서 살펴볼 메타볼리즘과 함께, 건축가 요나 프리드만Yona Friedman(1921-)은 공중건축, 과학적 건축을 제시하였다. 기존에 세워진 도시 위에 새로운 도시를 띄워 건설함으로써 공간 문제를 간단히 해결하고, 거대 구조체에서의 채워진 부분과 비워진 부분의 조합으로 도시공간의 변화를 주어 공간성을 확보하고자 하였다. 그의 이론은 두 가지로 요약될 수 있다. "첫째, 움직이는 건축은 도시인에게 그들의 주거 설비나 평면을 바꿀 수 있게 하며, 둘째, 움직이는 도시는 도시인에게 집단적으로 도시 영역 안에서 주거의 위치나 군집 형태를 바꿀 수 있게 한다."

요나 프리드만은 기존 도시를 그대로 유지한 채 그 위에 새로운 도시를 세우는 안을 제시했다.

이러한 프리드만의 인공대지와 공중건축에 대한 문제는 Team X로 발전된다. Team X는 데크Deck(인공대지와 공중가로)를 위주로 한 다층도시에 대한 환상을 가지고, 보행자와 교통을 분리하고자 하는 경향으로 발전하게 된다. 사실 요나 프리드만이나 Team X의 개념은 도시와 건축을 생물에 은유하여 생태학적 개념을 적용했던 메타볼리즘이나 아키그램의 상상과도 맥락을 같이 하는 내용이었다.

작지만 의미있는 실험

〈쿤스트하우스 그라츠Kunsthaus Graz〉는 앞서 언급한 아키그램이라는 실험적인 건축 그룹 작가들 중 가장 왕성한 개념을 제안하였던 피터 쿡Peter Cook의 첫 실현 작품이다. 콜린 파우니어Colin Fournier와 합작으로 오스트리아 그라츠에 세운 이 예술 전시장은 해삼 같기도 하고 외계인의 우주선 같기도 하다. 이 건물은 론 헤론의 〈워킹시티〉 일부분이 오래된 건물들 속에서 잠시 지구인들과 만남을 가지고 있는 듯하다.

〈워킹시티〉처럼 걸어다니는 상상이 실현되지는 못하였지만, 기존 전시장들과는 달리 물컹한 느낌의 외피와 동그란 조명을 통해 예술 전시장으로서의 감수성과 메시지를 잘 전달하고 있다. 이러한 유기적인 형태 덕분에 내부 공간도 다이내믹한 경험을 제공한다. 현대미술, 뉴 미디어, 사

〈쿤스트하우스 그라츠〉의 해삼 같은 외관은 도시 경관에 새로운 시각적 자극을 제공한다.

이곳의 내부는 재미있는 구조와 함께 역동적인 변화를 보여주며, 외피의 둥근 조명 덕분에 다양한 이미지를 내·외부로 전달하게 된다.

진 같은 장르의 작품들이 전시되며, 그 밖에 다양한 예술 관련 이벤트가 진행된다. 원래 계획으로는, 건물 외피에 보이는 930개의 동그란 조명들이 컴퓨터에 의해 조도를 초당 20프레임으로 조절하여 영상을 표현하고자 했다. 하지만 예산상의 문제로 간단한 이미지 정도만 표현할 수 있도록 계획이 변경되었다고 한다.

생명체 같은 건축과 도시

일본에서는 아키그램의 〈워킹시티〉와 〈플러그 인 시티〉 같은 개념을 만화뿐만 아니라 상상과 실험으로 구체화하여 그 내용을 발표한 바 있는데, 이는 바로 건축과 도시는 하나의 생명체와도 같이 지속적인 신진대사를 수행한다는 내용이었다.

1960년 건축, 도시계획 분야의 세계디자인회의를 위하여 결성된 그룹 및 그 설계이론을 표현하는 말로서 메타볼리즘Metabolism이라는 용어가 탄생했다. 메타볼리즘 개념의 건축과 도시는 영원불멸, 한 가지로 고정된 기능적 경향을 부정하였고, 그리하여 역동적인 변화의 건축과 도시를 주장하였다. 메타볼리즘은 구로카와 기쇼黑川紀章가 1973년에 완공한 〈나가킨 캡슐타워〉의 캡슐과도 같은 유닛Unit에서 개념적 특징을 찾아볼 수 있다.

이전까지 제안으로만 이슈화되었던 단위 캡슐 주거를
실제 건물에 적용한 의미 있는 건축적 도전이었다.

모든 장치가 미리 설치된 이동가능한 공간단위로서, 성장, 변화, 대사, 그리고 자유로운 유동이 가능한 매우 미래적인 우리의 삶을 묘사하고 있다. 사실 너무 앞서 상상이 실현되었다는 평가도 있다.

  이 건물은 동그란 창문, 침대, TV, 전화, 각종 전자 제품이 빌트인built-in으로 구비되어 다양한 조합의 건물로 구축될 수 있다. 건축과 도시가 이러한 형식으로 조합되어 성장하고, 변형되고, 다시 해체되거나 폐기되고, 대체되고, 또다시 성장하기를 반복하는 모습을 보면, 순환을 바탕으로 하는 불교의 윤회사상이 떠오르기도 한다.

당시 일본 건축가들의 이러한 상상은 사실 매우 급진적인 편이었다. 그러나 상상의 가치는 발칙하고 적극적일수록 빛이 나는 법. 이후 일본의 현대건축을 이야기할 때, 메타볼리즘의 가치와 당시 건축가들의 상상과 욕망이 오늘날 일본 건축가들의 이론에 상당한 영향을 미쳤다고 평가되었다. 이 때문에 일본 건축이 세계의 현대 건축 영역에서 적지 않은 자리를 차지하고 있는 것이 사실이다.

메타볼리즘 이론은 디자인의 착상 단계에서 '군화群化(엔트로피, 단위, 확률, 다양성의 개념)', '결합(커넥터, 중합, 공존, 매개, 교환, 증폭, 절단의 개념)', '성장(증식, 교환, 분열, 파괴의 개념)', '효율(속도, 밀도의 개념)', '자극(촉매의 개념)', '유동(정보 유통의 개념)'이라는 개념을 바탕에 깔고 건축과 도시의 구축 방법론을 발전시켰는데, 현재의 디지털 기술과 첨단화된 구축 방법의 가능성을 고려하더라도 이 개념들은 매우 종합적이고 구체화된 상상이었다고 할 수 있다.

Höweler+Yoon Architecture의 〈ECO-POD〉(2009). 본질적 의미는 다르지만, 이런 식의 현대적 접근은 메타볼리즘의 상상 덕분에 탄생하게 되었으리라.

메타볼리스트였던 기쿠타케 기요노리菊竹淸訓는 당시 이렇게 말했다. "이것은 우리가 제안한 것은 아닙니다. 도시의 혼란과 마비가, 그리고 건축의 모순과 정체가 제안한 것

건축, 그리고 상상하기 51

입니다."

　산업과 사회, 문화의 변화로 말미암은 우리 일상의 변화에 따른 도시와 건축의 변화를 어떻게 바라보고 대처하는가, 또 그렇다면 건축과 도시는 어떻게 존재하여야 하는가 하는 잠재된 질문에 대한 매우 적극적인 의식의 표출이었다. 이러한 문제 해결에 대한 그들의 상상, 그리고 그 상상을 실행에 옮긴 작품들은 현재의 우리들에게 많은 점을 시사하고 있다.

　기쿠타케 기요노리의 〈에도도쿄박물관〉(1993)은 앞서 언급한 일본 메타볼리즘 건축의 대표적 사례다. 영화 〈스타워즈 에피소드 5 : 제국의 역습〉에 등장한, 걸어다니면서 병력 수송과 전투를 수행하던 앳앳워커AT-AT WALKER와도 흡사한 형상이다. 아직까지 건물과 도시가 실제로 걷거나 생물체와 같은 작동을 하지는 못하고 있지만, 적어도 이러한 건축적 욕망과 상상에 대한 간절함 덕분에 아주 조금씩이나마 실현되고 있는 듯하지 않은가?

〈스타워즈〉의 앳앳워커의 키는 약 15미터나 된다. 일본 도쿄의 〈에도도쿄박물관〉과 매우 흡사한 형태를 지닌다.

카멜레온같이, 트랜스포머처럼

1960년대 이후 아키그램과 메타볼리즘, 요나 프리드만, TEAM X와 같은 건축가들의 상상은 기술 문명의 발달과 함께 한 걸음씩 전진하게 되는데, 이후 인터넷의 보급과 함께 1990년대 이후의 디지털 기술의 발전은 우리의 생활 전반에 놀라운 변화를 가져온다. 전자 기술로 접근될 수 있는 분야에는 가히 혁명적인 변화가 찾아온다. 화상전화가 가능해지고, 전화기로 영화와 음악, 인터넷 활용까지 가능해졌다. 그리고 이러한 전자 기술은 유비쿼터스 시대를 맞이하여, 환경공학, 유전자공학, 나노공학, 에너지공학 분야에서도 섬세한 진보를 조금씩 해나가고 있다.

현재 건축과 공간 디자인 분야에서는 이러한 기술이 설비와 공조 등의 환경공학적인 측면과 건물의 표피와 시지각적인 측면 등의 부분에 한정되어 있는 것이 사실이다. 이 한계는 시각과 촉각에 국한된 현재의 기술보다는, 실제 사물을 움직일 수 있는 동역학적인 로봇 기술의 발전과 자동차 기술의 발전 여부에 의한 좀더 근본적인 변화로 극복되리라 예측해본다.

디지털 기술에 의해 정확하게 제어될 수 있는 구동모터와 센서들로 조직된 건축물이 등장하게 되면, 영화 〈트랜스포머〉(2007)의 로봇들처럼 스포츠카, 트럭, 전투기 등의 카멜레온 같은 변형이 가능해질 것이다. 이러한 현란한 변화가 가능하려면 무엇보다도 정교하고 또 안전해야 하기에 많은 실험과 시행착오가 따를 것이다. 물론 아직까지는 불가능한 일이다. 하지만 이는 영원히 불가능한 일이라고 봐야 할까? 왓슨의 증기기관차 발명 이후 인간의 기술 문명은 기차, 자동차, 비행기, 심지어는 무려 40여 년 전 우주선까지 발명해낼 정도로 발달했다. 그 발전 속도를 생각해보면, 얼마만큼의 시간이 필요할지는 모르겠으나 트랜스포머의 로봇들은 반드시 실현 가능한 상상일 것이라 생각한다.

| 변형의 건축

〈트랜스포머〉와 같은 기발한 변형은 아니지만, 실재로 형태 변화를 시도한 많은 사례가 있다. 키네틱kinetic(운동의, 운동에 의해 생기는) 건축과 다이내믹 건축이 그것.

건축과 공간이 다른 분야보다 변형이 어려운 이유는 무엇일까? 앞서 언급한 대로, 우선 규모의 문제 때문이다. 사실 작은 제품이나 자동차 같은 경우도 아직은 복잡한 형태의 변형이 힘든 것이 사실이다. 규모가 커지면 당연히 기술적 문제, 안전 문제, 그리고 무엇보다도 고장 안 나고 오랫동안 지속할 수 있도록 하는 문제가 발생할 것이다. 또 생산비, 시공비와 에너지 문제 등도 발생한다. 환경 문제도 있을 수 있다. 하지만 인간의 과학 기술은 이러한 전 지구적인 위협과 문제를 극복하고자 노력하고, 한걸음씩 진보하고 있는 게 사실이다. 무분별한 과학기술과 문명의 발달로 생겨난 위협을 합리적인 과학 기술과 문명으로 극복해나가고 있다고 할 수 있다.

가변식 교량인 〈슬라우에르호프 브리지Slauerhoff Bridge〉는 기존 교량과

무한 변형이 가능한 변신 생명체 옵티머스 프라임. 마이클 베이 감독은 기계문명의 한계를 〈트랜스포머〉의 영화적 상상으로 극복하려 하였다.

는 작지만 매우 큰 차이로 기능성을 향상한 사례다. 네덜란드나 독일처럼 전 국토에서 물이 차지하는 비중이 높을 경우 배들의 해상 이동이 아주 잦아지게 된다. 특히 사람과 물건을 실어 나르는 수송 업무는 매우 중요한 분야이며, 이것은 삶을 연결하는 중요한 네크워크의 통로로 작동한다.

네덜란드 레바르덴에 위치한 〈슬라우에르호프 브리지〉. 키네틱 건축이 적용된 대표적인 사례다.

그림을 자세히 보면, 마치 로봇과도 같은 팔로 교량의 상판인 도로를 움직이고 있는 모습을 볼 수 있다. 기존의 교량에서는 찾아볼 수 없는 전혀 새로운 방식이다. 〈트랜스포머〉의 영화적 상상이 실현된 것 같지 않은가? 대개 기존의 가변식 교량은 수직과 수평의 직선운동이나 원운동을 하게 되는데, 이 교량은 상판과 이 상판을 들어 올리는 구조를 일체화 하였으며, 특히 사선으로 이동을 함으로써 빠른 변형을 가능하게 했다. 구조체와 이동 운동에 대한 적극적인 상상으로 교량의 기능을 최적화한 것이다. 마치 〈트랜스포머〉의 로봇 옵티머스 프라임의 몸통 한 부분이 움직이는 것 같다.

변형의 또 다른 사례를 살펴보자. 사실 공간의 변형은 옵티머스 프라

건축, 그리고 상상하기

〈슬라이딩 하우스〉는 비워지고 채워지는 슬라이딩 변형으로 내부에서는 완전히 다른 신세계가 펼쳐진다. 변화의 신세계는 내·외부 공간 모두 밤에도 지속된다.

임보다도 더 큰 변화를 가져온다. 영국 서폴크에 위치한 〈슬라이딩 하우스〉의 외피는 슬라이딩 구조로 되어있다. 외피가 스르륵하고 좌우로 움직이면 유리와 금속 뼈대로 된 건물의 내부는 노출되기도 하고 또 가려지기도 한다. 이러한 건축적 변형 구조가 가지는 의미는 무엇일까?

이 구조는 우선 바닥에 레일을 설치해야 가능하다. 번거롭긴 하지만

〈슬라이딩 하우스〉의 외피 이동은 매우 큰 의미를 지닌다. 채광을 비롯한 공간의 모든 지각적 상황에 변화가 찾아오기 때문이다.

만일 이러한 변형이 가능하다면, 무수한 별들을 천장뿐이 아니라, 벽을 통해서도 마음껏 볼 수 있고, 추운 겨울에는 따스한 태양의 기운을 흠뻑 빨아들일 수도 있다. 또 여름에는 햇빛을 피하고 시원한 그늘을 제공받는 등, 우리의 오감에 다양한 변화를 가져다 줄 것이다. 이런 심미적인 변화뿐 아니라 건물의 에너지 효율에도 도움을 준다. 태양에너지를 흡수하는 면적을 넓힐 수도 있고, 건물의 공간에 내부, 외부 그리고 내부인 동시에 외부인 부분도 생겨날 것이다.

건물의 내부와 외부가 서로 자리를 바꾸게 되면, 햇빛, 소리, 온도, 습도, 공간의 개방감, 위요圍繞(어떤 현상이나 지역을 둘러쌈)감 등에 무수히 많은 변화가 발생한다. 이렇게 보면 건물의 변형은 로봇의 변형보다도 더 많은 의미를 가지게 된다. 우리 삶의 주변 전체가, 일상 그 자체가 변하기 때문이다.

집은 해바라기가 되고 싶다

오늘날에도 커다란 집을 움직이는 것은 참 쉽지 않은 문제이지만, 이러한 변형에 대한 좀 더 재미있는 상상이 과거에 이미 있었다. 1929년과 1935

안젤로 인베르니치가 설계한 〈해바라기 주택〉. 바닥에 깔린 원형의 트랙을 따라 건물이 천천히 회전하며 종일 태양을 바라본다.

년 사이, 이탈리아의 선박 엔지니어 안젤로 인베르니치Angello Invernizzi는 에토레 파지올리Ettore Paziolli, 로몰로 카라파치Romollo Karapazzi 등과 함께 〈해바라기 주택Villa Girasole〉을 설계했다. 이 주택은 해가 뜨면 항상 태양을 바라보고 회전하게 되어있었다. 건물의 가운데 축을 중심으로 360도 수평 회전이 가능했다.

약 3마력의 모터의 힘으로 초당 4밀리미터 정도 움직이며, 주택은 해가 질 때까지 해를 향하게 된다. 건물 상단의 절반 정도가 원형 트랙의 중심주위를 돌게 되는데, 약 1500톤에 달하는 주택의 한 바퀴 회전하는 데 총 9시간가량 걸린다고 한다.

단지 집 안에서 계속 태양을 보고 싶다는 이유로 주택을 돌렸다면 그 동력이 참 아깝다는 생각이 들 것이다. 하지만 주택이 태양을 따라 회전하면서 그 에너지를 줄곧 받아들인다면 이야기는 달라진다. 요즘같이 에너지가 중요한 시대에 이런 주택이 보급되면 에너지 절약에 큰 도움이 될 것이다. 태양열 주택은 이미 많지만, 거의 대부분이 한 방향으로 고정되어있어서 태양광 이용의 효율은 많이 떨어지는 실정이기에, 이런 식으로 주택의 위치가 태양을 따라 회전하도록 설계한다면 일상의 에너지 수급에 큰 도움이 될 것이다.

주택을 회전시키기 힘들면 지붕에 있는 태양광 패널이라도 돌리면 되지 않을까? 그러면 태양광 에너지를 훨씬 많이 저장할 수 있을테니까. 하지만 이 정도 상상은 누구라도 할 수 있다. 당연히 이런 상상은 이미 특허 등록 되어있고, 지금은 보다 구체적인 상상의 단계에 접어든 상태다.

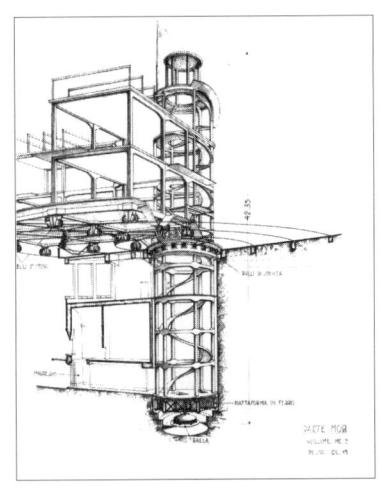

〈해바라기 주택〉의 구조설계도면. 매우 획기적이고 놀라운 건축적 시도였다.

| 또 다른 엘리베이터, 움직이는 방

해바라기 주택은 그저 태양을 향해 돌기만 하였다. 하지만 인간의 이러한 욕망, 상상과 실험들은 그 다음의 것들을 상상하게 하며, 때론 우리에게 매우 유용한 상상의 결실을 제공하기도 한다. 지금 소개할 건축 작품은 이러한 움직임에 대한 상상이 얼마나 고마운 것인지를 잘 보여준다.

건축과 관련된 발명품 중 움직이는 것은 무엇이 있을까? 인간을 태운 채 자동으로 움직이는 것으로는 엘리베이터와 에스컬레이터가 먼저 떠오른다. 엘리베이터와 에스컬레이터는 발명된 지 꽤 오래되었다. 특히 엘리베이터는 미국의 발명가 오티스Elisha Graves Otis가 1854년에 발명한 이래, 건물에 없어서는 안 될 귀중한 운송 수단이 되었다.

건축가 렘 쿨하스는 프랑스 보르도에 〈보르도 하우스〉를 지었다. 사진을 보면 의자와 책상을 태운 받침대와 반짝이는 실린더가 보인다. 그 아래 사진은 이 받침대가 위층에 정지해있는 모습이다. 이 집의 주인은 자동차

〈보르도 하우스〉의 내부. 기존의 투박하고 딱딱한 엘리베이터가 장애우를 자유롭게 해주는 새로운 방으로 다시 태어났다.

사고로 다리가 불편하다. 하루 종일 휠체어를 타고 다녀야 하기 때문에 일반적인 주택 구조는 주인에게 많은 어려움을 준다. 렘 쿨하스는 엘리베이터 자체를 집주인의 공간으로 제공하여 '자유의 방'을 선물하였다.

사방이 뚫린 3미터×3.5미터 크기의 엘리베이터는 1층과 3층 사이를 자유롭게 이동할 수 있다. 무엇보다 놀라운 점은, 각 층이 이 엘리베이터 공간으로 채워지거나 비워질 때에 그 경관이 다양한 모습으로 변한다는 사실이다. 주방이나 사무실, 와인 저장고, 책꽂이들과 어울리면서 엘리베이터 공간은 카멜레온 같이 변하게 된다. 벽에 걸린 멋진 그림들과 만날 때는 움직이는 갤러리가 되기도 한다.

'엘리베이터가 오르락내리락하는 게 당연하지, 뭐가 신기하다는 거야?' 하고 시큰둥한 반응을 보이는 사람도 있겠지만, 이 주택이 완성되고 실제로 사용되기 시작하자 정말 놀라운 반응이 터져나왔다. 나는 휠체어를 타는 장애인이 아니지만, 한 번쯤은 반드시 〈보르도 하우스〉 같은 곳에서 살아보고 싶다는 생각이 든다.

| 고정관념 속 단잠에 빠진 생각 깨우기

왜 엘리베이터는 고층 건물이나 사무실, 공장 같은 곳에서 사용하는 밀폐된, 그리고 잠시 동안만 머무르는 공간이어야만 할까? 상상은 이처럼 끊임없는 의문과 부정을 통해 우리가 놓치고 지나가는 것들을 다시 한 번 생각하게 한다. 반드시 새로운 것들을 상상해야만 하는 것은 아니다. 오히려 습관적으로 흘려버린 또 지금도 흘려버리고 있는 아주 일반적이고 보편적인 것들을 생각하는 것이 더 유용할 수 있다. 실제로 1990년대 이후에는 새로운 상상보다는 이렇게 우리가 놓친 것들을 일깨우는 상상의 작품들이 많이 등장했다.

일본 출신의 건축가 반 시게루坂武는 〈가구의 집〉, 〈커튼월의 집〉, 〈종이의 집〉, 〈벽이 없는 집〉 등의 작품을 발표했다. 이름에서 알 수 있듯이 우리가 흔히 생각하는 주제들로 주택을 새롭게 구성했다. 이 중 〈가구의 집〉은 1995년, 1996년, 1998년, 전부 세 차례에 걸쳐 진행되었는데, 모든 벽체와 내부의 기능적 구성이 가구로 되어있다. 어떤 점이 일반 주택과 다를까? 우선 이동식 가구로서 원하는 위치에 가구를 놓을 수 있으며, 이러한 가구들은 벽체도 되고 문도 된다. 따라서 벽체와 같이 기존 주택에서 아무런 기능도 없던 요소들이 기능을 가지게 된다. 집이라는 공간에서 고정된 것들에게는 요구하지 않았던, 또 그럴 필요 없다고 생각했던 해묵은 고정관념을 흔들어 깨운 것이다. 이런 주택의 경우 문제점이 없을까? 물론 있을 것이다. 하지만 이런 발칙하고 깜직한 상상은 그로 인해 다른 문제들이 발생하더라도 그것을 능가하는 잠재적 가치들로 충분히 극복되곤 한다.

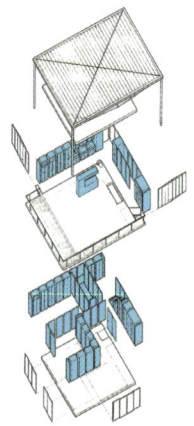

〈가구의 집〉 세 번째 시리즈의 외관. 밖에서도 자유로운 가구의 구조가 느껴진다. (왼쪽)

파란 영역이 가구 부분이다. 기존의 고정된 요소의 기능을 모두 흡수해버린다. (오른쪽)

ㅣ 이동하는 공간에 대한 상상

다이달로스가 이카로스의 날개를 상상했듯이, 이동에 대한 인간의 욕망은 많은 것들을 탄생시켰다. 〈천공의 성 라퓨타〉에서는 섬 자체도 공중에 떠다니지만 그 밖에 이동 수단에 대한 다양한 상상이 등장한다. 이카로스의 날개와도 같은 장비들을 행글라이더처럼 몸에 부착하고 이동하거나, 동력이 있는 1인용 비행선을 타기도 한다. 이동에 대한 욕망은 운송 수단뿐만이 아니라 마치 집처럼 생활할 수 있는 주거 공간에 대한 다양한 시도를 이끌어냈다.

건축과 디자인 분야에서 천재 발명가로 여겨지는 벅민스터 풀러 Buckminster Fuller가 시도한 〈다이맥시온Dymaxion〉 자동차는 주택의 기능들을 자동차에 적용 가능함을 보여주었다. 외형은 비행기나 우주선 같은 유선형을 띠면서 자동차와 같이 바퀴를 달아 이동 가능하게 한 것이다. 그리고 얼마 후에는 주방과 욕실, 발전기 등을 장착한 채 자동차 뒤에 연결하여 끌고 다닐 수 있는 형태의 〈기계적 날개Mechanical Wing〉라는 작품으

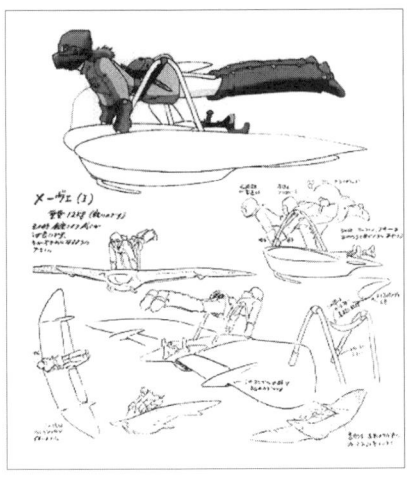

〈천공의 성 라퓨타〉에 등장하는 1인용 비행선의 모습.

건축, 그리고 상상하기 63

벅민스터 풀러의 〈다이맥시온〉 자동차가 이동식 주거의 가능성을 제시한 후 다양한 실험이 이어졌다.

로 제안된다.

〈다이맥시온〉은 이동과 주택의 결합에 대한 욕망을 실현한 작품이다. 이것은 현대의 캠핑카와도 같은 개념이라고 할 수 있을 것이다. 이후 이러한 실험들은 이동식 조립주택에 대한 실험으로 다양하게 적용된다. 이동을 위해서는 기술적으로 무엇이 가장 관건일까? 아마도 무게와 조립의 신속성, 그리고 대량생산 등일 것이다. 벅민스터 풀러는 이후 비치크래프트사의 주문으로 〈위치타 주택〉을 완성하게 된다. 스스로 이동할 수는 없었지만, 경량의 두랄루민을 주재료로 사용한 조립식 주거 시스템으로, 전체 3.5톤의 매우 현실적인 디자인으로 제작되어 혁신적인 시도로 평가되었다. 벅민스터 풀러는 상상의 실현에 아주 가까이 가고자 한 사람이었다.

벅민스터 풀러의 이러한 실험들과 아키그램의 〈워킹시티〉 개념에 나타난 이동에 대한 상상들은 조금씩 더 구체화된다. 퓨처시스템Future System이라는 영국의 건축 그룹은 자동차, 배, 잠수함, 비행기, 우주선, 심지어 공사용 크레인이나 각종 조난 구조용 시스템까지 건축적으로 이용한다. 하늘이나 우주, 혹은 수중에서도 생활이 가능할 것 같은 비행선 형태로부터 아폴로 우주선, 헬리콥터와 같은 형태, 유압으로 조절되는 로봇의 팔과 다리로 구성된 알루미늄 캡슐 형식의 주말 주택 등 장소에 대한 인간주거의 욕망을 다양하게 제안했다.

이들의 상상은 아키그램 이후 건축계에 나타난 미래적 기술의 적극적인 긍정과 수용 움직임에 따른 것으로, 주로 미항공우주국NASA의 우주개발로 진행된 우주선의 다양한 기술적 가능성과 이동에 대한 기술적 욕망이 주된 원인이었다.

퓨처시스템의 이동식 주거는 리처드 호르덴Richard Horden의 〈스키하우스Ski Haus〉로 보다 더 실용화된다. 모든 구조가 경량의 알루미늄으로 구성·조립되었으며, 전체무게는 315킬로그램으로 매우 가벼워서 헬

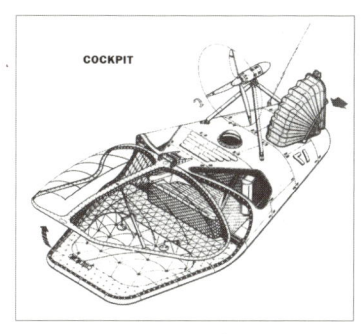

퓨처시스템이 고안한 〈조종실cockpit〉 (1979). 공상과학영화에 등장하는 우주선을 연상케 한다.

기로 어느 장소에나 이동 가능하다. 조립 및 해체 역시 용이하도록 제작되었다. 이 〈스키하우스〉는 절연 재료 및 자급자족의 에너지 시스템에 의해 운용되도록 설계되었다. 지역 산악 가이드 센터로 사용되며, 등반 및 가이드 훈련, 의료 서비스가 가능하다. 또 산악의 구조와 안전 기능 등에 대한 탐험 건축으로 활용이 가능하다.

비록 스키처럼 실제로 미끄러져 이동할 수는 없지만, 접근이 어려운

눈 위를 질주할 것 같은 외형의 〈스키하우스〉.
헬리콥터로 신속한 이동이 가능하도록 경량 구조로 제작되었다.

건축, 그리고 상상하기 65

고지대로 헬기를 이용해 쉽게 운반이 가능하다. 또한 자가 동력으로 작동하면서 곤란한 상황에 처한 사람들을 도울 수 있으니 매우 유익한 공간이 아닐까? 〈스키하우스〉는 2004년 5월부터 스위스와 이탈리아의 산악에서 등반객들을 위한 서비스제공지 및 쉼터와 숙박시설로 쓰이고 있다.

| 촉감과 구조에 대한 또 다른 상상

바로 앞에서 우리는 이동 수단에 적용할 만한 가벼운 재료에 대해 앞서 잠깐 살펴보았는데, 최근 건축과 공간도 공간을 구성하는 직접적인 재료들에 매우 민감하다. 재료의 기능적 탁월성도 중요하지만, 여기서는 재료 그 자체가 지닌 감촉, 즉 촉각이라는 인간의 감성적 반응을 염두에 둔 새로운 재료들에 주목한다.

이제껏 시멘트, 콘크리트, 금속, 나무, 유리 등의 재료가 우리의 오감을 습관적으로 지배해 온 것이 사실이다. 물론 이러한 재료들이 가지고 있는 물성物性도 훌륭하게 계발될 수 있다. 하지만 일본의 디자이너 요시오카 도쿠진吉岡德仁은 이러한 재료에 대한 고정관념에 일침을 가하고 그만의 새로운 재료의 세계를 상상한다.

그의 작품은 자연에 대한 영감을 인간의 감성과 기술에 연결하여 절묘한 조화를 이루어내는 것이 특징이다. 그는 인간의 기억에서 탄생한 제 2의 자연 〈세컨드 네이처Second Nature〉 전시(2007)를 통해, 자연은 우리의 상상 이상의 아름다움과 함께 무서울 정도로 강력한 힘을 지니고 있다고 말한다. 아울러 디자인은 형태를 얻기 위한 완성이 아니라 사람의 마음을 통해 완성되는 것이 아닐까 하고 묻는다.

〈허니팝Honey-pop〉은 2002년 밀라노 가구전시회에 출품되어 국제적인 반향을 일으킨 작품이다. 120겹의 글라신페이퍼(얇고 질긴 반투명지)를 접착

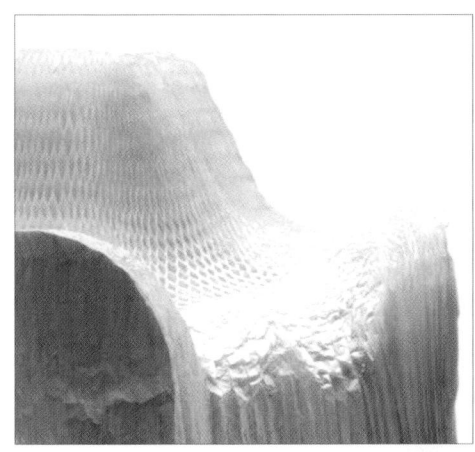 

요시오카 도쿠진의 〈허니팝〉. 종이 재질에 벌집 구조를 접목한 이 작품은, 자연으로부터 차용한 섬세함과 기능적 물성을 한데 아우른, 새로운 발견이자 시도다.
뮌헨 미술대학에서 제작한 〈제 3의 방〉. 케이블타이로 조직된 공간이 독특한 촉감을 선보인다.

하여 만든 이 작품은, 펼치면 수많은 벌집 구조를 지닌 의자가 된다. 이로써 가벼우면서도 매우 튼튼하고, 또 부드러운 감촉을 가진다. 이는 항공기에 사용되고 있는 셀룰로오스 버전을 차용한 것이다. 자연 속에 숨은 일상적 비밀들을 현대 기술 문명에 신비한 감각으로 적용한 작품이다.

한편 〈제 3의 방 The Third Room〉은 독일 뮌헨의 한 대학에서 만든 작품으로, 우리가 일상에서 흔히 사용하는 케이블타이로 공간을 조직한 사례이다.

반응체로서의 건축공간에 대한 상상

요시오카 도쿠진의 작품이 자연의 패턴 속에서 구조와 감성을 한 번에 해결함으로써 형태를 구성하여 촉지각적인 질료의 새로움과 가능성을 확인하였다면, 위의 건축물은 인간의 움직임에 실제로 반응하는 공간의 사례다.

네덜란드의 건축 그룹 녹스NOX가 완성한 〈손-O-하우스Son-O-

녹스의 〈손-O-하우스〉. 소프트한 공간속의 곡선 프레임이 방문객의 움직임을 읽어내어 음향으로 변환해, 다시 방문자에게 들려준다.

House〉는 음향 환경을 만들어내는 전시 공간으로, 이 건축물은 방문객을 인식하고 이들의 움직임을 센서로 탐지해 음향을 제공한다. 건물의 외형도 매우 특이하다.

얇은 스테인리스스틸 망이 전체를 감싸 안고 있는데, 이는 플라스마 절단 스테인리스스틸의 뼈대로 만든 원형 그리드 구조 위에 덮여있다. 불가사리나 해파리, 해삼 같은 유연한 외관도 특징적이다. 이러한 형태의 설계는 컴퓨터의 발전으로 가능해 진 것이기는 하지만, 그것이 단순히 외형에 머물지 않고 인간과의 교감과 반응을 유도했다는 점에서 매우 흥미로운 상상으로 평가된다.

공간에 들어서면 움직임을 감지하는 센서들이 작동하고, 곧 내부에 설치된 스피커에서 음향이 흘러나온다. 아름답거나 편히 들을 수 있는 음향은 아니다. 매우 높은 주파수대의 신호음이나 초음파 같은 소리를 들려준다. 각 공간을 지날 때의 신체의 미묘한 움직임을 곡선의 뼈대 속에 숨어 있는 센서들이 읽어내며, 새로운 소리 패턴 센서가 방문자의 실제 움직임을 읽기 위해 지속적으로 작동한다. 녹스의 작품들은 주로 반응과 교감을 주제로 진행된다. 고도의 컴퓨터와 미디어 기술을 활용하여 인간의 행동과 감정에 반응하는 공간을 실험하고 있다고 할 수 있다. 앞의 상상들이 물리적 차원의 것이었다면, 이런 상상들은 감성적인 차원의 것이라고 할 수 있겠다. 이제 우리는 딱딱하고 건조한 건물보다는 섬세한 건축공간을 욕망하고 있기 때문이다.

| 자연을 닮고 싶은 건물

지구온난화가 심각해진 요즘, 녹색 환경의 복원과 확장은 우리 앞에 놓인 큰 숙제가 아닐 수 없다. 줄곧 빌딩들과 온갖 시설물로 뒤덮여온 우리의 도시공간 속에서 아주 당돌하게 녹지 공간을 상상한 건물이 있다.

일본의 후쿠오카 시내 중심부에 들어서면 마주하게 되는 이 건물은 에밀리오 암바즈Emilio Ambasz가 설계하여 1996년 완공된 〈아크로스 빌딩 Acros Building〉이다. 건물의 녹지를 조성할 때는 공공을 위한 건물의 공개공지나 옥상을 녹지화하는 게 보통이지만, 이 건물은 건물의 절반가량의 벽을 계단식으로 경사지게 한 후 전부를 녹지로 덮어버렸다.

이 건물이 들어설 부지는 도시의 마지막 녹지 공간에 속해있었는데, 건축가는 건물이 가져야 할 다양한 기능(상업공간, 극장, 박물관, 사무실)을 녹색 공간과 융합했다. 76종 3500여 개체의 식물이 이 계단에서 함께하고 있는데, 이것들은

〈아크로스 빌딩〉과 그 주변. 공원부지에 연결된 이 건물의 녹색에 대한 의지는 꽤 볼 만하다.

건축, 그리고 상상하기 69

〈아크로스 빌딩〉의 녹지 계단. 실제 걸어서 올라갈 수 있으며 중간 중간 휴게 공간도 있다. 맨 위에서 바라보는 후쿠오카의 경관은 도시 녹화에 대한 새로운 자극이 된다.

건물의 내부 온도를 쾌적한 수준으로 유지시켜 에너지 효율에 많은 도움을 준다. 그리고 가장 큰 즐거움은, 이 녹색 지붕이 도시민들에게 아름다운 사계절의 변화를 선사하고 있다는 점이다.

과감하게 구축한 이 녹색 지붕은 환경을 생각하는 많은 세계인에게 큰 관심거리가 되어 이 지역의 중요한 관광자원이 되기도 했다. 〈아크로스 빌딩〉은 개방된 녹지공간에 대한 도시민의 요구와, 건물을 짓고 개발해서 수익을 내려하는 개발업자의 욕망을 슬기롭게 조절하여 도시문제에 대한 강력하고 새로운 모색을 보여준 좋은 사례다. 나무로 가득한 건물의 벽을 상상한 건축가의 의도는 이러한 이해관계에서의 협의와 바람직한 결실을 유도하였다고 볼 수 있다.

| 지구 난민을 위한 노아의 방주

도시환경의 녹지 공간 확보와 같이 조금은 느긋한 상상들도 있지만, 벨기에의 디자이너 빈센트 칼리바우트Vincent Callebaut가 2008년 제안한 〈릴리패드 프로젝트Lilypad Project〉는 긴급한 지구상의 당면 과제에 대한 해결의 실마리를 상상하고 있다. 상상이라는 낭만적인 표현을 사용하기에는 위기를 체감하고 있는 우리의 현실이 너무 참담한 것이 사실이다. 이상기후, 대규모 홍수와 지진 등으로 인한 피해가 어느 정도이며 언제까지 지속될지 아무도 예측할 수 없는 실정이다. 이산화탄소 발생 감축을 위한 전 세계적인 협약, 각종 규제와 실천 운동들은, 많이 늦은 감이 있지만 전 지구가 해결해야 할 최대의 숙제가 되었다.

최근 〈투모로우〉, 〈2012〉 등 전 지구적 재난을 소재로 한 영화가 많이 제작되고 있다. 여기서 그려진 온난화에 의한 해수면 상승으로 겪게 되는 인류의 현실은 비참하기 그지없다. 그런데 실제로 계속해서 해수면이 상승하면 어떻게 될까? 이미 투발루, 몰디브 등은 해수면 상승으로 머지않아 사라질 것이라는 예측까지 나오고 있다. 〈릴리패드 프로젝트〉를 제안한 빈센트 칼리바우트는 해수면 상승으로 인한 전 지구적 재앙이 실제로 도래하리라고 믿고 있는 듯하다.

각종 미래 연구 보고서에 의하면 2050년쯤에는 지표면의 상당 부분이 실제로 면 아래로 가라앉을 것이라고 한다. 문제는 속도인데, 이 역시 예측하기 힘들고, 영화처럼 순식간에 벌

현대판 노아의 방주, 〈릴리패드 프로젝트〉.

〈릴리패드〉는 마치 수련 잎의 단면이 성장하는 듯한 이미지로 구축된 지속가능한 수상도시다.

어지면 어쩌나 걱정이 앞선다. 사실 이러한 위험은 모두 우리의 책임이다. 이 노아의 방주에 대한 새로운 상상은 유토피아를 꿈꾼 그동안의 삶에 일침을 가하는 성찰과 자기반성의 상상일지 모른다.

에코 건축물이라고 할 수도 있는 이 〈릴리패드〉에는 무려 5만 명의 사람들이 거주할 수 있다. 모나코에 있는 열대 파라다이스를 디자인 모티브로 삼았으며, 절반은 물에 잠겨있고 도시 전체가 녹지로 덮여있다. 언뜻 보기에 어느 휴양지의 고급 리조트 건물과도 같이 표현된 이 수상도시는, 바다를 떠돌게 될 난민들을 위한 아주 구체적인 대안들을 상상 그 이상으로 제안한다. 무엇보다도 이곳은 자연과학에 대한 고고학적인 인간의 생물학적 프로세스 원칙인 '생체모방Biomimicry' 개념을 명확히 실천하도록 설계되었다.

동·식물의 수집 및 빗물 정화로 조성되는 한 개의 거대한 인공 연못과

난민을 싣고 부유하는 〈릴리패드〉의 겉모습은 낭만적인 휴양시설을 연상케 한다. 그러나 실제로 5만 명이 생활하는 자급자족형 수상도시다.

세 개의 산등성이를 가진 혼합 지형으로 구축되는 이 도시는, 녹색 기술(풍력, 조력, 바이오매스)과 태양전지가 적용되었고, 폴리에스테르 섬유를 두 번 입힌 건물의 피부인 이산화티타늄TiO_2이 자외선에 반응해 대기 오염을 흡수하고, 광촉매 효과로 활성화하도록 여러 층으로 코팅되어있다. 또 이산화탄소와 그 밖의 자체 배출물을 전혀 발생하지 않도록 제안하였다. 마치 영화 〈워터월드〉의 수상도시가 진화한 모습과도 같다. 이 수상도시의 목표는 인간을 위한, 그리고 자연의 순환과 완벽한 공생을 이룰 수 있는 하나의 조화로운 공존을 만드는 것이다.

한편 빈센트 칼리바우트는 환상적인 고래 형상을 하고 있는 새로운 수상정원 〈피살리아Physalia〉(2010)를 선보였다. 자족 기능과 무공해 원칙 등 자연환경에 대한 입장은 〈릴리패드 프로젝트〉와 동일하게 제시되었다. 〈피살리아〉는 유럽의 주요 강을 항해하며 물 정원 시스템을 통한 펌핑 작용으로 오염 물질을 생물학적으로 걸러내는 것을 목표로 삼는다. 외피 역

건축, 그리고 상상하기

빈센트 칼리바우트의 상상은 아름답고 섬세하다. 〈피살리아〉는 흰 고래의 모습으로 강 위를 떠다니며 물을 정화하는 수상정원이다.

시 녹색 지붕과 광전자 셀에 의해 보호되며, 흐르는 물을 재생에너지로 환원하여 전력 생성에 사용하게 된다.

〈릴리패드〉와 〈피살리아〉 프로젝트는 아름다운 외관을 가진 수상 건물들이지만, 본질은 기술 중심의 유토피아에 대한 욕망으로 망가진 지구를 위한 치유의 건물이다. 근대 산업화 이후 정신없이 달려온 우리의 건축적 상상은 이제 다른 세상을 꿈꾸기 시작했다.

| 상상이 실시간으로 실현되는 곳

환경과 지구를 위한 상상과 함께, 꼭 생각해봐야 할 이 시대의 건축적 상상 공간이 있다. 바로 사이버 스페이스Cyber Space, 즉 가상공간이다. 정보기술의 발전, 인터넷의 보급으로 촉발된 우리의 문화는 이 사이버 스페이스에서 벗어날 수 없게 되었다. 대부분의 현대인은 하루 4시간가량 이 사이버 스페이스에 정신과 육체를 맡기고 있으며, 심지어 현실의 공간보다 이 가상의 공간에 더욱 집착을 보이는 사람도 적지 않다.

영화 〈매트릭스〉에서 팀의 리더인 모피어스가 주인공 네오에게 이렇게 말한다. "무엇이 실재하는 공간이며, 또 실재를 느끼게 하는가? 우리가 인지하는 실재라는 것은 뇌로 연결되는 전기적 신호의 조작에 불과하지 않은

가?" 영화에서 인간은 기계들의 에너지원으로 사육되는 배터리에 불과하며, 기계들이 설계한 매트릭스라는 프로그램 내에서 거짓된 실체들과의 투쟁을 통해 진정한 실재를 갈구한다. 이 영화는 원본과 복제에 대한 심오한 내용과 함께, 인간과 함께 해야 할 공간 중 사이버 스페이스, 혹은 버츄얼 스페이스Virtual Space의 가치가 눈에 보이는 실재 그 이상임을 일깨워준다.

오늘날 우리의 건축공간은 실제로 지어지기 전에 사이버 스페이스를 통해 실재처럼 느껴볼 수 있게 되었다. 비록 시각 이미지와 몇몇 지각 장치들의 조작으로 구현되는 기술이지만, 유비쿼터스ubiquitous 등의 첨단 전자기술과 함께 우리의 환경을 급속도로 바꾸어놓고 있다. 이제 더 이상 스크린 속 장면이 아닌 실재의 현실로 우리에게 다가오고 있다.

이제 가상공간은 진짜 상상한대로 모든 것이 가능하게 만들 기세다.

영화 〈매트릭스〉에서 기계와 저항하는 인간들이 신체 링크 단자를 통해 매트릭스로 접근한다.(위 왼쪽)
주인공 네오는 인간이 태아 때부터 기계의 에너지원으로 사육되고 있음을 확인하게 된다.(위 오른쪽·아래 왼쪽)
네오가 바라본 매트릭스의 실체. 0과 1의 조합으로 펼쳐지는 디지털 정보매체로서 복제된 매트릭스의 세계다.(아래 오른쪽)

앞서 살펴본 수상도시 등도 가상공간이라는 터전이 있었기에 촉발되었고, 기술의 진보에 가속도가 붙는다면 머지 않아 현실로 다가오지 않을까 상상해본다.

| 유토피아, 디스토피아, 헤테로토피아 그리고 아바타

2009년 개봉한 영화 〈아바타〉는 건축공간을 다루는 사람들에게 많은 메시지를 던져준다. 감독 제임스 캐머런은 이미 〈에일리언〉과 〈터미네이터〉 등을 통해 공상과학영화 분야에서 천재적 기량을 발휘한 바 있다. 영화 〈아바타〉는 이러한 기술과 이성에 대한 낙천적 기대로 한껏 부푼 유토피아Utopia적 상상과, 그로 말미암은 디스토피아Dystopia적인 현실을 환상적인 영상미로 연출하고 있다. 끊어질 수 없는 하나의 유기적 공동체로서의 판도라 행성 원주민, 그리고 자연환경을 유토피아의 실현을 위한 수단으로 처참히 무너뜨리는 인류의 만행은 지금 지구에서 저질러지고 있는 풍경과 너무나 흡사하다. 이런 문제의 해결사로 등장하는 것이 바로 아바타다. 발전된 전자 기술의 상상력으로 탄생한 사이버 스페이스에서 실제의 나를 대신하는 모니터 속의 또 다른 자아인 아바타는, 영화 속에서는 유전자공학의 결실로 실재하게 된 육체로 등장한다.

물질 만능을 지향하는 신자유주의 시대 인간의 야만성과, 자연과 지구, 심지어 우주까지 하나의 유기체로 보는 생태학적 세계관을 대비시키는 이 영화는, 자극적이기만 한 요즈음 할리우드 상업 영화와는 달리 많은 성찰의 메시지들을 전달하고 있다. 〈아바타〉는 영화사적으로도 많은 의미를 지닌다. 4억 달러에 달하는 순수 제작비도 놀랍지만, 이제까지 만들어진 영화적 기술의 최고 한계에 도전한 점은 더욱 놀랍다. 하지만 이 영화의 진정한 의미는 기술적 자원을 바탕으로 한 볼거리와 재미를 주는 것을 넘어서서, 세상과 휴머니즘에 대한 적지 않은 감동과 교훈을 전달하는 데에 있다.

한마디로 〈아바타〉의 진정한 의미는 바로 치유적 존재의 염원에 있다고 할 수 있다. 인간의 무분별한 과학 기술로 병든 우리 사회를, 바로 그 과학 기술 자체에서 해답을 찾아 치유하려고 하는 것이라고 할까? 인간이 상상하는 최첨단 과학 기술의 결정체인 아바타는 마지막 장면에서 결국 원래 자신의 실체를 떠나, 아바타가 아닌 새로운 자아로서 판도라의 원주민으로 재탄생한다. 아바타의 세상, 모든 것을 접속을 통해 교감할 수 있는 판도라의 행성은 건축적으로도 훌륭한 상상의 공간이라고 생각된다. 아마도 우리가 살고 있는 오늘의 공간이 지향해야 할 묵시적 상상의 세계일지도 모른다.

건축가나 개발자, 정부 등 건축의 주체들은 근대 산업화 이후 유토피아를 건설하기 위한 기술적 야망을 끊임없이 실험하고 있다. 이는 신자유주의의 자본시장과도 밀접한 관계를 가지고 있다. 자본시장의 속성이 사

영화 〈아바타〉 속 공중 전투 장면. 〈아바타〉는 기존의 풍부한 공간적 상상에서 많은 부분을 차용한다. 서두에 언급한 〈천공의 성 라퓨타〉에 나오는 떠다니는 섬도 여기 등장한다.

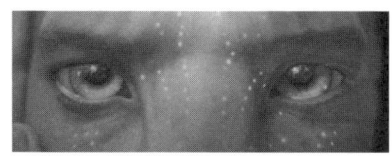

〈아바타〉의 마지막 장면. 인간의 육신을 포기한 주인공 제이크 설리는 인간도 아바타도 아닌 판도라의 원주민으로 부활한다. 물질과 기술만능주의는 결국 이 세계에 승복하게 된다. 하지만 이러한 부활은 과학기술의 힘을 부정하기보다는 오히려 그 과학기술의 힘으로 새로운 반성과 성찰로 향하는 제3의 길을 제안하는 셈이다.

회의 대부분을 잠식하고 있는 이 시대는 유토피아도, 그 반대인 디스토피아도 아닌, 서로 무수히 다른 것들이 중첩된 혼란 속에서 질서를 찾으려 하는 시대라고 할 수 있다. 푸코Michel P. Foucault가 말한 헤테로토피아Heterotopia의 시대 속에서 매일매일 다양한 상상을 하고 있는 것이다. 하지만 어떤 상상을 해야 할까?

사실 그 답은 너무 당연하고 뻔하다. 욕심내지 말고, 바르고 건강한 건축공간을 상상해야 한다는 것이다. 하지만, 안타깝게도 우리는 이 너무 당연한 내용을 실천하지 못하고 있다. 이미 옳지 못한 방향인 줄 알면서도 어쩔 수 없는 관성에 이끌려 빠져나오지 못하고 있다.

멋진 상상, 행복한 상상, 아름다운 상상, 기발한 상상들도 계속 해야겠지만, 무엇보다도 이제 우리는 '반드시 했어야만 하는 상상'을 되찾아야 한다. 대단히 발전된 과학 기술로 탄생한 존재이지만 그 근원은 인간의 심장을 지닌 채 전 우주적 공존을 염원하는 아바타의 상상이 바로 그것이다.

아키그램의 〈워킹시티〉와 메타볼리즘의 캡슐 형태의 주거, 벅민스터 풀러의 이동식 주거, 촉감과 반응체로서의 전자식 건축공간, 사이버 스페이스에 대한 기대와 활용. 이러한 시도가 과연 누구를 위한 상상들이었을까? 건축의 아바타라는 입장에서 상상을 한다면, 그 해답은 쉽게 찾을 수 있을 것이다.

좋은 건축공간을 그리며

건축은 인간의 역사와 동시에 시작되었다. 생존을 위해, 종교의식을 위해, 또 즐거움과 편안함을 위해, 아름다움을 위해. 건축은 삶의 일부, 아니 삶 그 자체다. 삶을 의미하는 건축에 대한 바람직한 상상은 어떤 것일까?

첨단 기술로 중무장한 〈트랜스포머〉 속 공간일까? 〈하울의 움직이는 성〉 안에 있는, 문을 열 때마다 새로운 공간이 열리는 마술 같은 공간일까? 번쩍이는 전자 표피에 화려함이 진동하는 공간일까? 이러한 상상들도 물론 중요하다.

하지만 중요한 것은 상상의 내용보다 상상의 자세이리라. 산업화 초기에 서민을 위해 짓기 시작한 아파트와 같은 공동주택의 상상은, 지금 생각하면 아주 보편적이고 일반적인 것이라 상상의 축에도 못 낄 것이다. 하지만 이런 보편적인 상상을 우리는 너무 오랫동안 잊고 지냈다.

눈에 밟힐 정도로 많은 서울의 아파트들은 최초로 지어진 아파트와 비교해볼 때 과연 얼마나 진화했을까? 서민을 위한 합리적인 현대 주거 공간으로서의 공동주택 본래의 취지는 이미 찾기 힘들어졌다. 흐른 시간에 비해 볼 때 대단한 기술적 진보를 이뤄낸 것도 아니다.

팍팍한 삶을 이어가는 지역의 주민들에게 화려한 아파트에 대한 상상은 어떤 의미가 있을까? 현실을 벗어날 수 없는 상황에서 그들에게 아파트라는 주거는 전혀 의미가 없을 것이다. 일상의 여건이 허락하는 매우 보편적인 재료, 삶과 함께 하다가 수명이 다해서 버려진 폐타이어를 활용한 건축에 대한 상상은 어떨까? 상상의 규모가 너무 작은 것일까? 야심찬 유토피아를 꿈꾸는 거대한 기술적 상상도 좋지만, 소박한 저 소년의 동심에 대한 공감으로부터 비롯된 소박한 상상이, 좋은 건축공간을 위한 보다 세련

Denis Oudendjik과 Jan Korbes의 〈REFUNC.NL, ADD-ON2〉(2008). 이들은 폐자원을 활용하여 잊혀진 일상의 요소를 재건하는 작품을 주로 제안한다.

된 상상의 자세가 아닐까?

　보편적이고 일상적인 것으로부터 시작하는 상상이 자세. 그리고 꼭 했어야 하는 우리의 상상들. 이런 상상은 바로 좋은 건축공간을 위한, 결코 작고 소박하지만은 않은, 거대한 건축적 상상이라 할 수 있겠다.

Intentional Misreading
As An Architect

유쾌한 딴지걸기

이종환

오른쪽 사진을 보자. 교실 벽에 칠판이 걸려있고, 옆에는 문이 뚫려있다. 벽을 칠판으로 뒤덮으면, 벽은 칠판이 되고 칠판은 벽이 된다. 그리고 문마저도 칠판과 같은 재질이라면? 모두가 칠판으로 뒤덮인 듯 보이지만, 벽도 칠판도 문도 모두 기능상으로는 각자의 역할을 극대화할 수 있다.

비록 사진 하나를 보며 떠올린 작은 상상이지만 디자인, 특히 건축 설계를 하는 과정에서는 이러한 사고의 전환이 필수적이다. 관습적인 해석에 기대기보다는 대상을 근본부터 다시 판단해본다면 새로운 관점을 제시하는 디자인이 가능해진다. 남다른 스타일의 제안보다는 남다른 사고의 제안이 더 신선하고 강력한 창조의 동력이다.

교실 전면의 모습은 칠판, 벽, 출입문 따위의 요소를 어떻게 해석하고 구성하느냐에 따라 전혀 다른 모습과 쓰임으로 바뀔 수 있다.

    사고의 전환은 어떤 것이 옳고 어떤 것이 그르다고 판단하기 어렵다. 때로는 작고 사소한 부분에서부터 중요한 결정에 이르기까지 다양하게 적용되면서 영향을 끼치는 문제이기 때문에, 이런저런 가벼운 딴지걸기의 사례들을 통해 접근해보는 편이 좋겠다. 이 글은 스스로 사고를 전환해보고자 시도하며 정리해온 개인적 경험의 부산물인 까닭에 다소 주관적 경험의 나열이 되겠지만, 모쪼록 행간의 의미가 최대한 전달되었으면 한다.

| 삶의 주변을 뒤집다

사방 책상

내가 근무하는 자리는 늘 정리가 되지 않아 어수선하다. 그중에서도 책상 위가 가장 큰 문제다. 책상 정리하는 일은 이상하게도 귀찮아서 늘 책상이 더 컸으면 하는 생각을 갖게 된다.

그래서 가장 넓게 사용할 수 있는 책상은 어떠해야 할지 고민해본 적이 있다. 책상이 마냥 커진다고 해서 해결되는 문제는 아니다. 상판이 앞뒤로 넓어봐야 신체 조건상 불필요한 면적만 늘고, 좌우 폭을 두 배로 넓혀도 의자로 왔다갔다하기에는 한계가 있으니 별 소용이 없다. 주어진 영역 안에서 특정한 공간을 넓히려면 다른 공간의 축소가 불가피하다는 문제도 있다. 그렇다면 어떤 공간을 줄여야 하는 것일까?

주변을 둘러보니 책상에는 의자를 놓고도 좌우에 약간의 여유 공간이 있다. 책상이 좌우로 길게 생기지만 않았다면 의자가 이 공간으로 이동할 필요도 없다. 그럼 이 불필요한 공간을 최소화해서 모두 책상으로 만들어봐야겠다. 그리고 한 자리에서 책상 위 모든 곳에 손이 닿을 수 있도록 길이를 조절해야겠다.

이런 생각을 종합하여 고안한 것이 이른바 '사방四方 책상'이다. 의자로 접근하기 위한 공간을 제외하고는 거의 360도를 다 쓸 수 있게 만드는 것이다. 이렇게 되면 내 손이 닿는 만큼의 책상 깊이를 유지할 수도 있고, 의자를 움직여 이리저리 다니지 않아도 된다. 하지만 사무실에서 내 책상만을 다른 모양으로 만들게 되면 다른 자리의 배치를 모두 조정해야 할 테고, 회사에서 나 한 사람을 위해 그런 지원을 해줄 리도 만무하다.

그래도 공간의 한계를 극복해보려는 욕망 때문에 특이한 모양의 책상 스케치라도 하나 건진 데 만족한다. 책상을 디자인하려 했던 것이 아

수첩에 스케치해본 사방 책상. 2004년 어느 날의 흔적이다.

84 건축 콘서트

니라 책상 앞에서의 경험과 행위를 고민하다보니 나름대로 '디자인된 책상'이 나온 것이다. 언젠가 기회가 되면 열쇠 구멍처럼 생긴 이 사방 책상에 앉아서 잡다한 책들을 쌓아놓고 마음껏 작업해보고 싶다.

다이어리 디자인

두서없이 이것저것 늘어놓는 생활 방식은 다이어리를 사용할 때에도 마찬가지다. 스케줄을 적으면서 계획과 수정이 뒤엉켜 칸이 부족하다고 느낀 적이 한두 번이 아니다. 매일 많은 내용을 적는 것은 아니지만, 간혹 하루 분량이 넘쳐날 때면 한 칸의 면적이 좁다는 점에 아쉬워하곤 한다.

몇 년간 괜찮은 다이어리를 구해 사용하다 보니 어느 날 문득 '이런 거 직접 만들어서 써도 되겠다' 하는 생각이 들었다. 그래서 직접 제작해보기 위해 내가 필요로 하는 기능들을 적어봤다. 우선 월별 스케줄러의 하루하루는 최대 크기여야 했다. 그러나 당시 회사에 있는 컬러 레이저 프린터가 A4용지밖에 지원이 안 되었으므로 다이어리 전체의 크기는 한 면이 A4 사이즈 이내여야 했다. 결국 전체적인 크기의 제한 속에서 각 셀을 최대면적으로 만드는 구성이 목표가 되었다.

대개 한 달은 4주로 구성된다. 하지만 매달 1일이 일요일부터 시작하는 것은 아니므로 실제로는 다섯 주에 걸쳐서 구성된다. 즉, 5행이 있어야 각기 다르게 시작하는 28~31일이 들어갈 수 있다. 하지만 한 달을 위해 할애되는 공간을 최대한 사용하기 위해서는 이 한 행을 줄여야 한다. 최대 31칸을 넣으며 4줄만으로 구성하려면 한 줄이 8칸으로 분할되어야 한다. 한 주는 7일인데? 일단 넣어놓고 보자.

결국 한 줄이 8칸이 되면서 요일은 하나씩 밀려버렸고, 특히 일요일은 색깔 때문에 페이지 전체를 가로지르는 붉은색의 사선으로 정렬되었다.

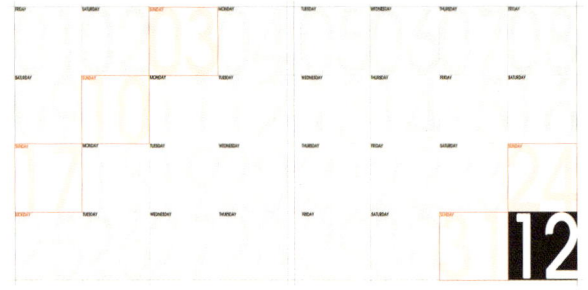

직접 제작한 다이어리. 한 줄 8칸의 구성은 7일 단위의 생활 패턴을 다시 생각해보게 만든다.

각 칸 안에 들어가야 하는 요일과 날짜도 공간 차지를 최소화하기 위해 조정했다. 요일은 가장 작은 폰트로 넣고, 날짜는 흐리게 처리해서 바탕에 깔았다. 지나버린 날짜는 헤아림의 의미가 크게 줄어들기 때문에, 스케줄에 의해 오버랩되더라도 충분히 기능을 다한다고 생각했다. 마지막으로, 32개의 칸 중에 남는 한 칸은 해당하는 달 번호를 적으며 역상으로 강하게 인식되도록 했다.

이렇게 구성된 다이어리는 일일이 손으로 다듬고 제본해서 2005년 한 해 동안 무리 없이 사용했다. 날짜별로 넓은 칸을 확보해서 많은 스케줄을 한데 적어놓을 수 있다는 점이 가장 만족스러웠다. 한 가지 단점은 1주일이 8일처럼 보이면서 요일 개념이 헷갈린다는 것이었는데, 주말도 없이 일해야 하는 설계직의 특성상 오히려 하루하루에 집중할 수 있었다고 하면 지나친 변명일까? 일부 단점이 사실이든 아니든, 나는 이유 있게 남다른 디자인의 다이어리를 펼칠 수 있었고, 의도에 충실했던 결과물을 일 년 내내 손에 쥘 수 있었다.

디자인은 다수결로 결정될 수 없다고 했던 어느 건축가의 말처럼, 이 다이어리가 일단 나 한 사람에게 특별한 만족을 줬다면, 적어도 나 같은 취향을 가진 몇 명에게는 비슷한 효과를 선사할 수도 있지 않을까 기대해본다. 최소한 '다르기 위해 다르게 해본' 디자인은 아니기 때문이다.

모니터 바탕화면

앞서 사방 책상을 고민하게 했던 근본적인 문제는 자리 정리를 게을리하는 버릇 때문임을 알지만, 다른 사무실보다 1인당 공간이 비교적 넓음에도 불구하고 책상이 포화 상태라면 다른 해결책을 강구해볼 만도 하다. 공간적으로 해결이 안 된다면 심리적으로라도 해결할 수 있지 않을까.

하루에 9시간 이상을 들여다보아야 하는 모니터. 바탕화면이라도 참신한 것은 없을지 고민하다가 재미있는 방법을 찾아냈다. 카메라로 모니터를 찍어서 바탕화면에 깔고, 그 모니터를 다시 찍어서 바탕화면에 깔고, 또 찍고 깔고…….

사방 책상으로 책상의 물리적인 확장을 꾀하려던 시도는 실현하지 못했지만, 늘 쳐다보게 되는 바탕화면을 좀 더 깊게 보이도록 만듦으로써 마치 칸막이 너머까지 내 자리가 된 듯한 심리적 공간 확장 효과를 얻었다는 점은 그나마 위안이 되었다. 그리고 이런 긍정적인 착각과 함께, 정지된 사진 하나

책상 앞을 가로막은 칸막이 때문에 시야가 답답하다면, 이렇게 모니터 안에 깊고 깊은 우물을 파보자.

유쾌한 만지걸기 87

가 실제 현실과 받아들여지는 현실 사이의 경계를 모호하게 만들고 있지는 않는가 하는 확대해석도 해보게 되었다. 단, 하루 9시간 이상 쳐다보다 보니 머리가 지끈거려서 얼마 사용하지 못했다는 점이 치명적인 단점이었을 뿐이다.

이러한 현상은 쉽게 보면 착시라고도 할 수 있고, 심리적인 왜곡이라고도 할 수 있다. 하지만 나는 보이고 만져지는 것들을 있는 그대로 받아들이는 것만이 아니라 이렇게 착각할 수도 있는 인간의 특성이 감사하다. 이런 착각을 의도적으로만 할 수 있다면 어떤 한계를 극복해서 더 다양한 경험을 이끌어낼 수도 있지 않을까 생각된다. 마치 수학에서 정수를 계속 더해가며 무한대를 찾아가다가, 소수를 발견하여 정수들 사이의 무한소가 가능함을 깨닫는 것과 같다고나 할까.

이 바탕화면 놀이가 인터넷에서도 잠시 유행한 것을 보면, 아마 일상에 딴지를 걸어보는 습성의 사람들이 생각보다는 많은지도 모르겠다.

| 경계는 어디일까?

뫼비우스의 띠

개인적인 딴지걸기의 시도들을 통해 느낀 점이 본업인 건축의 영역으로 이어지면서, 경계의 확장이라는 것이 공간의 물리적 확대가 아닌 의미적인 확대로 이어질 수는 없을지 고민하게 되었다.

이런 고민에 힌트를 준 존재들 중 하나가 뫼비우스의 띠Möbius strip이다. 띠의 한 곳에서 선을 긋기 시작하면 안쪽 면에서 시작된 선이 바깥쪽 면까지 그어지다가 처음 시작점으로 되돌아와 만나게 된다는 장난스러운 띠. 잠깐 따라해보는 놀이로 여겨지는 이 띠를 건축적으로 이해해보면 약간 다른 관점으로 보이기도 한다.

우선 둥근 띠 모양으로 울타리를 치게 되면 그 안과 밖이 명확히 구획되는데, 그 울타리의 한 부분을 반 바퀴 비틀어서 이어 붙였을 때에는 어디가 울타리의 안쪽이고 어디가 바깥쪽인지 모호해진다. 그런데 비틀어진 물체로서의 띠 자체만이 아니라 그로 인해 구획되는 '공간'도 비틀어진다는 사실에도 관심을 가져보면 어떨까?

안과 밖은 물론, 어디가 울타리의 상단이고 어디가 하단인지도 정의하기 어려운 형상이라서 이리저리 입체적으로 돌려볼수록 더 신기한 공간의 구획 가능성이 보인다. 일반적인 경계들은 그 형태가 에누리 없이 구획되어서 '여기는 여기, 저기는 저기'라는 식으로 해석되는 것에 비해, '여기인 듯 저기인 듯' 감싸고 나누는 자연스러움은 어떤 철학적인 가르침을 던져주는 것 같기도 하다.

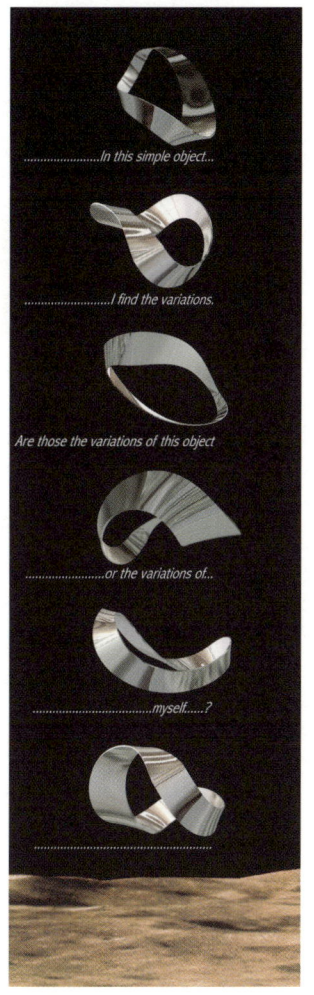

안과 밖의 경계를 소멸시키는 뫼비우스의 띠.

동일하게 일정한 영역을 경계 지으면서도 이렇게 다양한 해석의 가능성을 품게 만드는 조형이 가능하다면 건축적으로도 조금 더 가치 있는 공간을 만들 수 있을 것이다. 네덜란드 건축가 그룹 유엔 스튜디오UN Studio의 벤 반 베르켈은 〈뫼비우스 하우스Möbius

유쾌한 딴지걸기 89

뫼비우스의 띠가 지닌 모호한 경계성을 건축적으로 실험한 〈뫼비우스 하우스〉. 공간의 다양한 해석 및 활용 가능성을 제시한다.

House〉라는 이름의 주택을 설계하면서, 뫼비우스의 띠가 지니는 특유의 영역성으로써 주거 프로그램 간의 연계와 구분을 이뤄내기도 한다. 기왕 있어야 하는 벽이고 어차피 있어야할 프로그램이나 볼륨이라면, 이런 조형을 이용해서 해석 또는 활용 가능성을 다양화시키는 편이 더 풍부한 공간을 제공하게 될 것이다.

클라인 병

뫼비우스의 띠가 2차원의 면을 이용해서 만든 구획이라면, 클라인 병Klein bottle은 3차원상의 뫼비우스의 띠라고 할 수 있다. 이 병의 입구에서부터 내부와 외부를 구분하며 잘 따라가다 보면, 어느 순간 외부가 내부에 감싸여 있는 상황과 만나게 되는데, 외부와 내부라는 일반적인 공간적 구분에

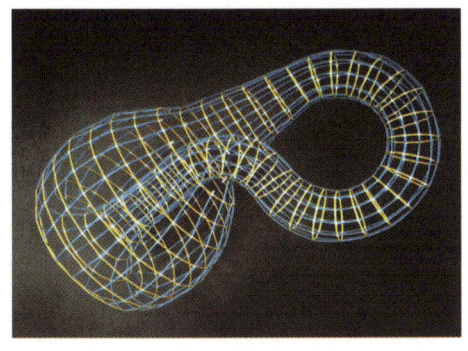

클라인 병의 주둥이에서 출발해 병 속으로 들어가다 보면 결국 주둥이를 감싸고 있는 병의 내부에 도달하게 된다. 이곳은 내부일까, 아니면 내부를 둘러싼 외부일까.

대한 근원적 회의를 자아낼 법하다.

흔히 우리 전통건축을 두고 공간의 내·외부 간 연결이 단편적이지 않고 자연스러우며 절충되어있다고 말한다. 특히 처마 밑 공간을 언급하며 이러한 완충 공간이 오늘날에도 절실히 필요하다고 역설하고는 하는데, 이 말을 잘못 이해하면 그것의 진짜 이유를 놓친 채 결과물만을 잘못 적용하는 경우도 생긴다. 내·외부의 연계는 경계 자체가 의미 있다기보다는 그 양자에 대해 얼마나 균형 있는 고려를 하고 있는가가 결정해준다고 생각한다.

벽 또는 경계라는 것은 이쪽과 저쪽의 균형이 있어야 형성되는 것이 당연한 이치인데도, 실상 우리는 그 한쪽 면만을 편애하는 경우가 많다. 흉물스러운 건물에 인테리어만 치중한다거나, 거꾸로 외피에만 신경 써서 장식적으로 변질시키는 일이 빈번히 발생하고 있지 않은가.

경계에 대한 관심은 뫼비우스의 띠나 클라인 병 같은 흥미로운 형상들을 직접적으로 차용하려는 데 목적을 둔 일이 아니다. 안과 밖의 양면을 다 볼 수 있도록 생각을 재정립하려는 것이고, 결국 여러 상황이나 사물의 다양한 측면을 균형감 있게 고려해보려는, 상대적 이해를 통한 생각의 각성을 목표하는 일이다.

눈을 반쯤 감고 흐릿하게 바라보는 이런 시선은 기존의 사고방식을 흩

유쾌한 딴지걸기 91

뜨리려는 것이 아니라, 바르게 정의하되 유연하게 정리해보는 취지에서 지속되어야 할 것이다.

| 상대적 이해

지하철 노선도, 엘리베이터, 에스컬레이터

지하철역에는 두 가지 종류의 노선도가 걸려있다. 하나는 지도 위에 그려진 노선도, 다른 하나는 역 간의 관계를 단순화시킨 일반 노선도이다. 그런데 다이어리 뒷장에 첨부된 노선도나 전단지와 함께 나누어주는 노선도 등은 대부분 후자인 경우가 많다. 방향이나 길이가 실제와 달리 왜곡되는데도, 우리는 왜 이 노선도를 먼저 찾게 되는 것일까?

물론 지하철을 탈 때 역들의 순서와 노선 간의 관계만을 알면 되기 때문에 노선도를 오른쪽처럼 단순화해 정리했으리라는 점은 추측 가능하다. 하지만 흥미로운 것은, 머릿속에 기억되는 공간도 실제 이동 경로가 아니라 추상적인 노선도에 가깝더라는 사실이다. 실제로는 먼 거리이거나 돌아가는 길인데도 그것이 짧게 또는 최단 거리로 연결된 것처럼 인식된다면, 혹시 지하철은 단순한 이동 수단이 아니라 무협지에 나오는 축지법을 구현하는 장치라고도 할 수 있지는 않을까?

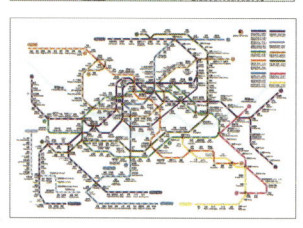

두 종류의 지하철 노선도. 역시 아래 노선도가 더 익숙하다.

지하철의 특징을 살펴보면, 주로 지하 공

간에서 이동하기 때문에 균일한 인공조명과 시야의 차단 등으로 인해 공간은 외부와의 연계성이 떨어지며, 이동시에 발생하는 속도와 시야의 한계로 인해 시간과 거리에 대한 감각이 무뎌진다(이처럼 무뎌진 감각을 보충하기 위하여 지하철역에는 해당 역에서 도착역까지의 소요 시간을 나타낸 표가 설치되어있다. 이 표에서 거리는 시간으로 환산되어 표시되며, 이마저도 역 간 소요 시간이 아닌 출발점에서 도착점까지의 소요 시간만이 표기되어있다. 이것은 지하철의 특성상 도착까지의 중간 과정 즉, 통과하는 역 간의 관계는 이용자에게 축약된 상태로 인지되어 큰 의미를 지니지 못하기 때문이다). 따라서 실제 공간과 인지되는 공간 사이에 차이를 만들어내게 되어, '역 간의 거리와 방향' 보다는 '역 간의 순서나 관계'에 더 치중하도록 만든다. 열차 안에 몸을 싣고 있으면 역 간의 거리와 방향에 차이가 나더라도 이를 정확히 실감할 수 없으며, 오직 역 간의 순서와 관계만을 인지하게 되고, 이러한 점이 추상화된 노선도가 우리의 체험 공간에 더 가깝게 느껴지는 이유가 된다.

확대해석일지 모르지만, 이런 장치들을 의도적으로 잘 활용한다면 실제 공간의 물리적 한계를 뛰어넘는 상대적 체험을 만들어내는 것도 가능해지지는 않을까 생각해본다.

유사한 다른 장치로 엘리베이터가 있다. 수직 이동을 가능하게 하는 수단으로 개발된 장치지만, 그 사용 실태를 잘 살펴보면 예상 밖의 아이러니를 발견할 수 있다.

엘리베이터 역시 그 특성은 지하철과 유사하다. 이동 중 외부와의 연계성이 떨어지고, 사람의 움직임이 없는 상태에서 위치가 이동하며, 지하철보다도 더 시야가 고정된다. 인식되는 거리감이 최소화됨에 따라 탑승자는 오직 인디케이터의 숫자에 의존해 층 이동을 인지하게 된다.

우리가 흔히 접하는 아파트의 경우만 보더라도, 5층에서 1층으로 이동하거나 9층에서 1층으로 이동하거나, 이용하는 사람이 느끼는 차이는 극히 미미하다. 더구나 최근에 지어지는 고층 주거 빌딩에서는 초고속 엘리베이터를 사용하기 때문에 그 차이는 더 적어진다. 이러한 효과는 층별 시세를 봐도 알 수 있는데, 5~6개 층이 거의 같은 가격으로 형성되는 것을 보면 접근성에 대한 차이가 가격으로 반영되지 않을 만큼 적은 영향을 끼친다는 점을 확인할 수 있다. 오히려 이동 시간이 길어지더라도 조망이나 소음이 적은 고층부가 더 선호되고 있기까지 하니 말이다.

근대 이후 전 세계적으로 순식간에 이루어진 건물의 고층화는, 구조 기술의 발전도 한 몫을 했겠지만, 엘리베이터의 마법 같은 역할이 없었다면 지금처럼 일반화되기는 힘들었을 것이다. 그리고 지금까지의 엘리베이터가 매 층을 연결하는 단순한 기능을 수행해왔다면, 앞으로는 더 다양한 역할을 하리라고 예상된다. 여러 가지 용도가 층별로 쌓여 올라가다 보니 용도별로 운행되는 엘리베이터도 마련되고, 카드키 시스템을 통한 구분 운행이나 심지어 경사진 엘리베이터도 만들어져서 다른 건물들을 입체적으로 엮어주는 경우까지 발생한다. 이러다 보면 여러 대의 컴퓨터 서버에 조밀하게 집적된 자료들을 찾아서 분류하고 정리해주는 인터넷 검색 사이트처럼, 고밀도로 쌓여 올라가는 초고층 빌딩들을 다채롭고 쉽게 연결하는 건축적 검색 기능을 엘리베이터가 해결해주지 않을까 싶기도 하다.

산업과 기술이 고도로 발전하고 있는 요즘에는 이런 식으로 깊이 들여다봐야 할 신종 시스템이 많이 생겨나고 있다. 에스컬레이터, 무빙워크 같은 유사한 장치만이 아니라 핸드폰, 화상채팅, 인터랙티브 TV, 초고속열차 등도 우리가 이제 막 친해지기 시작한 대상이다. 그들의 가치가 무궁무진한 것만큼 우리도 다양한 시각으로 이리저리 재보고 뜯어보면서 익히 알지 못했던 새로운 가능성을 발견해주어야 할 것 같다.

에셔의 계단

지하철 노선도와 엘리베이터 등의 현상에서 볼 수 있듯이 물리적인 조건은 인지되는 방법이나 상황에 따라 상대적으로 다양하게 받아들여질 수 있다. 이러한 사실은 우리가 통상적으로 제약 조건이라 여기는 상황들도 바라보는 관점에 따라 새로운 방식으로 극복해갈 수 있다는 가능성을 암시하는 동시에, 현대사회의 복잡한 이해관계를 풀어가야 하는 건축가들에게는 사고 전환의 방법론을 제시한다.

현대인의 삶은 각자의 상대적인 관점으로 뒤엉켜있으며, 그 배경을 이루는 건축 또한 마찬가지다. 이런 모습은 네덜란드의 화가 에셔M. C. Escher의 〈상대성Relativity〉이라는 작품으로 비유될 수 있을 것이다. 그는 투시도 표현 기법의 조작이나 착시 현상을 이용해서 여러 가지 방향의 그림을 묘하게 연결해놓곤 하는데, 이 작품에서도 같은 공간을 공유하지만 각자의 관점으로 자기만의 생활을 무심히 이어가는 사람들이 중첩되면서, 어느 각도로 돌려보더라도 모두 그럴 법하게 보이도록 표현하고 있다.

누구에게는 천장으로 이해되는 부분이 다른 이에게는 바닥이 되고, 그런 모습들이 또 다른 이에게는 벽면의 모습으로 이해된다. 이렇게 자기중심적으로 현상을 이해하려 드는 인간의 특성은 공간을 이해하는 데에도 마찬가지 아닐까? 그들의 상대적인 관점은 곧 건축에 대한 각자의 요구 사항이 되고, 건축가는 그 상대성을 수용할 수 있는 공간을 만들어내야 한다. 다시 말해 상대적 사고의 자세를 이해하는 것은 상대적 요구를 풀어내기 위한 건축가의 필요충분조건인 셈이다.

이렇게 수많은 상황을 수용하면서도 그 삶의 배경으로서 존속되는 공

에셔의 대표작, 〈상대성〉에 묘사된 환상의 공간. 그림 속 사람들은 한 공간 안에 있지만 제각각의 중력 법칙에 따라 공간을 영위한다.

간을 만들어내려면 어떻게 해야 할까. 최대한 많은 경우의 수를 하나하나 상상해서 설계를 해야 할까. 아니면 알아서 사용하라고 아예 텅 빈 채로 줘야 하는 것일까. 아직 더 고민해봐야겠지만, 적어도 단편적인 관점만을 일방적으로 강요하는 공간은 되지 말아야 할 것이라고만 정리해본다.

게슈탈트 이론

상대적인 해석은 게슈탈트 이론에서도 확인된다. 덴마크의 심리학자 에르가 루빈Edgar Rubin이 고안한 〈루빈의 컵Rubin's Vase〉을 보자. 여기서 와인 잔처럼 보이는 그림이 사람의 얼굴로 해석될 수도 있다는 이중성은 시각적 착시를 이용해서 심리적 반응의 차이를 보여주고 있다. 와인 잔이 먼저 보이든 얼굴이 먼저 보이든, 보는 이의 반응이 한쪽 해석으로 먼저 기운다는 점은 어떤 현상을 받아들일 때 사람의 반응이 얼마나 편파적인지를 보여준다. 아울러, 일반적으로 보이는 모습의 이면을 발견해낼 때 새로운 해석이 시작될 수 있다고 말할 수도 있다.

이와 비슷한 체험을 실제 건축을 설계하면서 느꼈던 적이 있다. 대상 건물은 한 지방자치단체의 청사였는데, 비교적 작은 소도시의 청사라는 존재는 중세 유럽의 교회처럼 도시의 중심 역할을 하는 상징적 건물이다. 그렇기 때문에, 대지 남쪽으로 도심까지 뻗어있는 연결 도로에서 청사를 바라볼 때 상징적인 모습으로 보이기를 바라며 건물을 구상하게 되었다. 하지만 주어진 대지 조건은 다양한 요인들로 인해 건물이 놓일 수 있는 위치를 제한하고 있었고, 그 연결 도로를 완전히 정면으로 대할 수 없는 상황이었다.

〈루빈의 컵〉을 볼 때 당신은 잔이 먼저 보이는가, 사람의 옆얼굴이 먼저 보이는가?

정면을 바라보게 만들고 싶은데, 그렇게 할 수 없는 아이러니를 떠안고 한참을 고민하던 중 문득 이런 생각이 들었다. 건물이 상징성을 띠는 게 과연 주민이 궁극적으로 바라는 바일까? 오히려 그 건물 앞에 만들어지

부안군청사 신축공사 건축설계경기 당선안. 정면 도로에 대응하는 것은 광장이고, 건물은 광장을 경계지어주는 배경이다.

유쾌한 딴지걸기 97

는 광장이 더 유용한 공간은 아닐까?

결론부터 말하자면, 그때 생각을 뒤집어서 개념을 바꾼 것이 이 대안의 당선 이유가 되었다. 건물과 광장 중 광장을 중심에 놓고, 건물은 그 배경이 되게 하자고 거꾸로 생각해본 것이 해결의 실마리를 제공해주었다.

아래 그림들은 설계경기에 참여했던 다른 업체의 설계안이다. 아래에서 위로 올라오는 연결 도로에 정면으로 대응하기 위해 건물을 시계 방향으로 최대한 돌려놓으려 한 것이 아래 대안이라면, 나는 오히려 반시계방향으로 더 돌려버렸다. 대지 좌우로 이어지는 주변 컨텍스트Context와도 조화롭지 못하고, 정면도 제대로 보여주지 못하는 건물보다는, 주인공 자리를 광장에게 내어주고 건물은 그 배경이 될 수 있게 자리를 비켜주는 모습이다. 건물을 생각할 때 광장을 생각해보고, 내 대지에 집중할 때 주변 대지를 둘러보는, 뒤집어 평가해보는 습관이 찾아낸 결과라고도 할 수 있다.

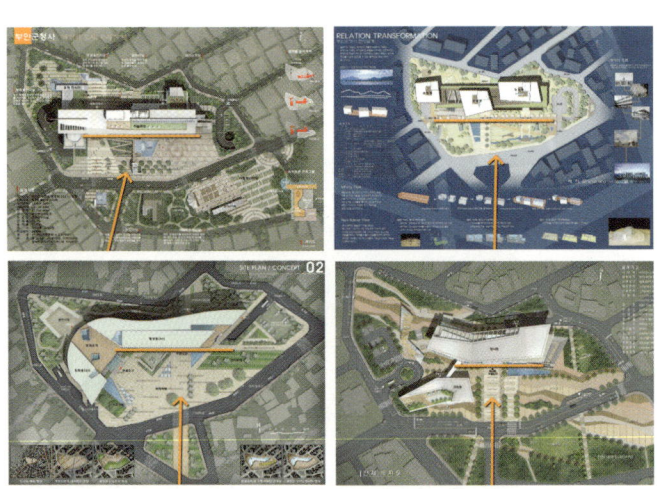

설계경기에 출품된 여러 설계안. 정면 도로에 건물의 전면을 마주하게 하는 배치가 보인다.

주변 건물과 나란하고, 상징적인 도로의 끝에 마을에 하나밖에 없는 광장이 들어선 것을 두고, 당연한 생각이라고 할 수도 있다. 하지만 당연하다고 느껴지는 결론을 얻기 위해서라도 당연하지 않은 것들을 더욱 실험해봐야 하는 것은 아닐지 모르겠다. 뒤집어보고, 딴지를 걸어보면서 말이다.

벨라스케스의 시녀들

벨라스케스Diego Rodríguez de Silva Velázquez의 작품 〈시녀들Las Meninas〉을 살펴보자. 궁중 화가가 화폭 앞에서 누군가를 바라보고 있고, 그 옆에는 그림의 대상이 됨 직한 공주가 시녀들의 도움을 받으며 준비하고 있다. 재미있는 것은 화가가 바라보는 대상이 누구일까 하는 문제다. 화가의 시선이 꽂혀있는 대상은, 뒷벽 거울에 비친 모습을 미루어볼 때 왕과 왕비인 듯하다. 그러나 화가는 사실 그림을 구경하는 우리와 마주보고 있으니, 저 화폭에 담기고 있는 그림이 왕과 왕비의 초상화일지 우리의 초상화일지는

벨라스케스의 〈시녀들〉. 그림 속 궁중 화가가 바라보는 대상은 왕과 왕비일까, 그림을 들여다보고 있는 감상자일까?

유쾌한 딴지걸기 99

아무도 모를 일 아닌가.

그리고 실제 이 그림이 그려지는 화폭에 붓질을 했을 벨라스케스는 어디에 있을까. 그림 속에 이미 벨라스케스 본인의 모습이 있지만, 실제로 화가는 이 화폭 앞에서 우리의 시선과 같은 방향으로 대상을 보고 있었을 텐데……

이런 식으로 생각하다가 보면, 이 그림을 보고 있는 나 자신이 누구인지 궁금해진다. 나는 왕인가 왕비인가 아니면 벨라스케스인가? 결국 솜씨 좋은 궁중 화가 벨라스케스는, 그림을 통해서 화가의 손재주를 넘어선 철학적 질문을 던지는 것은 아닐까 생각된다. 그리고 이런 궁금증은 필자만이 아니라 이미 저 그림을 먼저 접한 다른 이들에게도 같은 질문을 던진 것 같다.

예전 바르셀로나의 피카소 미술관을 찾았을 때 피카소Pablo Ruiz Picasso

벨라스케스의 〈시녀들〉이 그림 속 인물과 감상자의 시선의 교차를 통해 흥미로운 인지의 혼돈을 꾀했다면, 피카소의 〈시녀들〉은 거기에 더해 그림 속 각 요소의 복합적 측면을 입체적으로 형상화했다.

가 이 그림을 여러 번 반복해서 남긴 모작을 볼 수 있었다. 피카소 그림의 특징 중 하나가 사람 얼굴을 두 각도에서 본 모습으로 합성한 듯 처리하는 방식인데, 혹자는 2차원적인 화폭 안에 3차원을 구현했다고 해서 피카소를 입체파로 분류하기도 하지만, 내 생각에는 대상의 여러 가지 측면을 한 번에 표현하고자 한 게 아닐까 생각된다. 피카소의 표현 방식이 좀 더 쉽고 직접적이었다면, 벨라스케스의 그림은 더 우아하고 진지하게 표현했다고나 할까. 단편적으로 짐작하건데, 벨라스케스의 그림 하나가 결국 입체파 화가들 또는 적어도 피카소에게 큰 영향을 끼쳤다고도 볼 수 있을 것 같다.

우리는 벨라스케스와 피카소의 그림에서, 관점의 상대성을 어떻게 동시에 수용하고 표현할 것인가를 고민한 흔적을 발견했다. 그리고 그런 시도들이 존재에 대한 철학적 질문으로까지 이어짐을 알았다. 남들이 다 A라고 생각하는 것을 B라고도 해석할 수 있는 가능성의 표현, 또는 이 두 가지 해석을 모두 담으려는 노력. 이들은 화가로서 이런 재해석의 가능성을 표현하고 있지만, 건축에서는 상대성의 수용과 표현이 선택이 아닌 필수로 여겨져야 할 것이다.

이런 재해석의 방법이 설계 과정에서 작게나마 도움을 준 적도 있다. 일전에 업무용 빌딩을 하나 설계해놓고 개념의 표현을 어떻게 할 것인가 고민한 일이 있는데, 간단명료한 표현을 찾다보니 상형문자인 한자를 이용하는 방법을 떠올리게 되었다. 우선 건물 가운데에 틈이 벌어져있다는 입면상의 특징을 놓고 사이를 뜻하는 '間(간)' 자를 먼저 떠올렸다. 그리고 그 틈에 나무가 심어진 휴게 공간이 있음을 강조하려고 '門(문)' 자 사이에 '木(목)' 자가 들어가도 되나하고 옥편을 뒤져보니 한가할 '閑(한)' 자가 발견됐다. 업무생활의 막간에 한가롭게 쉴 수 있는 기능의 제안이었기에 기능적으로나 형태적으로나 한자의 뜻과 맞아 들어갔다. 이제 왠지 한 개만

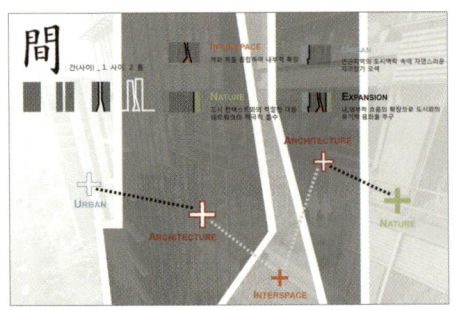

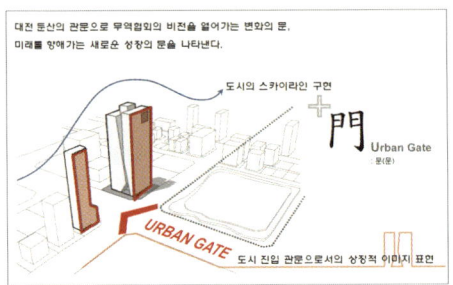

〈대전무역회관〉 개념도. '間'은 건물 가운데 틈이 있음을, '閑'는 그 틈에 휴식용 녹지 공간이 있음을, '門'은 이 건물이 도시의 관문 역할을 함을 의미한다.

더 유사한 한자를 찾으면 좋을 것 같아서 '門' 자로 설명할 부위가 없는지 찾아봤는데, 건물을 아무리 봐도 쉽게 발견되지 않았다.

이 고민을 해결하는 원동력이 된 것은 바로 관점의 전환과 재해석이었다. 한 발짝 물러나서 건물을 원경으로 바라보니, 길 건너편의 다른 건물이 눈에 들어왔다. 그 둘을 함께 바라보니 마치 절에 들어갈 때 마주치는 일주문처럼 이들이 함께 어우러져서 '門' 자를 형성하듯 보인 것이다. 공교롭게도 실제 이 두 건물은 도시 외곽에서 시내 중심부로 진입하는 지점에 위치해 관문 역할을 하고 있었고, 그 덕에 세 번째 한자마저 손색없는 제목 역할을 하게 되었다. 건축의 개념을 통상 사용하던 영어가 아닌 한자로 표현하려 했던 것도 고정관념을 탈피하려던 시도였을뿐더러, 마지막 '門' 자를 찾은 일은 벨라스케스 또는 게슈탈트 이론의 이해 방식이 일조하지 않았으면 불가능했을 에피소드였다.

〈대전무역회관〉 투시도와 조감도. 상하를 가로지르는 틈과 그 안에 조성된 녹지 공간이 독특한 인상을 자아내는 이 건물은, 맞은편 건물과 어우러져 대전 도심의 관문 역할을 한다.

　　벨라스케스는 자신이 던진 여러 가지의 해석 방향 가운데 어느 한 가지를 강요하고 있지는 않다. 그의 그림을 아름다운 비례의 솜씨 좋은 시각적 작품으로만 이해해도 좋고, 보고 있는 자신의 존재에 의문을 던지며 생각할 거리를 제공하는 단초로 이해해도 좋다. 다만 그 판단이 상대적일 수밖에 없다면, 판단의 가능성을 최대한 동등하게 많이 열어놓아야 더 많은 즐거움을 던져줄 수 있을 것이다. 건축가의 사고방식이 상대적이면서도 다양한 사회적 상황을 받아들여야만 하듯 말이다.

| 무엇을 디자인할까?

칠판과 벽 그리고 출입문

서두에 언급했던 교실의 모습을 다시 살펴보자. 사실 잡지를 보다가 광고 지면에서 우연히 발견한 사진인데, 벽면 전체를 칠판 재질로 만든다는 발상은 당시 어떤 고등학교 건물을 설계중이었던 나에게 적지 않은 충격을

저 출입문마저 칠판 재질로 덮인다면, 분필이 경계 없이 종횡무진하는 열띤 강의가 가능할텐데.

안겨줬다. 벽을 마감하고 그 벽에 적당한 크기의 칠판을 붙여놓는 게 당연하다고 생각했건만, 그런 방식 이외에도 이렇게 새로운 방법이 있다니……

영화 〈굿 윌 헌팅 Good Will Hunting〉에는 천재 수학자가 벽이고 창문이고 가리지 않고 계산식을 써가며 생각을 풀어내는 장면이 있다. 그러고 보니, 머리에 떠오르거나 설명해야 하는 모든 것을 기록하기 위해 존재하는 것이 칠판 아닌가.

'칠판이 꼭 반듯한 직사각형이어야만 할까?' '액자를 벽에 걸 듯 여백과의 관계를 잘 따져서 비례를 잡아야만 아름다운 칠판과 벽이 형성되는 것일까?' '칠판 면적이 더 넓을 수만 있다면 수업 중에 칠판 지우느라 허비되는 시간도 아낄 수 있지 않을까?'

이런 상상이 이어지다보니, 문마저도 손잡이만 제외하고는 전부 칠판 재질로 칠해버리고 싶다는 생각이 들었다. 원칙적으로 문은 수업 전이나 수업 이후에 사용되기 때문에 문과 칠판을 동시에 이용하는 경우는 별로 생기지 않는다. 그렇다면 문을 포함한 벽 전체를 칠판 재질로 만들어서, 칠판의 면적은 최대가 되고 문의 위치나 크기도 필요에 따라 자유롭게 조절해 설치해도 되지 않겠는가? 벽면의 몇 퍼센트는 칠판에, 몇 퍼센트는 문에 할애하는 방식에서 벗어나 칠판도 문도 각각 100퍼센트까지 확장이 가능한 새로운 틀의 디자인을 제안할 수 있다는 것이다.

그렇게 상상해본 교실의 모습은, 칠판의 프레임이나 문틀의 모양에 대한 고민 없이도 그 자체가 합리적이면서도 독특한 개성을 지니는 공간일 것이다. 시각·감각적인 정리만이 아니라 그것이 사용되는 '시간'이나 '행태'까지도 대상에 넣어서 고려하고, 이렇게 변화된 관점을 찾아가는 것이 진정한 디자인은 아닐까 생각해본다.

명함 디자인

한 친구가 회사를 차리는데, 명함을 어떻게 만들어야 좋을지 모르겠다며 도움을 청했다. 우리는 어떤 명함이 예쁘고 좋은 명함일지에 대해 이야기를 나눴는데, 그 답을 내는 게 여간 어려운 일이 아니었다.

그래서 명함의 의미부터 차근차근 다시 따져보았다. 명함은 자신을 타인에게 알리는 데 쓰인다. 직접 만났을 때, 그것도 처음 만나는 사람이나 오랜만에 보는 사람에게 전달하는 경우가 대부분이고, 가끔은 명함이 변경되었을 때 새로 전달하기도 한다. 어쨌든 자신 또는 자신의 주요 정보를 알리는 일종의 개인 홍보 매체 역할이 가장 중요한 기능임은 틀림없다. 그렇다면 홍보 매체는 그 자체가 예쁘게 디자인되어야만 그 효과가 좋아지는 것일까?

업계 사람 중에, 자기 명함을 건네면서 휴대전화 번호가 바뀌었다며 볼펜으로 직접 수정해서 준 사람이 있었다. 내게 명함을 준 사람들을 일일이 기억하기는 어렵지만, 그 사람은 유독 잘 기억이 났다. 명함집을 뒤질 때마다 친필로 전화번호를 고쳐 써넣은 그 명함을 보면서 그때의 장면이 계속 떠올랐기 때문이다.

나는 그 기억에서 힌트를 얻어서 이윽고 디자인 방향을 제안했다. 명함 자체를 디자인하지 말고, 명함을 건넬 때 기억에 남을 '행동'을 디자인하자고. 뒷면에는 전화번호나 주소 등 기본 정보들을 일반적인 방식으로

직접 고안한 명함의 앞(왼쪽)과 뒤(오른쪽). 명함 주인이 직접 무언가를 적어 상대에게 전할 때, 비로소 이 명함의 디자인은 완성된다.

배열해놓고, 앞면에는 회사 상호와 함께 직접 무언가 적을 수 있는 공간을 남겨놓자는 것이다. 디자인 요소를 최소화하기 위해 이 공간의 쓰임에 대한 암시는 밑줄 하나만으로 정리하고 비워놓으면 된다.

이 명함을 건넬 때에는 항상 펜을 들고 직접 날짜나 이름을 적어서 건네주게 될 것이다. 다소 불편하다고 생각할 수도 있지만, 멋진 펜으로 정성스럽게 자신의 이름과 만난 일자를 적어주는 모습은 상대방에게 성의 있는 장면으로 기억될 가능성이 높다. 잘만 사용한다면 일반 명함들과는 다른 방식으로 명함 주인을 각인시켜줄 수 있고, 불필요하다면 그냥 전달해도 된다. 뒷면에는 이미 이름이 출력되어있기 때문이다. 명함 자체가 아니라 그것의 주인을 알려야 한다는 당연한 사실을 되짚어본 덕에, 이 친구는 한동안 이 명함을 사용해서 독특하게 자신을 알리고 사업을 진행했다.

디자인은 시각적인 정리 자체를 목표로 하지는 않는 것 같다. 그 대상의 쓰임새나 상황을 디자인할 수 있을 때 진정한 디자인의 역할이 기대되는 것은 아닐까 생각된다. 그렇다면 건축가는 무엇을 디자인할까? 건물의 모양을? 입면을? 아니면 그것들이 이루는 도시 경관을? 감히 말하건대, 건축가는 건물을 통해서 삶을 디자인하는 것이리라. 건축이 삶을 변화시킬 수 있다는 오만을 얘기하는 것이 아니라, 적어도 건축 자체가 궁극적 목적은 아니라는, 그리고 사람과 삶을 위해 디자인이 존재한다는, 어찌 보면 당연한 사실을 다시 한 번 되새기고 싶다는 말이다.

| 의도적인 오독

건축가는 늘 창작의 압박에 시달린다. 세상 대부분의 일이 나름의 창의성을 필요로 하겠지만, 건물을 설계하는 일은 늘 일정한 정도의 기복 없는 창의성을 요구하는 편이다. 하지만 엄청난 규모의 자금을 전제로 업무가 이루어지기 때문에 누구든 고개를 끄덕이게 할 수 있을 객관성을 바탕에 둘 수밖에 없다. 건축주는 자신의 목적과 이익에 부합되는 일반해—般解를 요구하는 동시에 건축가의 독창적인 면까지 보고자 하는 양면적인 조건을 던지기 십상이기 때문이다.

아울러 건물이 일단 지어지고 나면 다수의 사람들이 이용하게 되고, 그것은 곧 다양한 방식으로 이해되고 해석됨을 의미한다. 그런 각각의 복잡한 삶의 배경이 될 건축을 설계할 때는 그들의 상대성을 수용하는 자세를 갖추는 게 당연하다 싶지만, 의외로 그런 자세가 제작 과정에서 쉽게 나타나지는 않는다.

이러한 상황을 풀어나갈 때, 주어진 조건을 일반적인 방식으로 읽고 풀어가는 '정독正讀'이나, 남의 의견을 고려하지 않고 자기만의 생각으로 해석해버리는 '오독誤讀'의 방식으로는 어려움이 많을 것이다. 정독에 치우치면 고리타분한 답습으로 치부되고, 오독으로 기울면 독선적인 주장으로 귀결될 뿐이다. 주어진 상황을 차근히 읽어나가되 그 행간에 숨은 가능성을 나름의 혜안으로 폭넓게 수용해보고자 하는 '의도적인 오독'의 자세가 이 양날의 칼 같은 아이러니를 풀어나갈 수 있게 해주지는 않을까?

　서비스맨이자 창조자로서의 건축가는 슬기로움을 갖춰야 하고, 그 슬기로움은 철저한 훈련에 의해 갖춰질 수 있다고 본다. 앞서 제시한 유쾌한 딴지걸기 사례의 사고방식들은 건축가로서 사회적 요구에 적응하다보니 자연스럽게 형성된 자세이기도 하지만, 스스로 그 필요성을 느끼며 더 강화해보고자 하는 일상 속 노력의 결과이기도 하다. 긍정적인 마음을 바탕으로 이러한 훈련을 계속 즐기고 시도할 수 있다는 점은 건축가만이 가질 수 있는 일상의 특권이 아닐까 싶다.

02

공간과 건축_
건축, 공간의 탄생

나의 집은 자궁입니다
내 집은 자궁이고, 자궁의 집은 어머니이며,
어머니의 집은 가옥이며,
집의 집은 환경입니다.
집을 주택으로만 생각하는 것은 잘못입니다.
환경입니다.
환경은 철학적으로 공간이 되겠는데,
공간은 집의 집의 집입니다.
─건축가 김수근

Space Reader
공간의 탐독

유명희

건축이 조각이나 예술과 다른 본질적인 차이는 공간을 가지고 있다는 점이다. 건축공간은 건축가의 생각을 비롯해, 사회의 시대성, 이념, 사람 살이 문화 등 다채로운 이야기, 즉 읽을거리를 품고 있다.

읽을거리로서의 공간은 때로 하이쿠俳句 같은 한 줄짜리 강렬한 시일 수도, 숭고한 선언문 같을 수도, 화려한 판타지 소설이나 읽을수록 깊이가 더해가는 희곡일 수도, 혹은 할머니가 들려주는 넉넉한 옛이야기일 수도 있다. 단어들로 이루어진 문장은 단어 하나하나의 조합보다 큰 의미를 지니고, 문장의 조합인 문단은 문장과 문장 자체의 합보다 큰 의미를 갖는다. 건축도 이와 다르지 않다. 점·선·면, 덩어리와 덩어리, 닫힘과 열림,

가득 참과 비움, 창과 문 등등. 이들 요소가 모여 만들어진 공간은 구성 요소 하나하나의 조합 이상의 의미를 지닌다.

　이 글에서는 공간의 탄생과 모임, 분화, 공간의 구성, 공간들이 각종 의미의 옷을 입는 과정을 건축공간의 장면들을 읽어나가면서 이야기해보고자 한다. 여러 테마는 따로 분리된 것이 아니라 서로 맞물리는 의미로 연결된다.

│ 공간 읽기

여행 중 유적지를 방문한 사람이라면 누구든 오랜 역사의 현장이었던 폐허 한가운데서 한 가지 공통적인 경험을 해 보았을 것이다. 긴 세월 변함없이 뜨고 지는 태양 속에 지속해 온 이 폐허가 온전했을 시대의 모습을 상상해 보는 것이다. 역사의 무대인 그곳을 채웠을 누군가의 삶과 죽음. 사건의 와글와글한 이야기가 가슴 한쪽을 바람처럼 스쳐가는 경험. 흥미로운 점은, 우리가 온전한 건축물이나 그 어디에서보다도 공간이 사라진 폐허 속에서

서기 80년경에 세워진 로마의 〈콜로세움Colosseum〉. '플라비우스 원형극장圓形劇場'이라고도 한다. 현장에 서면 영화 〈글라디에이터〉의 맹수와 죄수가 갇혀있던 지하 공간과 주인공 막시무스와 검투사들이 벌였던 치열한 전투 장면이 생생하다. (왼쪽)

9세기경에 인도네시아 욕야카르타에 세워진 〈라투보코 왕궁터Ratu Boko Palace〉. 기초와 기둥 흔적만 남은 궁전의 터 위에 영예롭던 옛 왕궁을 그려본다. (가운데)

9세기경에 인도네시아 욕야카르타에 세워진 〈프람바난Prambanan〉 사원군群의 〈세우Sewu〉 사원 천탑 유적. 현재의 폐허에서 상상하는 천 개의 탑들. (오른쪽)

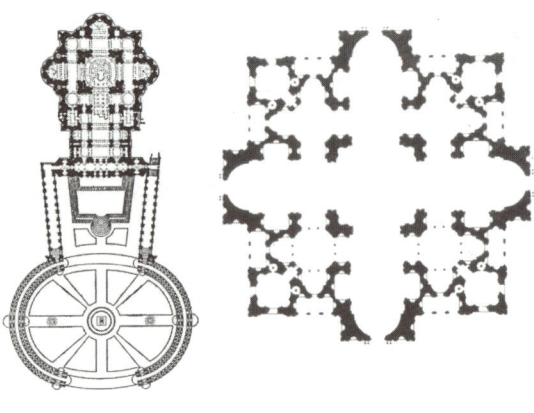

이탈리아 로마의 바티칸에 있는 〈성베드로대성당〉의 내부 공간 부분 사진 및 평면도. 평면도만을 보고서 내부의 웅장한 공간과 돔의 형상, 공간의 높낮이와 밝고 어두움 등 공간의 질을 상상하기는 쉽지 않다.

더욱 강렬하게 공간을 상상하고 존재의 힘을 느끼게 된다는 사실이다.

과연 공간은 몇 차원쯤 되는 것일까? 이탈리아의 건축사학자이자 비평가인 브루노 제비 Bruno Zevi(1928-2000)는 건축공간에 대한 100퍼센트의 묘사나 표현은 근본적으로 불가능하다는 점을 강조했다. 공간은 단지 3차원이 아니라, 근본적으로 움직이는 주체를 전제로 하는, 즉 시간과 상황 속에서 '나-주체'가 움직이면서 경험되는 고차원의 환경이기 때문이다. 어쩌면 5, 6차원, 혹은 그 이상일 수도 있겠다. 물론 동영상으로도 공간을 담을 수는 있지만 그 공간 속에서 움직이며 숨 쉬고 냄새 맡고 온 감각으로 체험하는 공간의 '질'까지 100퍼센트 온전하게 표현할 수 있는 매체는 아직 개발되지 않고 있다. 건축공간의 특별한 숭고성이 여기에 있다 하겠다.

이러한 한계에도 불구하고 이 글에서는 '이야기'를 통해 그 손실들을 메워보고자 한다. 독자께서는 무엇보다도 관찰자의 시점에서 벗어나 자신이 그 공간 속에 들어가 있다는 생생한 상상 속에서 글을 읽어주시기 바란다.

자신의 최소 영역을 지키고자 하는 본능은 지하철 좌석에 앉는 순서 및 간격의 패턴에서도 잘 나타난다.(왼쪽)

공간 발생을 가장 쉽게 관찰할 수 있는 예는 피크닉이다. 돗자리를 까는 행위는 매우 상징적이며, 서로 방해받지 않을 만큼 무리별로 일정한 간격을 유지하는 것을 볼 수 있다.(오른쪽)

공간을 만드는 것은 바로 '나'

우리 일상에서 공간이 생겨나는 순간들을 생각해보자. 돗자리, 우산, 텐트, 낙하산, 벤치, 주차 전쟁 등, 어떤 영역이 주변과 다른 '질quality'을 가지는 순간 공간은 태어난다. 눈에 보이는, 보이지 않는 공간들을 우리는 매일 수도 없이 만나고 있다. 그런데 공간이 발생하는 순간을 잘 살펴보면 중요한 공통점을 발견할 수 있다. 그것은 바로 그 공간의 중심에 바로 '나' 자신이 있다는 사실이다.

미국의 문화인류학자 에드워드 홀Edward T. Hall(1914-)은 '공간의 프록세믹스proxemics(근접공간학)'라는 개념을 이야기한다. 생태적 존재로서 동물이나 인간은 자신을 보호하려는 최소의 '거품 공간Bubble Space'을 가진다는 것이다. 공간은 바로 이러한 개인의 최소 공간으로부터 생겨난다고 볼 수 있다.

에드워드 홀의 '공간의 프록세믹스'를 도해한 그림. 몸에서 멀어질수록 개인적인 거리에서 사회적인 거리로 의미는 확장된다.

공간의 탐독　115

개인 공간의 범위는 그 사람의 성향과 그가 사는 문화적 다양성에 따라 달라지는데, 밀집 공간에서 서로의 영역이 겹쳐질 수밖에 없을 때 사람들이 보이는 반응을 관찰하면 공간의 존재성을 느낄 수 있는 좋은 기회가 된다.

그렇다면 건축공간은 어떻게 만들어질까?

간단하게 말하자면, 건축공간은 공간에 '장소성placeness'을 부여할 때 생겨나는 것이라고 할 수 있겠다. 단순한 '공간space'은 어떠한 의미를 획득했을 때 비로소 '장소place'가 되며, 건축은 공간이 장소가 되는 그 순간에 존재하는 것이 아닐까 한다.

노르웨이의 건축 현상학자인 노베르크 슐츠Christian Norberg-Schulz(1926-2000)는 장소로서의 공간을 위한 최소 조건을 '중심과 에워쌈'이라고 이야기한다. 이 최소 단위의 공간을 '셀cell'이라고도 하는데, 마치 핵과 세포질로 이루어진 생물의 세포와도 비슷한 개념이다. 건축의 공간은 이러한 세계로부터 나를 보호해주는 에워쌈으로 생겨난다는 것이다.

미국의 건축가 루이스 칸이 그린 '방room'에 대한 그림을 보자. 둥근 천정을 가진 방 가운데에 벽난로가 있고 바깥이 내다보이는 창가에 두 사람이 마주보고 앉아있다. '마음의 장소'. '건축은 방을 만드는 데서 시

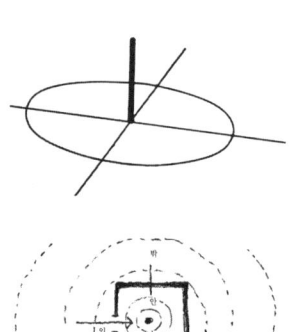

'세계 내 존재'로서의 나, 나를 중심으로 펼쳐지는 세계.(위)

중심과 에워쌈, 안과 밖의 의미.(가운데)

움직임 또한 작은 중심과 에워쌈의 공간들이 무수히 연결되어 발생하는 것이다.(아래)

건축가 루이스 칸이 그린 '방'의 개념도. '건축은 방을 만드는 것에서 시작한다.' (왼쪽)

네델란드의 가정생활을 즐겨 그린 빛의 화가 베르메르의 〈편지 쓰는 여인〉(1670). 그의 그림에 공통적으로 등장하는 것은 왼쪽 창을 통해 들어오는 빛과 사람, 가구, 배경이 되는 그림 등이다. 그의 그림은 자연스럽고 따뜻함이 감도는 건축공간의 장면을 보여준다. (오른쪽)

작한다Architecture comes from the Making of a Room.' 창을 통해 바깥과의 관계가 이루어지고 사람 사이의 초대와 대화가 싹트는 최소의 공간을 그는 방이라고 이야기한다.

〈진주 귀고리를 한 소녀〉로 유명한 네덜란드 화가 베르메르Johannes Jan Vermeer(1632-1675)의 그림에는 당시 네덜란드 가정의 일상이 공통적으로 등장한다. 그의 그림들을 보면 루이스 칸의 '방'의 개념과 놀랍게도 유사한 점들을 발견할 수 있다.

건축공간에 있어 이러한 '에워쌈'은 기둥이나 벽일 수도 있고, 이 에워쌈의 정도에 따라서 외부공간과의 관계가 생기기도 하고 고립된 공간이 만들어지기도 한다.

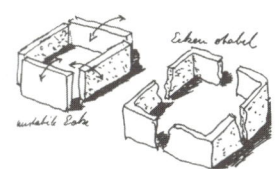

건축공간을 만드는 방식. 그림처럼 벽의 에워쌈의 방식이나 정도, 지붕의 존재를 강조하거나 바닥 높이를 내리거나 올려서 공간의 질을 조절할 수 있다. (위)

스위스의 헤르초크와 드 뮈론Herzog & de Meuron이 설계한 〈베이징올림픽 주경기장〉. 새 둥지의 에워쌈의 구조를 형상화한 이 공간처럼 생물의 공간형태를 빌려오는 경우도 많다. (가운데·아래)

앗, 나타났다 사라지는 공간?!

그런데 공간이 반드시 고정되고 물리적인 에워쌈으로만 존재하는 것은 아니다. 여기서 건축공간에 대한 새로운 인식을 생각할 수 있다. 도시와 건축은 다양한 사건의 잠재성이 펼쳐지는 공간의 총합이다.

예를 들어보자. '장터'라는 공간은 장場이라는 사건을 통해 나타났다가 장이 파하면 사라진다. 장이 열리던 장소는 다시 일상의 공간으로 돌아온다. 〈톈안먼 광장〉이라는 광활한 공간의 존재 가치는 바로 광장 중심에 꽂힌 붉은 깃발의 '펄럭임'에 있다. 중국성中國性을 뿜어내며 붉은 용처럼 펄떡이는 깃발의 움직임과 소리는 광장에 의미를 부여한다. 사찰 경내의 외부 공간은 그저 숭고하게 비워져있을 때가 아니라, 신자들의 경배 행위worship가 펼쳐지는 순간 바로

인도네시아의 장터. 우리나라의 장터 모습과 흡사하다. (위)
〈톈안먼 광장〉의 붉은 깃발의 펄럭임. 때론 형상이 없는 작은 단서가 공간 전체의 정체성을 좌우할 수도 있다. (가운데)
중국 상하이의 옥불사玉佛寺 경내 대웅보전 앞의 참배 장면. 우리나라에서는 볼 수 없는 풍경이다. (아래)

〈노트르담대성당〉의 미사 장면.(왼쪽)
2002년 스위스 엑스포 미디어관으로 지어진 〈블러 빌딩〉이 수증기를 분사하는 모습.(오른쪽)

'사찰' 공간으로서 생명을 갖게 된다.

　이러한 순간을 가장 확실히 경험한 것은 파리 〈노트르담대성당Cathedrale de Notre-Dame de Paris〉을 두 번째로 방문하였을 때다. 운 좋게도 미사 시간에 맞춰 그곳을 방문하게 되었다. 미사가 펼쳐지기 전, 성전 안에 향이 피워지고 그 연기를 뚫고 작지만 영혼을 울리는 소리가 들려온다. 거대한 공간 저편에서 작은 여성 수도사 한 명이 성가를 부르며 제단으로 다가온다. 이전까지 관광객들로 북적이던, 단지 물리적인 대상으로서의 그 공간이 '미사'라는 사건을 통해 비로소 '성당'의 공간으로 변모하는 순간, 필자의 가슴속에 북받친 신비감은 평생 잊을 수 없는 느낌으로 각인되었다.

　최근의 현대건축은 이러한 '순간을 담는 공간'을 구현하기 위한 창조적이고 유연한 대안을 많이 보여주고 있다. 미국 뉴욕의 건축가 딜러 & 스코피디오Elizabeth Diller & Ricardo Scofidio의 〈블러 빌딩Blur Building〉은 평상시 철골구조의 건물에 불과하지만, 수증기를 분사하는 순간 구름에 싸여있는

공간의 탐독　119

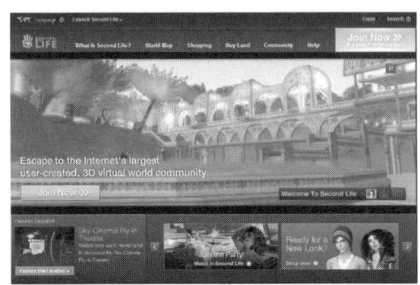

2003년 린든 랩Linden Lab이 개발한 인터넷 기반의 가상 세계 '세컨드 라이프'.

신비로운 공간이자 증기의 밀도를 느끼는 공간으로 탈바꿈한다.

공간은 현실 세계에서만 존재하는 것이 아니다. 컴퓨터를 켜고 인터넷에 연결하는 순간, 인터넷 게임 안에서도 가상의 공간이 펼쳐진다. '세컨드 라이프second life'라는 유명한 가상 세계에서는 도시공간을 사고 팔고 구축하고 꾸미는 행위들이 가득하다. 21세기는 공간에 대한 이러한 유연한 상상을 마음껏 펼쳐갈 시대다.

| 공간의 집합, 도시 속을 거닐다

"더 큰 맥락을 고려하여 설계하라. 의자는 방에 있고, 방은 집에 있으며, 집은 마을에 있고, 마을은 도시계획 안에 있다."
—엘리엘 사아리넨Eliel Saarinen

타인과 어깨를 부대끼며 거리를 거닐다 보면 무수히 많은 건물과 공간들이 모여있는 곳이 바로 도시라는 사실을 인식하게 된다. 사람들이 모여 사회가 되듯 공간은 방을 만들고, 방이 모여 집이 되고, 집이 모여 마을이 되고, 마을이 모여 도시가 된다. 우리가 사는 도시는 이렇게 다층적 공간으로 이루어져있다. 자신의 집이 여러 개 방들로 이루어진 도시라고 생각해보라. 순간, 공간에 대한 인식이 변화함을 느낄 것이다.

루이스 칸이 "건축은 방의 사회"라고 했듯이, 건축공간은 방들을 배열

 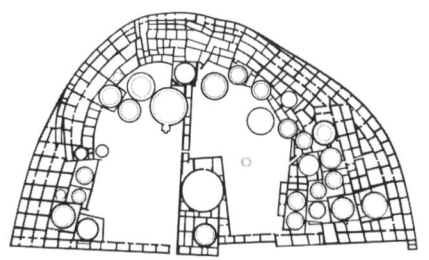

네델란드 건축가 알도 반 아이크Aldo Van Eyck(1918-1999)가 설계한 암스테르담 유치원 배치도.(왼쪽) 그는 원시 부족의 공간 연구를 통해 다중심적이며 자연발생적인 공간 집합의 패턴을 교육 공간에 적용하였다.(오른쪽)

하거나 조직하는 것, 즉 '질서'를 부여하는 방식에 따라 전혀 다른 사회적 의미를 갖는다. "평면이란 방의 공동체(사회)이며, 살고, 일하고, 배우기에 좋은 장소다The plan-A society of rooms is a place good to live, work, learn."

우리 집, 아파트, 학교의 평면과 단면, 건물의 배치를 생각해보면 공간의 구성 방식이 우리 삶의 방식에 큰 영향을 주고 있음을 알 수 있다. 어린 시절에 가장 많은 시간을 보내게 되는 학교의 예를 들어보더라도, 우리나라 학교의 획일적·권위적인 공간배치가 학생의 창의적 사고와 학습을 저해해왔다는 반성이 많았다. 이러한 반성은 최근 학교 건축의 변화를 가져오고 있는데, 교과 프로그램의 특성을 반영한 교실과 복도 디자인, 창의적 공간 경험을 위한 다양한 공간 배치, 건강한 삶과 자연과의 교감을 높일 수 있도록 하는 외부와 접촉하는 공간 확대 등이 그것이다.

공간 집합의 훌륭한 사례들은 무엇보다도 우리나라의 전통 건축에서 무수하게 만날 수 있다. 서원書院 건축(유교 사상), 대규모의 가람伽藍(불교 교리) 등은 크고 작은 다양한 독립 공간이 사상 및 교리를 바탕으로 주변의 산세, 지형, 외부 공간과 복합적인 관계를 통해서 배치된다. 이들은 풍부

우리나라의 대표적 서원인 〈도동서원道東書院〉의 배치도 및 내부 공간. 조선 시대의 일종의 사립대학인 서원은 유생들이 공부를 하는 동시에 선현에 대한 제를 지내는 공간이었다. 서원의 구성은 크게 교육 시설인 강학 공간과 제례를 지내는 제향祭亨 공간, 그리고 이들 기능을 지원하고 관리하는 부속 공간으로 나뉜다. 전통 건축에서 건물의 높낮이와 지붕의 형태와 방향, 외부 공간과의 관계, 열림과 닫힘의 다양한 변화는 매우 풍요로운 공간 경험을 자아낸다.

한 공간 어휘를 지닌 하나의 작은 '도시'를 이룬다.

전통적인 사례가 수평적인 공간의 조직을 보여준다면, 메트로폴리스 metropolis로 불리는 밀도 높은 현대 대도시에서는 수직적인 공간, 즉 단면적인 공간 배열을 체험하기 어렵지 않다. 최근 초고층 복합 건축물은 지하철에서부터 지하 몰mall, 저층 로비, 중간층, 스카이라운지에 이르기까지, 마치 도시공간을 수직적으로 짜놓은 것같이 매우 다양한 기능과 단면 공간들로 이루어져있다.

건축공간의 구성은 사회적 인식과 삶의 방식, 그리고 철학을 공간 질서에 반영하는 일이다. 그러나 때론 감옥이나 수용소같이 정치적인 의도

'역사로의 문'이라는 개념으로 하나의 대문 모양으로 만들어진 〈교토역京都驛〉은 동서 길이 470m, 최대 높이 60m의 일본에서 가장 큰 역사다. 내부 공간의 단면은 역을 비롯하여 호텔, 백화점, 식당가, 극장 등의 복합 문화 공간으로 이루어졌으며, 특히 4층 무로마치 소로 광장부터 11층의 대공광장을 연결하는 대 계단에서는 크고 작은 공연과 행사가 펼쳐진다. 지나치게 큰 규모가 부담스러울 수도 있지만 시민에게 열린 시원스러운 공간 계획에서 대규모 공공건축의 나아갈 바를 발견한다. (왼쪽)

'움직이는 도시'라고 해도 과언이 아닐 만큼 거대한 규모의 크루즈 유람선. 정해진 밀도의 한정된 공간 내에 대규모 극장, 카지노, 쇼핑몰, 레스토랑, 호텔, 공원, 수영장, 헬스클럽 등 복합적 공간이 수직적으로 정교하게 배치되어있다. 오랜 항해 기간 폐쇄적 공간으로 느껴지지 않도록 도시 공간과 유사하게 연출을 하거나 외부 공간과의 적극적인 연계를 꾀한다. (오른쪽)

로 기획된 공간의 조직 방식이 인간의 정신과 삶을 철저하게 지배하는 사례도 있다. 이것이 건축 행위가 가진 '양날의 칼'이다. 건축가에게 주어진 능력을 인간과 자연을 위해 책임 있게 사용해야 하는 것은 이 때문이다.

| 듣고 보고 만지는 공간

태어나서 여태껏 가장 기억에 남는 공간이 있는가? 그렇다면 그 공간은 왜 기억에 남는 것일까? 어떤 공간이 기억에 생생하게 남는 이유는 단지 시각적인 장면뿐 아니라, 당시 상황 속에서 자신의 감각, 즉 후각, 촉각, 청각 등 몸 전체로 그 공간을 경험했기 때문이다.

우리가 건축공간을 경험할 때, 우리의 몸은 후각, 촉각, 시각 등 오감의 변화를 맞이한다. 감각 경험의 변화는 근육계와 신경계, 호르몬의 분비와 같은 몸의 실제적인 변화를 가져오며, 이때 우리 존재와 공간은 하나가 된다. 공간은 이들 감각의 종합이 일어나는 곳이다.

햇빛은 르코르뷔지에의 〈롱샹성당Chapel of Ronchamp; Notre Dame du Haut〉(1954) 제단 후면 벽의 거친 면을 따라, 그리고 로마 〈판테온Pantheon〉(2세기) 돔의 요철을 따라 아침부터 해질녘까지 흐른다. 그 공간 속에서 우리는 시각과 촉각의 생생함을 느낀다.

정원 건축은 모든 감각이 총체적으로 펼쳐지는 공간이다. 그중에서도 우리나라의 대표적인 정원인 담양 〈소쇄원瀟灑園〉(1520년대 후반)은 밝고 어

프랑스 동부 벨포트에 있는 〈롱샹성당〉의 제단부. (왼쪽)

로마 〈판테온〉의 돔. (가운데)

헤르초크와 드 뮤론의 〈테이트모던Tate Mordern〉. 버려진 화력발전소를 부수지 않고 최소 공간을 덧붙여 새로운 문화 생성 공간으로 탈바꿈시킨 성공적인 사례. 터빈홀이었던 이 공간에서 하루에 몇 번씩 터빈의 진동을 느끼는 동시에 공장 창문을 통해 일몰의 강렬한 빛의 감동을 느낀다. (오른쪽)

대숲 너머로 부는 바람 귀를 맑게 하고
시냇가의 밝은 달은 마음 비추네
깊은 숲은 상쾌한 기운을 전하고
엷은 그늘 흩날려라 치솟는 아지랑이 기운
술이 익어 살며시 취기가 돌고
시를 지어 흥얼 노래 자주 나오네
한밤중에 들려오는 처량한 울음
피눈물 자아내는 소쩍새 아닌가

-조선 성리학의 대가 하서河西 김인후金麟厚
가 지은 〈소쇄원〉을 위한 즉흥시.

두움, 높고 낮음, 깊고 얕음의 감각의 대조 속에서 동선과 감각이 입체적으로 펼쳐진 명작으로 손꼽힌다. 특히 바람이 대숲을 스치는 소리와 다채로운 물소리가 가득하여 '소리의 정원'이라고 일컫는다. 지난 가을 깊은 날, 〈소쇄원〉을 답사한 필자는 〈광풍각光風閣〉('비 갠 뒤 해 뜰 때 부는 청명한 바람'이라는 뜻)에서 학생들과 함께 자작시 한 편씩을 읊었다. 양산보가 동료들과 시와 음악과 낭만을 나누던 16세기의 장면이 겹쳐져 즐거운 경험이었다.

새는 날고 잎은 지네

붉은 가을은 가슴으로 달려오고

눈썹 같은 처마마다 곱곱이 박힌 물소리

―2009년, 〈소쇄원 광풍각〉에서

공간의 탐독 125

〈소쇄원〉에 계절마다 다녀오기를 권한다. 단, 사람들로 붐비지 않는 이른 아침이나 늦은 오후를 추천한다. 〈광풍각〉과 〈제월당霽月堂〉('비갠 뒤 하늘의 상쾌한 달'이란 뜻을 가진 건축물)에 앉아 오랜 시간 〈소쇄원〉이 펼치는 감각의 향연을 만끽하기를······.

소리에 대한 한국과 중국, 일본 건축의 태도는 어딘지 모르게 조금씩 다르다. 중국 항저우의 〈중국미술학원 샹산象山교구 건축대학〉 내부 수공간은 한 줄기 낙하하는 물소리가 여러 층으로 열린 공간 속을 가득 채운다. 건축대학 설계실에 거주하는 학생들은 역동적인 물소리가 주는 청각의 자극을 통해 창조적인 감각이 살아남음을 느낄 수 있으리라. 이러한 수공간은 중국 출신 미국 건축가 이오 밍 페이Ieoh Ming Pei(1917-)의 〈쑤저우박물관蘇州博物館〉 내부 홀에서도 만난 적이 있다.

한편 일본의 수공간은 보다 공감각적인 것 같다. 일본 〈사가와미술관佐川美術館〉(1998)은 너른 물 위에 떠있는데, 잔잔하고 얕은 수면의 가운데에서 작은 파문이 생겨나 물은 계속 일렁거린다. 햇빛을 받아 끊임없이 반짝이며 마치 관람객에게 속삭이는 것처럼 느껴지는 공간이 펼쳐진다.

〈중국미술원 샹산교구 건축대학〉의 내부 공간. 한 줄기 낙하하는 물소리가 여러 층으로 열린 공간 속을 가득 채운다. (왼쪽)

〈사가와미술관〉. 잔잔하고 얕은 물 가운데 작은 파문을 일으켜 속삭이는 동시에, 햇빛을 받아 끊임없이 일렁이며 반짝이는 공간이 펼쳐진다. (오른쪽)

안도 밖도 아닌, 경계에서

우리는 지금 로마 판테온 전면 포티코 portico(연속적인 기둥으로 이루어진 현관) 기둥의 기초에 앉아있다. 필자를 감동시키는 것은 판테온의 너무나 유명한 내부 공간도, 외부 형태도 아닌, 바로 이 안도 밖도 아닌 전이 공간이다.

감각과 더불어 건축공간에 있어서 또 하나 중요한 이야기는 바로 공간의 '경계'에 관한 것이다. 공간의 경계는 관계를 만들기도 하고 차단하기도 하기 때문이며, 바로 그 이유 때문에 경계의 성격은 그 공간뿐 아니라, 나아가 그 외부 공간의 정체성을 만들게 된다. 도시 공간의 즐거움은 이러한 다양한 공간 경계들의 의미가 겹쳐져서 생겨나게 된다.

로마 〈판테온〉의 포티코. 그 유명한 내부 공간보다 외부 광장과의 관계를 보여주는 이 부분에 더 애착이 간다. 전면의 광장은 언제나 사람들로 가득하다. 〈판테온〉의 포티코는 더위를 식히는 학생들이 거리낌 없이 눕거나 주초에 걸터앉는 기회를 제공함으로써 광장과 도시 생활을 적극적으로 연계해주는 훌륭한 인터페이스다.

잠시 앞서 살펴본 루이스 칸의 '방'의 개념으로 돌아가서, 방에 있던 외부로 뚫린 창에 대해서 생각해보자. 건축공간에 있어서 외부와 연결되는 가장 일차적인 요소는 바로 '개구부opening', 즉 '창window'과 '문door'이다. 건축공간과 도시와의 관계는 이 '창'과 '문'의 복합적인 의미에 따라 결정된다. 외부 세계와 직접적인 연결 요소인 '창'과 '문'이 단순한 요소를 넘어서 '벽' 혹은 '지붕', '바닥' 등 견고한 경계와 함께 변형되어 '인터페이스 공간interface space(매개 공간·중간 영역)'으로 분화되면 재미있는 일이 생겨난다.

〈판테온〉 포티코 공간의 머묾. 사람들의 기다림과 머묾을 통해 현관은 단순한 '문'의 의미를 넘어 '공간'으로 분화하게 되며 도시공간과 보다 적극적인 관계를 맺는다.(위 왼쪽)

안도 밖도 모호한 프라하 도시의 경계 공간.(위 가운데)

반투명의 벽을 접어 들어올린 〈쾅풍각〉. 적극적인 공간 관계의 변화를 꾀하고 있다.(위 오른쪽)

일본 히코네 정원인 〈겐큐엔玄宮園〉의 다실. 단면이 작은 기둥을 사용하여 수평적인 투명성을 줌으로써 지붕의 존재만 느껴지게 한다.(아래 왼쪽)

중국 주장周莊의 〈심청沈廳〉. 중국 전통 주거에서는 90도로 열리는 창문이 외부와의 극적인 계폐 방식을 만든다.(아래 오른쪽)

위 그림에서 보이는 사례들은 공간의 경계가 변화함에 따라 공간 사이의 관계가 어떻게 다양하게 변화하는가를 보여준다.

한편 우리는 공간과 공간 사이에 놓인 연결 공간인 브리지bridge를 통해 두 공간의 적극적이고 직접적인 관계가 맺어지는 과정을 체험할 수 있다.

이보다 한 차원 높은 공간의 관계는 비움을 엮음으로써 얻어진다. 각각 다른 건축가에 의해 설계된 대전대학교의 〈혜화문화관〉(승효상 설계)과

승효상의 〈동산교회〉. 건물과 건물이 가장 적극적으로 관계 맺는 방법은 브리지를 설치하는 것이다. 시각적이고 공간적인 연계가 가능하다.(위 왼쪽)

로랑 보두앵Laurent Beaudouin이 설계한 〈이응노 갤러리〉. 진입부를 독립된 공간으로 분화시켜 내·외부의 전이 공간으로 만든다.(위 가운데)

조성룡·김종규의 〈의재미술관〉. 병풍 같은 투명한 벽체를 통해 외부 환경이 산수화처럼 맺힌다.(위 오른쪽)

대전대학교의 〈혜화문화관〉과 〈기숙사〉 간의 상호 관계. 상당히 떨어진 두 건축 간의 비워지는 공간을 서로 의식하여 설계함으로써 캠퍼스 내에 시각적·공간적 흐름을 만들어낸 훌륭한 사례다.(아래 왼쪽·아래 가운데)

일본 교토의 기요미즈데라淸水寺. '무대舞臺'라고 불리는 건물과 이편의 공간이 서로 바라보는 방식의 시각적인 연결이 계획된 사례로 훌륭한 포토존이 만들어진다.(아래 오른쪽)

〈기숙사〉(민현식 설계)는 건축적 형식은 다르지만 서로 비움의 공간을 연계한 좋은 사례로 손꼽힌다.

외부와 내부에 모호하게 걸쳐있는 전이 공간의 연결은 보다 복합적인 관계를 만들어주며, 멀리 떨어진 공간도 시각적인 연결을 계획하면 매우 가까운 관계로 느껴지도록 할 수 있다. 건축의 즐거움은 바로 이러한 경계의 의미들을 만들고 찾고 만끽하는 데 있지 않을까?

| 켜, 공간의 깊이에 빠지다

우리는 지금 영화 〈홍등紅燈〉의 주 무대가 되는 중국의 전통 주택 〈사합원四合院〉 내부에 들어와있다. 영화 속 주인공은 일부다처제의 관습에 묶여 고단한 삶을 살고 있다. 영화는 이러한 모순적인 관습에 처한 주인공의 답답한 내면을 사합원의 켜켜이 깊은 공간 속에 갇힌 주인공의 모습에 투영하고 있다. 처마마다 걸려있는 홍등은 영화적인 투시도 속에서 공간의 깊은 켜layer를 시각화하는 요소로 사용되는 듯하다.

일본의 전통 주택 또한 깊은 켜를 가지고 있다. 방을 가로지르는 몇 켜의 미닫이문을 열면 저 깊은 곳에 비밀스러운 정원이 자리한다. 중간의 문들은 열림과 닫힘, 투명과 반투명을 조절하면서 다양한 공간의 깊이 변화를 가져온다.

우리의 전통 주거 공간도 물론 매우 풍부한 켜를 지닌다. 행랑채의 켜를 거쳐 마당으로, 대청의 켜를 거쳐 후정으로 이르는 단순한 사례에서도 어두움과 밝음, 내부와 외부, 열림과 닫힘의 교차가 일어난다.

규모를 좀 더 확대해 생각해보자. 경북 영주 〈부석사浮石寺〉의 의미는 단지 무량수전無量壽殿 경내의 본존불에만 있는 것이 아니다. 진입로를 따

중국의 〈사합원〉과 일본의 전통 주택 내부. 여러 켜로 구성된 공간은 그 깊이를 더한다.

한국 전통 주택 〈관가정觀稼亭〉의 중정부에서 보이는 공간의 켜.(왼쪽)
우리나라의 대표적인 서원인 〈병산서원屛山書院〉의 입체적인 공간의 중첩.(오른쪽)

라 걸으며 일주문一柱門을 지나고 천왕문天王門, 범종각梵鍾閣, 안양루安養樓를 거쳐 무량수전에 이르기까지, 특성이 다른 각 영역의 '켜'를 지나면서 속세의 기억을 덜어내고 새로운 정신의 세계로 점차 이행하는 '과정'을 겪게 된다. 어떤 전문가는 일주문에서 숲길을 지나 천왕문에 이르는 도입의 과정을 '기起', 천왕문에서 경내로 진입하여 범종각까지 전진하는 공간을 '승承', 범종각에서 안양루에 이르면서 공간의 축軸이 30도 꺾여가는 전환의 과정을 '전轉', 안양루를 지나 무량수전에 도착하여 온 길을 돌아보며 정리하는 단계를 '결結'로 이야기하곤 한다. 점점 높아지는 산사山寺의 특성상 각 영역별로 석축과 기단의 레벨이 나뉘어 배치된 것도 이러한 과정을 강화하는 요소다. 특히 범종각과 안양루는 '루樓(사방을 바라볼 수 있도록 문과 벽 없이 높이 지은 집)'의 형식을 취하고 있는데 이곳에 접근하려면 일주문, 천왕문을 '통과'하는 동시에 경건하게 몸을 숙이며 들어가야 한다. 낮고 좁은 시야를 통과하여 만나게 되는 다음 장면은 광대한 스케일의 공간이다. 문과 루의 액자와 같은 시각틀frame은 서로 겹치면서 공간의 켜의 깊이를 보여주고 다음 장면을 암시한다.

일주문에서 무량수전을 향해 가는 공간의 단계들.

일주문 → 일주문에서 천왕문으로 → 천왕문 접근

천왕문 통과 → 천왕문에서 범종각으로 → 범종각 접근

범종각 통과 → 안양루 접근 → 안양루 통과

돌아봄 → 무량수전

안양루 한곳에서 일어나는 누하 진입과 시각 프레임의 대조적인 공간 경험.(위)
〈부석사〉의 각 요소가 주변 환경 속에서 하나의 전체를 이룬다.(아래)

　이렇듯 공간의 켜는 단순한 공간 연결이라는 의미를 넘어, 공간 탐험의 깊이와 그것이 자아내는 이야기의 즐거움을 전해준다. 또한 이는 단지 건축물 내부에 한정된 것이 아니다. 세계의 '살아있는 도시'에서는 도로와 건축의 경계에서 다양한 보행자 행위를 담는 '공간의 켜'가 풍부하게 분화되어있다. 또한 켜는 물리적인 의미뿐 아니라, 의미론적·기호론적·시간적인 켜의 의미를 다층적으로 지닐 수 있다.

상대적인 시공간에서 헤매다

'모든 것은 상대적이다.' 독일 태생의 이론물리학자인 아인슈타인Albert Einstein(1879-1955)의 말이다. 그는 상대성이론을 통해, 세계가 객관적이고 규칙적이고 균질하다고 믿었던 근대적 시간·공간 개념을 주관적이고 불규칙하고 비균질한 현대의 시간·공간 개념으로 바꾸어놓았다. 세계는, 그리고 우주는 분명 불규칙함과 복잡함의 총체 아니겠는가.

물리학 수업 시간에 접해본 경험이 있겠지만, 시공간의 관점 변화는 기하학의 변화를 동반한다. 즉, 정량적, 균질적인 유클리드기하학에서 비균질적이고 상대적인 비유클리드기하학으로의 변화다. 건축공간은 이러한 시공간을 바라보는 견해와 관점에 따라 다르게 디자인될 수 있다.

자, 함께 공간 속으로 들어가보자. 여러분이 살고 있는 아파트나 학교 건물의 공간 속에 서보자. 단순한 직육면체들의 반복과 분할이 가능한 이곳은 유클리드공간을 대표한다. 이번에는 다른 공간으로 들어가볼까? 이곳은 비균질하고 상대적인 공간 개념을 가지고 있다. 몸의 움직임에 따라 때론 느리게, 때론 빠르게 걸어가다 보면 공간의 질이 시시각각으로 변화한다는 느낌을 받게 되며, 어떤 지점에서 여러 개의 다른 질을 가진 공간으로 분기分岐하기도 한다.

상대적인 공간에서는 기존 건축공간에서 명확히 구분되었던 '벽', '바닥', '천정'의 개념이 서로 뒤섞인다. 좀 전까지 내가 걷던 바닥이 눈앞에서 벽이 되었다가 하늘을 감싸면서 천정이 되기

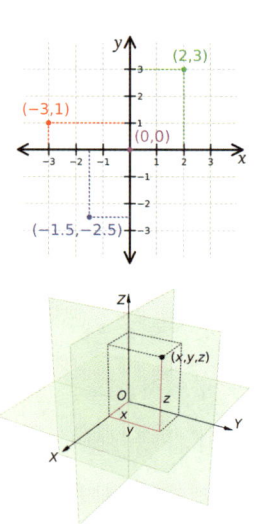

유클리드식 좌표계.(위)
균질하게 분할과 반복이 가능한 유클리드공간은 데카르트공간 Cartesian-space이라고도 불린다.(아래)

〈요코하마 국제 여객 터미널Yokohama International Port Terminal〉. 공간의 분기점bifurcation 한 점에서 3개 공간 이상으로 갈라진다.(왼쪽)

부산의 〈자이갤러리〉. 비스듬한 단면 구성을 통해 다차원적 시선과 공간이 교차한다.(가운데)

배재대학교 〈국제관〉 건물에서 보이는 비관습적인 공간의 흐름과 분기점들. 유려하게 흐르는 공간은 입구와 옥상 레벨을 연결하며 건축과 조경을 아우른다.(오른쪽)

도 하는 등 유연하고 연속적인 공간이 펼쳐진다.

현대건축은 이러한 총체적이고 유기적인 세계관의 반영을 시도하며 형태와 공간 흐름의 일체화, 통합화를 시도한다. 비선형, 랜드스케이프 landscape 건축 등 최근 건축의 변화는 이러한 공간개념의 변화를 보여준다.

| 공간과 함께 진화하다

앞서 공간개념의 변화를 생각해보았다면, 이번에는 시간 흐름에 따른 공간의 변화에 대해서 생각해보자. 우리가 사는 건축공간, 나아가 그 공간의 총체인 도시공간은 동결된 것이 아니라 시간과 상황에 따라 진화한다. 그 공간에 있는 우리도 공간의 진화를 촉진하기도 하고 그에 따라 생활의 변화를 시도하는 등 반응하면서 함께 진화한다.

홍대 앞 주차장길이나 압구정 가로수길에 가보면, 도시공간은 시간에 따라 변화무쌍하게 진화하는 공간 에너지의 총체라는 느낌을 받는다. 세계의 도시 곳곳에는 시간이 흐르면서 쇠락하여 철거될 운명에 처해있던 곳을, 철거가 아닌 최소한의 디자인으로 미술관 등의 예술촌으로 재탄생시킨 사례가 가득하다. 가까운 중국의 예만 보더라도 베이징 798예술구, 상하이 모간산루M50, 훙방, 타이캉루泰康路, 신천지新天地 등은 현대적 감각의 프로그램을 담으면서 세계적인 명소가 된 곳이다. 필자가 모간산루의 한 갤러리를 방문했을 때 문득 재미있는 사실을 발견하게 되었다. 이곳은 본디 실을 만드는 공장이었다. 공장은 큰 기계와 작업 공간을 확보해야 하기 때문에 으레 넓은 기둥 간격, 최소 개수와 최소 직경의 기둥, 높은 천장고, 천창 등을 적용하여 설계되기 마련이다. 그렇다면 그림이나 조각을 전시하는 갤러리는 어떤가. 이 또한 높은 천정, 직접조명을 피한 고측창, 넓은 기둥 간격 등을 필요로 한다. 산업 현장인 공장과 예술 현장인 갤러리의 공간 조건이 어쩌면 그렇게도 잘 맞아떨어지던지……. 새하얀 갤러리가 된 공장은 그 순간 기묘한 어울림 속에서 초현실적인 공간으로 느껴졌다.

시간의 격이 지워지지 않고 켜켜이 담긴 공간 안에서 우리는 풍부한

중국 상하이 모간산루 공장 지역을 재생하여 새로운 예술의 메카로 만든 이곳에서는 산업 시대의 공장 건물과 미래지향적인 예술이 초현실적으로 조우한다. (왼쪽)

상하이 훙방. 기존의 공장 구조물을 충실히 재활용하여 새로운 시간의 켜를 살린다. (가운데)

부산 문화골목. 골목을 끼고 있는 몇 채의 집을 최소한도로 연결하여 시간의 층이 살아있는 새로운 도시 복합체를 만들어내었다. (오른쪽)

〈선유도공원〉은 기존 정수장 구조물을 살려둔 채 새로운 동선을 수직적으로 병치하여 입체적인 시간의 켜를 살려내었다.

시간과 역사의 현상들을 경험한다. 최근의 공간디자인은 이러한 진화의 흔적들을 지우는 것이 아니라 적극적인 공간디자인 전략으로 채택하여 과거 시간의 층과 새로운 시간의 층을 병치juxtaposition시킨다. 한강 선유도의 옛 정수장을 활용한 국내 최초의 재활용 생태공원 〈선유도공원〉은 이러한 시간의 층을 느낄 수 있는 최고의 장소다. 건축가 조성룡은 기존 정수장 구조물을 최대한 살리고 새로운 동선들을 수직적으로 병치하여 입체적인 시간의 켜를 살려내었다. 새로 설치된 브리지에 서서 이전에는 정화조였던 과거의 공간을 내려다보는 다차원적 시간을 경험할 수 있다. 거친 정화조의 표면과 단면이 드러나고, 기존 건물의 기둥들은 담쟁이덩굴에 싸여 마치 신전의 기둥 같은 신비감마저 내뿜는다.

한편 건축공간을 디자인할 때, 이러한 공간 진화를 촉진시킬 수 있도록 아예 유연한 공간 변화 요소들을 전략적으로 사용하기도 한다.

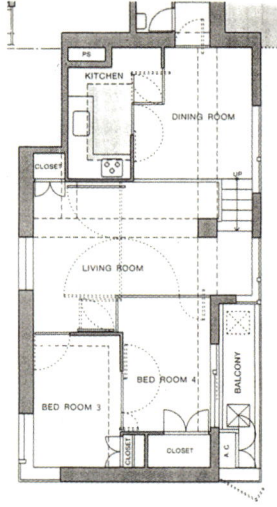

〈스토어프론트〉는 창, 문, 벽의 의미를 새롭게 생각하게 하는 프로젝트로, 사용자의 의도에 따라서 문은 창으로, 창은 가구로 의미가 변형된다.(위)

스티븐 홀의 '힌지드 스페이스' 평면. 일부가 문으로 열리기도 하고 때론 벽체 전체가 문처럼 열려 계절과 사용자의 필요에 따라 거실이 침실로, 침실이 거실로 전환된다.(아래)

스티븐 홀Steven Holl이 설계한 〈스토어프론트Storefront for Art and Architecture〉는 창과 문의 의미에 근본적인 의문을 던진다. 열고 닫는 과정의 의미와 방식에 따라 문은 창이 되기도, 창은 가구가 되기도 한다. 도시 속 작은 건축물의 외피지만, 이를 열고 닫는 단순한 행위는 도시에 변화무쌍한 풍경을 제공한다. 이 작은 건물의 의미는 도시에 보내는 다양한 신호, 여기에 있다.

〈스토어프론트〉가 건축물의 외피를 가지고 공간을 진화시킨 것이라면, 후쿠오카의 〈넥서스 월드Nexus World 프로젝트〉는 일명 '힌지드 스페이스hinged space'라는 공간 개념하에 내부 공간이 디자인된 곳이다. 이곳의 벽체는 일부가 문으로 열리기도 하고 때론 벽체 전체가 문처럼 열려 계절 및 사용자의 필요에 따라 거실이 침실로, 침실이 거실로 전환되기도 하는 등, 공간의 교환이 이루어진다. 사용자는 공간의 진화와 함께 진화한다.

공간을 통해 누군가를 기억한다는 것

〈종묘宗廟〉로 가보자. 조선 시대 임금과 왕비의 위패를 모신 이곳은 우리의 '정신'이 담긴 전통적인 추념의 공간이다. 비가 온 직후나 새벽 어스름 무렵에 종묘에 가보기를 추천한다. 아무도 없는 그 공간에 홀로 서서 미니멀한 건축물의 수평성과 비어있는 마당의 의미를 가슴으로 느끼며 이전 시대의 누군가와 마음의 대화를 나눌 수 있으리라.

때로 우리는 누군가를 추념하기 위해 만들어진 공간을 거닐게 된다. 그 공간은 평범한 거주의 공간이기보다는 기억할 누군가나 어떤 사건을 떠올리게 하는 보다 강렬하고 영속적인 공간의 경험을 동반한다.

우리나라 〈종묘〉의 독특한 수평성은 공간의 장엄함과 검소함을 겸비한다.

공간의 탐독 139

<대영박물관> 중정 부분 리노베이션 공간. 건물의 외벽이었던 부분이 내부 벽이 되었다.

다음에 제시하는 공간의 사례들은 단순한 형식을 가진 공간이 때론 더욱 많은 기억과 의미를 담아낼 수 있음을 보여준다.

영국 건축가 노먼 포스터Norman Foster는 <대영박물관> 중정 리노베이션 프로젝트에서, 역사가 깊은 원통형의 라이브러리를 중심에 둔 외부 중정 상부에 현대적인 유리 천정을 씌움으로써 내부·외부의 경계가 모호하고 여러 시간의 격이 공존하는 새로운 공간을 만들었다.

다음은 중국계 미국 여성 건축가 마야 린Maya Lin(1959-)이 설계한 워싱턴의 <베트남 참전용사 기념관The Wall>이다. 땅을 'V'자로 절개한 단순하기 그지없는 그녀의 설계안은 다른 모든 표현적인 기념의 대안을 제치고 기념관 현상설계에서 당당히 채택되었다. 당시 스물한 살의 건축학도였던 마야 린의 이 설계안은 당시 세계 건축계에 신선한 충격을 주었다. 땅을 절개하여 만들어진 상처 같은 벽면에 새겨진 수많은 전사자의 이름. 지금

미 워싱턴의 <베트남 참전용사 기념관>. 땅을 절개하여 생긴 상처 같은 벽면에 쓰여있는 이름을 보듬으며, 전사자의 가족들은 그들의 아들과 남편을 추억한다.

도 그곳에서 베트남전쟁 전사자의 가족들은, 전쟁의 포화 속에서 가족을 그리다 눈을 감았을 그들의 아들, 남편을 추억한다.

한편, 런던 하이드파크Hyde Park에 최근 조성된 〈다이애나 황태자비 기념공원〉은 엄숙했던 기존의 '추모' 공간과는 다른 현대적인 '기억'의 공간이다. 생전에 평화롭고 행복한 세상을 위해 힘쓴 그녀의 밝은 품성을 되살려, 긍정적이고 유쾌한 가족공원으로 만들어졌다. 흐르는 물을 주제로 하여, 다양한 경사도를 가지는 원형의 띠 공간으로 구성되었다. 자작하게 흐르는 물에 발을 담그고 청각과 촉각이 만드는 공간감을 느끼며 뛰노는 가족의 즐거움 속에서 그녀 또한 다정하게 기억되리라.

런던 하이드파크에 조성된 〈다이애나 황태자비 기념공원〉은 현대적 추념의 공간이다. 공원을 찾은 영국인은 밝은 분위기로 조성된 공간 속에서 자연스럽게 고 故 다이애나 황태자비를 추억한다.

지금까지 여러 공간 속을 함께 거닐며 각 공간이 가진 의미를 하나하나 더듣어보았다. 과연 공간 속에 담긴 감각과 이야기들이 풍부하지 않은가?

필자가 건축 공부를 계속해 나가는 이유도 바로 이러한 무궁무진한 공간의 즐거움 때문이다. 글을 읽고 공간에 대한 새로운 눈이 생겼다면, 여러분도 도시 속을 누비며 그간 무심히 지나쳐온 공간들을 발견하고 스스

공간의 탐독

로 느끼고 만지고 읽는, 진짜 '공간 읽기'를 시작하기 바란다. 더불어 이러한 공간을 만드는 건축에 대한 관심 또한 높여가기를 …….

> 나의 집은 자궁입니다
> 내 집은 자궁이고, 자궁의 집은 어머니이며,
> 어머니의 집은 가옥이며, 집의 집은 환경입니다.
> 집을 주택으로만 생각하는 것은 잘못입니다.
> 환경입니다.
> 환경은 철학적으로 공간이 되겠는데,
> 공간은 집의 집의 집입니다.
> ―건축가 김수근

Space for Man,
Space by Man

사람을 만드는 공간, 사람이 만드는 공간

김수진

우리는 공간 속에서 숨 쉬고 느끼며 움직이고 있다. 그러나 우리를 감싸고 있는 공간 역시 역동적으로 움직이고 있다는 사실은 잘 감지하지 못한다. 공간은 항상 우리에게 말을 건다. "이봐, 움직여! 그리고 날 찾아봐!" 우리는 성큼성큼 공간 속으로 걸어가 허공에서 허우적거리기도 하고, 소리 내어 말을 건네기도 한다. 또는 뒤에 숨어있는 공간을 만나기 위해 돌아 들어가보기도 한다. 그러나 우리가 움직임을 정지한다면 공간은 어느새 다가와 "꼼짝 마!" 하고 속삭인다.

사람에게 다가서고 물러서는 공간, 이는 오직 사람의 능동적인 탐색 앞에서만 그 잠재된 모습을 드러내며 우리의 삶을 분발시킨다. 우리가 찾는 모습 이상의 열린 가능성으로……. 자, 여러분은 어떤 공간을 기대하는가?

공간과 사람 사이 생각하기

공간이란, 비었다는 의미의 '공空'과 사이라는 의미의 '간間'의 합성어로, 우리 주변에 비어있는 모든 것을 통칭한다. 사람과 사람 사이, 물체와 물체 사이, 그리고 사람과 물체 사이 어디에도 공간은 존재한다. 인간은 언제부터 공간을 의식하기 시작했을까? 고대 철학자들은 공간을 '가득 찬 것'이라는 의미의 '플레로마pleroma'라고 부르며 비어있는 공간의 존재를 부정하였다. 과학자들도 19세기 말까지는 빈 공간이란 존재하지 않으며 공간은 에테르ether라는 가상의 매질로 채워져있다고 믿었다. 뉴턴Sir Isaac Newton의 이론에서 에테르는 빛의 속도를 조절해주는 역할을 한다. 예를 들면 전자기장이 에테르와 부딪칠 때, 빛은 방향에 상관없이 에테르를 통해 항상 같은 속도로 전달된다는 것이다. 따라서 공간을 가득 메우고 있는 에테르 때문에 정지한 모든 사람들은 모든 방향에서 동일한 빛의 속도를 측정할 수 있다. 아리스토텔레스Aristoteles와 뉴턴의 절대시간 개념 안에서, 공간은 시간에 아무런 영향을 받지 못하는 진공의 상태이며 어느 장소에서도 적용되는 동시적 개념이라고 할 수 있다. 그러나 공간의 동시적 개념을 바탕으로 하는 과학자들의 어떤 실험도 채워진 공간을 증명하지 못했다.

    모든 공간에 적용 가능한 보편적 시간이 존재한다는 개념은, 사람들이 경기장으로부터 서로 다른 위치에 있음에도 미국에서나 한국에서 동시에 월드컵 경기를 관람할 수 있다고 생각하는 것과 같다. 과연 다양한 관람객과 경기장의 사이, 다양한 공간의 위치와 거리에서 동시에 경기를 관람할 수 있는 절대시간이 존재할까? 동시 개념을 좀 더 자세히 살펴보자. 빛의 펄스pulse가 한 장소에서 다른 장소로 보내지면 서로 다른 관찰자들은 시간이 절대적이기 때문에 빛이 이동하는 데 걸린 시간을 똑같이 측정하지만, 만약 관찰자가 움직인다면 빛이 날아온 거리는 일치되지 않는다. 여기서 거리를 시간으로 나눈 값이 빛의 속도이기 때문에 빛의 속도 또한 다른 값으로 측정되는 것이다. 논리적으로, 빛의 출발점에 따라 거리와 시간은 차이가 날 수 있겠으나 빛의 속도가 상황에 따라 다르다면 과학적 사실로서 짐작하기 어렵다. 절대공간과 절대시간의 좌표에 의해 사고되는 이러한 뉴턴의 이론은 잇따른 물리적 현상들을 증명할 수 없었다.

근대 이후의 상대적 시간 개념에 의하여 공간의 개념은 전환되었다. 오랫동안 근대 과학자들 사이에서 논쟁의 핵심이 되어온 공간의 채움과 비움의 관점을 떠나, 상대적으로 차별화되는 영역적 공간이 대두된 것이다. 아인슈타인의 상대성원리에 입각하여 엄밀하게 말하자면, 모든 사람이 같은 방식으로 시간의 흐름을 경험하는 일은 가능하지 않다. 시간은 상대적이기 때문에 각각 다르게 움직이고 있는 모든 개인은 다른 이들과 다른 시간의 흐름을 경험하게 된다. 특정 사람과 관계없이 어디에나 존재하는 절대공간은 없으며, 오로지 상황에 따라 공간을 가늠할 수 있는 상대적 공간만이 존재한다. 따라서 미국과 한국의 동시성이란 가상이며, 우리는 각각의 다른 움직임만큼 서로 다른 개별적 시간과 관계된 공간 속에서 살고 있다. 그것은 우리가 위치한 공간의 물리적 특성, 즉 대지, 공기, 높이, 길이, 폭 등에 대한 상대적인 특이성으로만 설명할 수 있을 것이다. 다만 우리는 이 동시적이지 않은 시간을 뚜렷이 체험하기는 어렵다. 상대

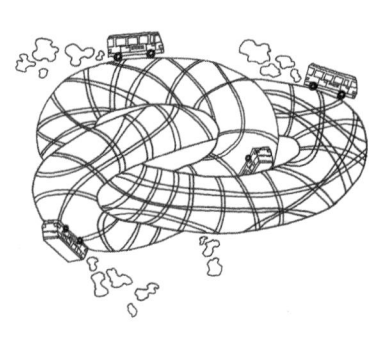

뉴턴의 시간은 공간으로부터 분리되어있으나, 현대 과학에 따르면 시간과 공간은 뗄 수 없이 서로 뒤엉켜있다. ⓒ이선빈

모든 사람은 저마다 고유한 시간을 가진다. 정지한 두 사람의 시간은 일치할 수 있으나 움직이기 시작하면 이들의 시간은 달라진다.

적 시간은 매우 미세한 시간(30만 km/s)상에서 나타나기 때문이다. 실제로 우리 일상의 느림은 시간과 공간의 혼합적 움직임에 대한 사실을 증명하지 못하기 때문에, 동시적 사고는 아직까지 우리들의 생활 속에 내재되어 있다.

상대성이론에 의하여 전혀 다른 관점에서 발견한 이러한 시간과 공간이 혼합된 영역성은, 시간, 장소 그리고 움직임에 따라 특별한 공간적 의미를 부여하였다. 펼쳐진 공간 속에 존재하는 사람들은 자기 고유의 시간과 위치에 따라 각각 다른 사람과 차별화되기 시작한 것이다.

| 사람과 사람 사이 생각하기

지금 자신의 주변을 둘러보자. 자신과 타인 사이의 공간이 보이는가? 바로 그 공간이 자신의 영역과 타인의 영역이 차별되는 거리라고 할 수 있다. 그리고 이러한 거리는 고정되지 않은 채 움직임에 따라 상대적으로 변화한다. 나와 타인은 일정한 부피를 지닌 채 공간을 차지하고 있으며, 먹고 자고 일하는 과정에서 정지하거나 움직이며 위치의 변화를 갖는다. 또한 두 사람은 동시에 동일한 공간에 위치할 수 없는 물리적 이유로 언제나 상

사람을 비롯한 동물은 서로 접촉을 피하고자 일정한 거리를 유지한다.

대적으로 위치하게 된다.

이제 자신의 고유 영역을 돌아보자. 타인이 나에게 접근해올 때 불쾌해지기 시작하는 지점이 느껴지는가? 나의 몸으로부터 이 지점까지의 거리가 바로 개인적인 공간 personal space이다. 개인적인 공간이란, 접촉을 꺼리는 사람들이 일정하게 유지하는 거리를 지칭하는 말로, 동물심리학자 헤디거H. Hediger의 용어 '개인적인 거리'에서 비롯되었다. 개체의 자기 보호 영역이라 할 수 있으며, 현재 사회심리학, 문화와 커뮤니케이션 분야에서 활발하게 실험 및 사용되고 있는 개념이다.

문화인류학자 에드워드 홀에 의하면, 인간은 자신의 약점을 보완하기 위하여 '자기외부의 연장물'을 진화시키는데, 이것이 개인적인 공간의 근간이 되는 '문화'라고 한다. 그는 스스로 수십 년 동안 세계 각국 오지를 체험하며 현장 조사 연구를 수행했다. 이를 통해 인간의 삶이 이루어지는 공간 속에 숨은 수많은 의미들을 발견해 책으로 출간했다. '프록세믹스', '연장의 전이' 등이 그가 제시한 용어다. 그의 유명한 저서 《숨겨진 차원 The Hidden Dimension》에 의하면, 타인과 나 사이에 있는 거리의 값은 개인적인 친밀도에 따라 모두 다르다.

집, 사무실, 공원 등에서 사람들이 서로 간에 유지하는 공간은 각자의 감각 수용 기관의 지시를 받는다. 이러한 감각 수용 기관은 우리의 눈, 코, 귀뿐만 아니라 피부 및 근육을 통해 외부의 정보를 받아들이고 분석하여

유기체는 자신을 보호하기 위해 일정한 공간을 유지하는데, 이러한 개인적인 공간의 특징은 지역과 개인의 문화적 특성에 따라 조금씩 차이가 있다.
ⓒ이선빈

타인과의 거리를 조절하게 만든다. 또한 개인적인 친밀도는 그들이 소속한 문화에 따라 차이를 보이고 있으나, 대개는 팔 길이 정도 떨어져 서로 닿기 어려운 거리만큼을 개인적인 공간 반경으로 설정한다. 즉, 신체적 지배의 한계라고 할 수 있으며, 이러한 공간을 침범 당했을 때 우리는 타인을 경계하게 된다는 것이다.

그렇다면 무엇이 개인적인 공간의 고유성을 창출하였을까? 로버트 림 G. R. Lym의 《건물의 심리학A Psychology of Building》에서 "공간에 대한 인간의 인식은 환경이 주는 정보를 교감적 공간 경험을 통해 기억을 형성하며 우리에게 주요한 것을 상기시키고 유도함으로써 우리가 세계 내에서 자아를 구축하는 데 기여한다"고 정리했다. 이처럼 인간의 인식 과정은 먼저 주관적 인식 후 선택적 인식을 거쳐 그 결과를 재정립하여 기억하는 일련의 과정을 거치기 때문에, 우리가 일상생활을 하는 장소와 시간상에서 갖는 공간 이미지는 이미 과거의 경험과 관련된 것으로부터 생성되는 의미로써 새롭게 개인에게 내면화된다. 이와 관련하여 인지학적 건축을 연구한 슈타이너R. Steiner는 "형태의 조화를 경험하는 사람은 그 이웃과 조화 속에서 살아가는 법을 배우게 될 것이다. 평화와 조화는 이러한 형태를 통해 인간의 가슴속에 스며들 것이다"라고 말했다. 그렇기 때문에 공간을 공유하는 사람과 사람 사이에서의 경험은 유사 코드로서 내면에 접속되어

개인적 거리는 타인으로부터 떨어지는 최소한의 거리다. 그리고 타인과의 친밀도에 따라 그 거리는 달라진다.

특성화될 가능성이 크다. 공간 위치와 시간 또한 개인적 경험의 연결 고리가 되어 개별 영역의 고유성이 형성된다고 하겠다. 사람과 일이 대면하는 공간, 그곳에는 예측할 수 없는 사건이 무수하게 존재한다. 그리고 우리는 공간이 사람에게 제공하는 것 이상을 경험하며 깨닫고 다시 진화하게 된다.

| 사람을 키우는 공간

어떤 나라에서 나고 자란 사람을 네이티브native라고 한다. 이러한 네이티브의 정체성은 무엇으로부터 비롯될까? 노베르크 슐츠는 삶이 보이도록 하는 것이 장소라고 말했다. 우리는 장소에 의해 조건 지어지며, 장소가 제공하는 이미지 중에서 어떤 것을 선택할 때 정체성을 얻는다는 것이다. 한편 인류학자들은 대지, 공기, 시간, 문화 등 사건으로 이어지는 역사의 축적에 의한 특성으로 추정한다. 이렇듯 자생적으로 형성된 지역 문화와 네이티브 특수성은 다시 그들만의 공간적 특성을 결정한다. 장소와 삶은 서로를 반사하며 영향을 주고받는다.

각 지역 사람들에게는 그들이 신봉하는 이상이 있기 마련이다. 이러한 믿음은 특수한 공간을 탄생시킨다. 그리고 개인적, 국가적, 사회적, 종교적 활동에 대응하기 위한 공간 구조는 다시 이념 속 이상적인 삶을 구조화한다. 예를 들어 한국의 전통 공간은 주 공간과 매개 공간과의 질서에 의해 성립된다. 사랑채와 안채는 주택의 주 공간으로서 행랑채, 담장, 마당

〈하동 정씨 종가〉. 담과 담, 채와 채를 거쳐 순차적으로 공간에 접근하는 한옥 공간은 조선 시대 유교와 도교의 이념을 생활 속에 철저히 적용한 주거환경이다.

과 같은 매개 공간을 사이에 두고 가족의 위계에 의해 배치된다. 주 공간의 위상은 사회적 이념에 따라 결정되어 암묵적으로 지키는 규율이자 삶의 질서였다. 나아가서 남녀칠세부동석, 남녀의 불공식不共食에 따른 격리 생활이나 장자 우선의 가정 질서는 한 가족 안에 엄격한 공간 분리 원칙이 적용되었음을 보여준다. 중국의 대표적인 전통 주택인 〈사합원〉이나 일본의 다다미 공간의 규범도 사람을 키우는 교육의 근간이 된다. 특히 중국의 경우 존비와 서열을 중시하는 전통적 사회제도와 예제를 중시하는 유가 사상 등을 바탕으로 폐쇄적인 공간 조직 및 건물의 위계를 강조하였다. 사회적 약자인 여성을 위한 공간은 길게 배치된 주택의 안쪽 깊숙이 배치하고 정원과 호수 등을 인위적으로 제공했지만 외부와는 단절되었다. 가족 구성원들은 공간 구조의 위계를 통해 예를 배우고 그들만의 삶의 정통성을 획득했다.

아프리카 어느 부족촌의 입구에 새겨진 부적의 주변은 신성한 신화의 장소로서, 아무런 물리적 구조도 없이 모든 촌민의 경배 대상이 되기도 한다. 철학자 칸트I. Kant는 공간의 주관성을 주장하며, 공간이 사람의 마음

유목민의 이동용 천막집은 지형과 기후 조건에 따른 '주기적'이고 '규칙적'인 성격의 주거 형태다. 가족 내 교육을 통해 구축 방법을 전하며 문화의 동질성을 갖는다.

에 존재함을 강조하였다. 공간의 주관성과 내면성은 주변 상황의 정보 수집을 바탕으로 결국 인간이 인식하는 마음에 의존하기 때문에 공간은 관념적이라는 것이다. 에드워드 홀은 사람들이 어린 시절 습득한 고정된 형태의 공간을 내면화시켜 행동한다고 말했다. '어린 시절 높고 넓은 공간에서 자란 미국인이나 아랍인들은 공간이 넉넉지 못할 경우 울적해진다'는 것이다. 이렇듯 공간의 물리적 구조를 넘어선 비물리적 구조와 문화 장치 속에서, 수많은 네이티브의 특성은 형성되고 있다.

사람을 부리는 공간

공간을 이용하는 사람보다 공간의 지위가 강화되어있는 공간, 그리고 사람이 공간 목적에 부합되지 않는 일탈 행동을 보일 수 없게 고착되어있는 공간을 생각해보자. 이러한 공간은 기초 계획부터 사람의 행동을 예측하고 이를 특정 방향으로 강하게 유도한다. 공간 속에서 사람들은 계획적으로 의도된 가장 효과적인 행위를 유지하게 된다. 이로써 공간의 기능이 극대화되는, 이른바 감시와 통제 속에서 특정 행위만을 허용하는 공간 장치가 성립된다.

이 유형의 공간들은 중세 후기에 근대적 변화의 조짐과 함께 촉발되었다. 급속하게 변화하는 사회에 일반 시민이 적응할 수 있게끔 하는 개화교육이 필요했기 때문이다. 특히 저소득층 자녀들을 수용하고 훈련하는 시설은 지속적인 관찰을 통해 학생들의 질서 확립과 집중도를 높이고자 노력하였다. 그러므로 어린 학생들을 일사분란하게 움직이게 하고 소음을 줄이며 산만한 행동을 하는 아이를 쉽게 식별하고자, 시야가 중앙의 교단으로 집중되는 계단식 책상 배열이나 분단 배치를 도입했다. 이러한 공간 장치는 더욱 강도 높은 통제와 감시 체제로 강화되어갔다.

19세기의 교육시설. 어린이들은 질서 정연하게 착석해야 했고, 교사와 조교의 움직임에 주목하도록 강요받았다.

또한 도시 빈민층과 부랑자들을 위한 위탁 공간도 요구되었다. 병원이나 광인 수용소, 감옥, 감화원 같은 건축물들은 다수 통제를 위한 효율적 공간 구조로, 주로 중앙 집중의 장방형 형태를 취했다. 원형의 중앙감시탑이 있고 그 주변의 중정을 따라 원주를 그리며 독방들이 일렬로 배치된 감옥, 파놉티콘panopticon은 개체 간의 시각 분리와 심리적 고립으로 철저히 군집으로부터 소외시키는 공간 구조를 선보였다. 영국의 법학자 제레미 벤담J. Bentham의 공리주의 원칙에 의해 설계된 파놉티콘은, 이후 공간 권력의 위계와 질서는 소수의 감시자가 다수의 수용자를 대응하는 권력적 공간 구조의 근간이 되었다.

이러한 배경은 산업혁명을 거치면서 보편적으로 적용이 가능한 경제적인 프로토타입prototype으로서 건축공간의 등장을 야기하였다. 예를 들어 업무 공간의 경우, 능률적 사무 공간이란 이름 아래 직원들 간의 시선을 차단하고 개인의 성과 향상을 극대화하기 위한 공간 조성에 주력했다. 이를 위해 융통성flexibility 있는 칸막이modular partition system를 설치하고 공간 활용도를 극대화하기 위해 수많은 책상을 빈틈없이 배치한 사무실이 지적

근대적 업무 공간은 주어진 공간을 최대한 효율적으로 사용하는 데 목표를 두었다. 사무실에는 많은 직원이 들어찼고, 그들은 구성원 간 소통보다는 기계적인 업무와 그에 따른 성과로 평가 받았다. 이후 직원들의 휴식과 복지를 위한 다양한 공간적 요구가 부각되었다.

인 공간을 대표하게 되었다. 건축 후 20년 동안 서서히 슬럼화되어가다가 결국 폭파 제거된 미국의 〈프루이트 이고Pruitt-Igoe〉 주택단지와 같이, 공간의 밀도만을 강조하며 주변 환경과 공용 공간을 생략하고 개별 세대 중심으로 설계된 아파트도 선보였다. 이렇듯 목적을 강화한 공간은 이후 과밀한 수용 인원을 일시 제압하기 위해 순응적인 사용자를 요구하며 건축이 선점한 권력을 더욱 강화해갔다.

| 주인공을 만드는 공간

공간의 주인공에 대해 생각해보자. 마치 소설의 주인공을 구상하듯이, 건축가가 공간을 계획하면서 거기에 맞는 사용자를 만들어내는 시각을 갖고 있다고 가정해보자. 이 경우 건축가는 신神과 다를 바 없다. 공간에서 우연하게 발생하는 무수한 사건들 사이에서 사용자는 잠시 후 그가 어떤 일을 겪게 될지 정확히 알지 못한다. 따라서 특정 공간에 맞는 사용자를 예측하는 것은 마치 어린아이에게 꼼짝 않고 서있게 하는 것만큼이나 성공

프랭크 로이드 라이트Frank Lloyd Wright의 〈존슨 왁스 빌딩Johnson & Wax Building〉(1939). 이 업무 공간이 완성되자, 그동안 서로 얼굴을 보지 못하고 벽에 둘러싸인 채 일해왔던 사람들은 개방감을 갖게 되었다. 그러나 개인 공간은 부재했고, 위층에서 한눈에 내려다볼 수 있게 개방된 공간은 직원을 통제했다. 직원들은 새로운 사무 공간이 자신들을 거대한 공장의 기계로 전락시켰다며 불평했다.

미스 반데어로에의 〈바르셀로나 파빌리온〉. 전시주택의 사용자는 예술 작품을 체험하는 관객이 되는 한편, 작품 속의 한 요소가 되어 외부에 전시되어 보일 수도 있다.

하기 어렵고 무의미한 일이다.

미스 반데어로에의 바르셀로나 만국박람회 독일관, 즉 〈바르셀로나 파빌리온〉(1929)은 개방 평면open plan으로 유명하다. 당시 일본 건축에 흥미를 가진 서구 건축가들의 개방형 공간open space에 대한 탐구는 일본 주택의 가변형 벽을 이용한 공간 분리에서 시작되었다. 일본이나 우리의 전통 주택처럼 한 공간이 복합 기능을 가지고 있는 형태는 용도 변화에 따른 노동을 늘 필요로 한다. 잠자리, 식사와 접객 등의 변화무쌍한 행위에 따른 필요 물품들의 정리와 재배치라는 부지런한 노동이 뒤따르기 마련이다. 이러한 숨겨진 노동과 오염의 정화를 위한 장소가 배제된 전시주택은 균질의 공간이자, 사용자의 행위가 외부로 투명하게 드러나도록 계획된 노출의 공간이었다. 그렇다면 사용자의 정제된 움직임이 중요한 요소로 요구되는 이 공간의 주체는 누구일까?

건축가는 시대를 앞서 사용자에게 더 나은 삶의 방식을 제공할 의무와 함께, 시대적 요구를 충족시켜야 하는 의무도 갖는다. 이러한 의무를 이행하는 데 사용자를 건축의 한 요소로 사용한다면 공간과 사용자의 관계는 경직될 수밖에 없다. 모든 건축가는 사용자를 염두에 두고 계획한다. 그리

르코르뷔지에의 〈빌라 사보아〉. 진입구에서 시작되는 동선은 옥상 정원으로 이어진다. 램프가 끝나는 곳에서 마주 보이는 '벽에 난 구멍hole in the wall'은 외부와 소통할 수 있는 유일한 창이다.

고 공간과 사용자의 관계를 설정한다. 그러나 사용자에 대한 건축가의 지식은 대개 불특정 다수에 대한 보편성을 바탕으로 한다. 제한된 데이터에 의한 지식은 피상적이며 개인적 특수성을 간과하기 쉽다. 또한 인간의 행동에는 예측할 수 없는 불확실성이 있기 때문에 보편성에 근거한 공간계획은 무의미하다. 불확실성은 인간 행태와 경험의 특성이기도 하다. 상세하고 확고한 지침은 사용자의 자율성을 방해할 수 있으며 변화 가능한 삶의 행태에 유연하게 대응하기 어렵다.

근대건축의 거장 르코르뷔지에가 설계한 〈빌라 사보아Villa Savoye〉(1931)에는 거실 앞에서 옥상 정원으로 이어지는 유연한 램프rampway가 있다. 산책하듯이 이 램프를 따라 옥상으로 천천히 오르다 보면 펼쳐진 외부 공간이 아니라 높은 벽, 일명 '바람막이 벽'과 맞닥뜨리게 된다. 곡면과 직면을 교차하는 이 벽에는 창이 뚫려있다. 정확히 램프가 끝나는 지점이다. 옥상에서 상상할 수 있는 외부 전경은 이 작은 프레임 속에서 그림이 되어 관람객을 맞는다. 넓게 펼쳐진 주변 전경은 높은 난간으로 가려져 있으므로 프레임을 통하여 외부를 감상하는 것이 용이한데, 적절한 풍광의 감상을 위해, 또는 공간의 감동을 극대화하기 위해 건축가는 관람자의 가시 각도를 예정하고 있는 것이다. 건축가가 공간을 설계할 때 사용자에 대한 예측 정도를 확대하고 이를 견고히 할수록, 사용자는 건축가의 의도에 따라 보고, 느끼고, 움직이게 된다. 마치 각본에 의해 움직이는 배우처럼, 거주자는 어느새 자신의 의지를 상실하고 예정된 움직임에 열중할지도 모른다.

| 관객 없는 무대와 시뮬라크르

피겨스케이팅 선수가 점프를 하는 순간을 상상해보자. 선수가 거대한 빙상 위를 가로지르다가 점프하는 순간, 경기장은 전혀 다른 공간으로 변화하게 될 다음 순간을 예측하지 못한다. 점프가 생성된 공간과 경기가 끝나고 난 후 텅 빈 공간은 무엇이 다를까? 경기 중 선수가 점프에 성공하면 그 공간은 환호의 현장이 되고, 실패하면 탄식의 현장이 된다. 그러나 빈 공간은 그저 감정 없는 물리적 구조체만 드러낼 뿐이다. 그렇다면 건축가는 빙상장을 기쁨과 탄식을 탄생시키는 공간, 즉 사건event의 공간으로 계획한 것일까, 아니면 그 성공 여부와 관계 없는 빙상 전문 공간으로 계획한 것일까? 답은 후자일 것이다. 그러나 건축가가 계획한 정지된 공간은 그 공간의 사용자가 일으키는 사건 덕분에 더욱 활기 넘치는 공간으로 변화한다. 이때 공간의 사용자가 일으키는 예측 불허의 상황은 사건이며 시뮬라크르simulacre이다. 장 보드리야르J. Baudrillard의 철학적 사유인 시뮬라크르는 '존재하지 않는 실재'로 설명된다. 순간적으로 이뤄진 점프는 현실화된 후 곧 사라지지만, 이후 관람석의 분위기는 달라진다.

피겨스케이팅 선수의 극적인 경기는 정지된 빙상에 감정을 도입시키는 사건이다. 그러나 사건은 무대나 관람객을 기대하지 않는 우연적 특성을 가졌다.

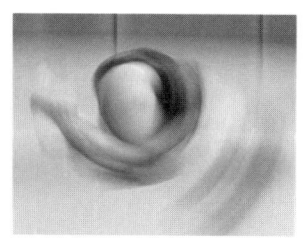

대개 사건을 담는 공간은 구속적인 채움보다는 비움을 통하여 수많은 가능성을 품는다. 절제된 구조물의 경기장은 수많은 스포츠의 기적과 함께 경이로운 공간으로 순식간에 탈바꿈한다. 오직 사용자의 의식 속에 살아있는 경험적 현상인 사건은 공간의 잠재된 가능성이다.

아리스토텔레스는 현실화되는 사건의 가능성dynamis(운동을 할 수 있는 능력과 그 가능성의 실현에 대한 개념)을 운동과 변화의 원천이라 보았다. 사건의 가능성은 다른 것 속에 있는 변화의 원천으로서, 가능성은 사건 그 자체에 있는 것이 아니라 운동선수에게 잠재된 것이며 그것을 일으키는 과정을 포함한다. 즉 운동선수가 솟아올라 회전하는 점프가 현실로 나타나게 되는 과정을 의미한다. 또한 라이프니츠G. W. Leibniz에 의하면, 사건의 성공 여부는 우연이라기보다 조건적으로 필연성을 갖는다. 피겨스케이팅 점프의 성공과 실패 여부에는 우연성도 개입하지만, 전문적인 공간과 잘 훈련된 기술을 고려해보면 필연성이 엄존하기 때문이다. 사건은 물리적 공간 위에 존재하기 때문에, 우연일지라도 그것은 이미 진행한 과정 중에 존재하는 어느 요소와 결합하여 발생하는 것이다.

그렇다면 계획적으로 사건의 구조를 닮게 하여, 우연성을 극대화하고 스스로 활성화되는 공간을 만드는 것도 가능하지 않을까? 건축 언어로서 휘어진 벽을 구성하고, 켜를 만들며, 병치하는 기법을 적용해 사건의 우연성과 역동성을 부여하는 것이다. 이처럼 극적인 구성으로 공간의 복잡성을 증대시키는 계획은 특정 행위를 촉발하는 공간 장치와 다름이 없다. 대개 역동적인 공간은 사용자의 요구 스타일, 형태에 적합하도록 피드백을 이용하여 계획함으로써 이루어진다. 이러한 시도는 환경의 속성을 바꾸어 새로운 행동 가능성을 개선, 유도하여 참여를 조장할 수 있다. 또한 주변과의 관계로 인간의 상황적 움직임에 가치를 부여한다. 이것은 사용자와 공간의 상호작용이 어느 정도 예정된 사건의 구조인 것이다.

빙상장 관람석의 사람들은 스케이팅 과정에서 이루어지는 모든 사건을 목격하는 관객이 된다. 그러나 발생되는 사건들은 관객을 기대하지 않는다. 아직 관객이 없는 무대로서 경기장은, 일시에 형성되는 사건의 공간이며 에너지를 분출하는 장소인 셈이다. 이처럼 움직임을 목적으로 한 물리적 공간은 항상 예측할 수 없는 사건을 위한 여지를 담고 있는데, 단순하고 순수한 공간은 그 공간을 점유할 존재를 암시함으로써 그 가능성을 증폭시킨다. 건축가는 이를 위해 고정적 요소를 절제하고 열린 계획으로 대응하기도 한다.

멀티태스킹하는 공간

우리 주변에서는 공간이 고유의 용도 외에 다양하게 활용되는 경우가 자주 목격된다. 예를 들어 도시 광장은 사람들의 일상적인 만남의 장소가 되기도 하고, 떠돌이 음악가의 공연장이 되기도 한다. 고대 철학자들에게는 열띤 논쟁의 장소로 쓰였으며, 정열적인 정치가의 유세 장소로도 쓰였다. 이처럼 광장은 열린 공간으로서 사용자에 의해 다양한 행위의 장소가 되고는 한다. 이러한 사실은 건축가가 의도한 내용 이외에 사용자의 창의적

빈 광장에서는 만남과 기다림, 대화, 휴식, 공연 등 사용자의 필요에 따른 다양한 행위가 발생한다.

공간을 탐색하고 활용하는 사용자의 창의성은 놀랍다. 놀이터는 순식간에 공연장으로 돌변하고, 공연자와 관객은 그곳이 본디 놀이터였음을 잊는다. 이는 설계자의 의도와 무관하게, 순전히 사용자의 탐색에서 비롯된다.

사용이 가능함을 시사하는 동시에, 그 공간 속에 다양한 가능성이 내재되어있음을 알려준다.

현대 건축공간은 인간을 둘러싼 환경으로서 다양한 정보를 제공하고 있지만, 주어진 공간에서 사용자는 예상된 행동을 넘어서는 본능적이고 개인적인 갈망과 욕구를 표출하고 있다. 이질 그룹 간의 상호작용과 개인적인 만남, 적극적인 참여와 잠재적 참여 가능성 등은 이미 현대 도시와 건축공간이 담아야 할 프로그램의 주안점이 되고 있다. 공간의 일괄적인 개발이나 목적 지향성은 인간중심적 접근 방법으로 선회하고, 고기능과 여백의 공간을 결합하여 선택적 공간을 확장함으로써, 사용자에게 공동체로서의 균형과 일체감을 부여하고자 하는 것이다.

공간은 그 목적을 강화할수록 단일 용도로 사용될 가능성이 높아진다. 그리고 변화하는 사용자의 욕구는 부정적인 인간 본능으로 공간에 대항하기도 한다. 폴 루돌프P. Rudolph의 예일대학교 〈건축학부〉 건물은 시대적 건축 경향에 발맞춰 1960년대를 대표하는 우수한 당위성을 가지고 탄생하였다. 그러나 각각 특정한 기능에 맞추어 계획된 이 공간의 적격성은 사용자인 학생들에게 거부당했다. 고

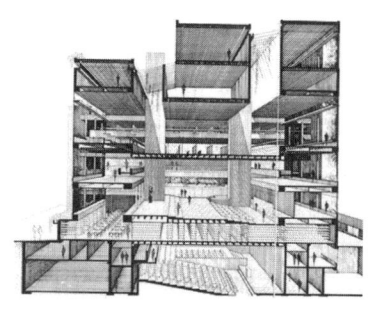

예일대학교 〈건축학부〉 건물은 2층 높이의 중앙을 비우고, 그 주변에 기능적으로 공간이 배치되었다. 그러나 공간은 사용자 요구에 부합하는 데 실패했다. 학생들은 소음과 시선으로부터 보호받지 못하는 기존의 공간 기능을 훼손하고 이곳을 자율적으로 사용함으로써 건축가의 본래 설계 의도를 무시하였다.

상한 건축가의 의도는 곧 잊혔다. 건축물은 자율적인 사용자의 의지에 의해서 변질되었으며, 현재 그곳에는 궁상스럽게 공간을 점유한 채 오밀조밀 움직이는 사용자들만 남아있다.

대개 공간을 찾아내는 사람들의 창의성에는 공간과 사용자 간의 문화적이고 정서적인 근거가 깔려있다. 그렇기 때문에 단순 목적과 여백은 사용자의 자율성 발휘에 여지를 두며, 동일 공간에서 다양한 행위가 중복 발생할 가능성을 부여한다. 다양성을 담은 건축공간의 잠재성이 인간에게 제공하는 다양한 정보에는 직접 행동을 규제하는 요소도 포함되어있지만, 한편으로는 무의식의 단계에서 인간의 행동을 자극하는 면도 있다. 《건축환경의 의미The Meaning of Built Environment》를 저술한 환경인지학자 라포포트A. Ropoport는 사용자의 창의적 공간 사용은 '적절한 의미를 제공하도록 디자인된 환경적 단서들에 의해 제공된다'고 말했다. 사용자의 감각 특성 및 심리적 반응이 대상을 발견하면 그 물리적 자극을 분석하게 되는데, 이로써 공간과 그것을 경험하는 사용자와의 상호 소통이 이루어지기 시작한다. 건축가는 이러한 대응 관계를 이용하여 사용자가 계획자의 의도대로 행위하고, 또한 이것이 의도된 결과로 연결되게 유도하기도 한다.

나만의 은신처, 에워싸는 공간

어린아이들이 책상 밑에 숨거나 자신만의 은신처를 만드는 놀이를 즐기는 것처럼, 많은 동물들은 자신을 에워싸는 자신만의 공간을 확보하기를 열망한다. 땅의 속과 위, 그리고 그 밖의 장소에서 자연의 물리적 조건에 순응하며 거주 공간을 창조하는 것이다. 인간은 여기에 비물리적인 조건을 가미한다. 오직 인간만이 문화, 예술 그리고 개인의 취향에 따라서 다양한 거처를 형성한다.

나의 친구 가이Guy와 프리다Farida는 어떨까? 이들 캐나다인 부부는 50대 중반의 전문직 종사자다. 그들은 4년 전 밴쿠버 근교에 스스로 집을 지었다. 건축과 전혀 무관한 일을 하는 이 부부는 자신들이 바라는 공간을 스스로 설계하였으며, 기술자들에게 최소한의 도움을 받아 자신의 집을 건축하였다.

필자: 이 집을 지을 때 가장 중요하게 생각한 것은 무엇입니까?

가이: (단호하게) 빛!

필자: 어떤 빛이요?

가이: 자연의 빛! 나는 인공의 빛보다 훨씬 많은 자연의 빛을 내부로 받아들이기를 원해요. 그게 훨씬 좋으니까!

필자: 그래서 계획에 어떻게 반영했습니까?

가이: 가능한 한 모든 벽을 창으로 만들었지요.

필자: 이 집에 살면서 창이 많아 문제가 되었던 적은 없나요?

프리다: 사실 밤이 되면 우리 집은 마치 어항 같아지고, 우리는 그 속의 금붕어 같지요. 하지만 우리는 개의치 않아요. 만약 누군가 몰래 우리를 보고 있다고 해도 말이죠.

필자: 만약 낯선 사람이 진짜로 당신 집을 관찰하고 있다면 어쩌시겠어요?

가이: 만약 그때 내가 벌거벗은 채 집 안을 돌아다니고 있다고 할지라도, 나는 그냥 내버려둘 겁니다. 그가 원하는 게 그거라면 말이죠. (웃음) 나는 자유를 느끼고 싶어요. 시선의 자유를. 닫힌 공간이 아니라 열린 공간에서요. 남의 시선을 걱정하고 싶진 않아요.

가이와 프리다의 집은 팔각형이다. 실제로 그들은 자신의 집을 '옥타곤octagon'이라 부른다. 휠체어를 사용하는 가이를 위해 주택은 단층의 순환적인 구조로 설계되었다. 집의 내부 중심에 서서 사방을 둘러보면, 절반 이상의 벽면에 뚫린 창을 통해 바깥 풍경을 감상할 수 있다.

부부의 집은 언덕 위 주택가 내 도로에서 약 10미터 물러나있으며 건물은 도로를 등지고 있다. 흔히 캐나다 주택이 그러하듯이 주택 주변에 담장은 없으며, 외부와 대면하는 진입구에 공용공간을 넓게 배치함으로써 생활공간을 외부로부터 보호하고 있다. 그리고 이렇게 에워싸인 거주 공간은 다시 보호된 외부 공간을 향해 열려있도록 구성되었다. 그들은 자신의 주체적인 의지와 상상력을 동원하여 자유로운 개인 생활을 외부로 확장하고 있는 것이다.

우리는 개방된 공간에서는 익명성을 요구하지만 개인 공간에서는 다시 외부와 소통하길 열망한다. 인간은 자신이 처한 주변 조건을 고려하여 환경적 장점을 취하는 형태를 부여하려 하기 때문이다. 그리고 건축가는 이러한 인간 환경에 질서를 부여하려고 노력한다.

울리고 웃기는 공간

인간은 자극을 두려워할까? 무의식과 방어기제에 대한 이론으로 유명한 프로이트S. Freud는 자극이 없고 모든 욕망이 충족된 상태를 '쾌감원칙Pleasure Principle'이라 했다. 쾌감원칙이란 쾌감을 극대화하고 이를 넘어서 고요한 상태에 이르는 것을 의미한다. 그런데 이 상태는 오직 유아기에 어머니의 품 안에서만 가능하다. 타인을 의식하고 더불어 살아야 하는 현실

공간의 내용과 규모는 신체의 모든 기관에 의해 고르게 측정되면서 점차 전체적인 실체로 인식되어간다. 그 과정에서 개인의 심리적·정서적 경험과 연계되는 공간의 감정이 생성된다.

을 인식하면서, 아이는 불안과 함께 유아기로 돌아가고자 하는 욕망을 느낀다. 그러나 이러한 욕망은 현실에 적응하기 위해 의식에서는 사라지고 무의식 속으로 침잠한다. 이후 일상에서 극도의 긴장감과 이를 해결했을 때 느껴지는 순각적인 쾌감을 경험하게 되는데, 이러한 긴장과 해소의 반복이 주는 만족을 통해 단편적으로 욕망을 해소하기 시작한다.

건축가는 공간을 계획하고자 할 때 구축의 한계인 물리적 고정성에 봉착하게 된다. 그리고 이를 극복하고자, 사용자의 의식과 무의식을 자극함으로써 건축의 공간감을 확장하는 방법을 찾기도 한다. 건축가 리베스킨트D. Libeskind는 〈베를린 유대인 박물관Jüdisches Museum Berlin〉을 계획하였다. 그는 예각을 날카롭게 분절하여 건축 형태를 이루고, 내부에서 더욱 강하게 인지할 수 있도록 높은 벽과 좁은 통로를 구성하였다. 또한 새어 들어오는 빛과 음향을 통해 관람자의 감각을 자극함으로써 과거와 현재에 이르는 절망과 희망의 공간적 메시지를 전달하였다. 한편 스티븐 홀의 〈성이냐시오성당Chaple of St. Ignatius〉은 외부로부터 유입된 강한 햇빛을 내부 벽면에 역반사하는 방법을 사용하였다. 압축되

휴먼스케일Human Scale을 압도한 〈베를린 유대인 박물관〉의 공간. 예상치 못한 벽 높이와 바닥 면적의 비례 그리고 음향 효과는 관람자의 내면과 소통하며 공간의 의미를 전달한다. 좁은 골목길과 미로에서 우리가 느끼게 되는 공간 감정 또한 공간과 사용자의 소통에 의해 이루어진다.

어 실내로 터져나오는 빛은 시간의 흐름과 함께 공간을 변화시키는데, 이렇게 연출되는 역동적 분위기는 보는 사람을 신비감으로 압도한다.

공간의 탐색은 우리의 지각이 대상의 깊이와 거리를 계산함으로써 시작된다. 공간의 내용과 규모는 우리를 이루고 있는 모든 조직에 의해 고르게 측정되어 조직 간에 서로 영향을 주고받으면서 감지된다. 우리의 감각은 장소의 변화에 따라 대상을 단편적으로 먼저 경험하는데, 이러한 내용이 전체적으로 드러나면서 감각의 내용이 실체로 인식된다. 이 과정은 우리의 심리적, 정서적 경험과 연결되는데, 그 결과가 우리가 느끼는 공간의 감정이다. 이렇듯 인간이 환경을 인지하는 심리적 과정은 그 자신의 외적 경험과 내적 경험을 연결하여 완성하게 된다. 따라서 우리의 경험 속에는 미래의 새로운 사건에 대한 무한한 잠재성이 내재되어있다고 볼 수 있다. 공간의 탐색은 그 과정 자체가 사용자의 내면과 소통하는 유희이자 불안이기도 한 것이다.

〈성이냐시오성당〉에서는 외부의 빛이 압축되어 실내로 유입된다. 부드럽게 들어오는 빛에서부터 강렬하게 실내를 파고드는 빛까지, 빛의 유입 형태에 따라 다양한 공간감을 자아낸다.

| 말 거는 공간, 응답하는 사람

계단의 난간을 타고 내려오고, 침대 위에서 텀블링하며 놀던 어린 시절을 기억할 것이다. 이때 멀쩡한 난간과 침대는 순식간에 매력적인 놀이 공간으로 거듭난다. 공간에 잠재되어있는 의외성을 우리는 어떻게 발견하는 것인가? 공간의 사용자는 움직임을 통해서 공간을 탐색한다. 여기서 사용

어린이는 공간이나 사물에 대한 고정관념을 비교적 적게 지니고 있어, 공간 사용의 범위가 어른에 비해 넓다. 그들은 작고 사소한 것에서도 즐거움의 가능성을 찾곤 한다.

자의 움직임에는 '능동'이라는 단서가 붙는다. 능동적인 움직임으로 탐색할 때 우리 몸의 전 감각을 동원하게 되기 때문이다. 전 감각은 상황에 맞는 정보를 찾아내고, 그 순간 공간은 우리에게 새롭고 매력적인 곳으로 재탄생된다.

낯선 곳에서 이방인이 되어 길을 잃어본 적이 있는가? 이때 우리는 무심하게 지나온 작은 흔적이라도 찾으려 주의를 기울이고, 작은 기억에 매달리거나 안간힘을 쓰며 그 의미를 유추하기도 한다. 그리고 실마리를 발견하면 이를 풀어가는 행동을 감행하게 된다. 만약 그 과정에서 통행을 방해하기 위해 설치된 바리케이드를 발견한다면, 우리는 가던 길을 멈추고 돌아갈 것인지, 잠시 기대어 쉴 것인지, 무시할 것인지 결정하게 된다. 바리케이드가 주는 정보와 우리의 기억 속에 있는 정보를 연계해서 판단하는 것이다.

처음 공간을 특정한 용도로 쓰기로 작정한 사람은 적극적이며 용기 있는 사람임에 틀림없다. 우연히 발견한 물체에 대한 탐색은 먼저 시각적 감각으로부터 시작되어 점차 촉각적인 탐색으로 발전하는데, 여기에는 한층 더 능동적인 충동이 동기부여를 하기 때문이다. 세계적인 인지심리학자 도널드 노먼D. A. Norman은, 사용자의 판단 오류는 물체 대상이 잘못된 정보를 제공했기 때문이라고 하며, 대상 물질과 사용자 간의 긴밀한 소통

한 대학 지하 공간 위로 난 채광창은 학생들의 학습 및 휴식 장소로 전용되었고, 어느 갤러리의 중앙에 있는 계단식 설치물은 작품 감상과 휴식을 겸하는 장소로 활용되었다. 능동적인 사용자가 공간을 새롭게 이해하고 행동할 때, 공간은 사용자의 탐색에 반응하고 새로운 경험을 제공한다.

communication이 존재함을 강조하였다.

공간 사용자의 인지 내용은 사람마다 모두 다르다. 그래서 공간은 구조적으로 서로 다른 사용자의 목적과 동기에 의존하게 된다. 이런 점에서 공간은 사용자를 중심으로 하는 경험의 구조라는 의미를 가진다. 인간의 시공간視空間의 구조 분석에 큰 업적을 남긴 심리학자 제임스 깁슨James Gibson은 "의외의 행위가 발생하는 공간 구조는 사용자의 행위를 규정하지 않으면서 다양한 가능성을 간접적으로 제시하는 것을 의미"한다고 말했다. 이로써 공간과 사용자 사이의 소통이 시작된다. 또한 이러한 상태는 다시 사람의 능동적인 행위를 유도한다. 건축공간을 구성하는 각각의 경계는 우리의 행동을 발동시키기도 하고 규제하기도 한다. 이처럼 공간이 인간에게 영향을 끼치는 주요한 환경인 만큼, 공간의 변화는 인간을 변화시킬 가능성이 있다는 데 건축공간 계획의 주요한 의의가 있다. 이제 공간을 물적 구조체가 아닌 사용자의 일상 경험적 현실로 파악하는, 능동적인 건축가의 움직임이 필요하다.

| 사람과 공간 사이의 소통을 위하여

인간에게 주어진 공간은 자연으로부터 비롯되었다. 인간은 그 공간에 의미를 부여하고 감각과 정서에 대한 선택을 하게 된다. 인간에게 공간은 생명 유지 이상의 욕구가 잠재해있는 것이다. 이러한 욕구는 자신의 일상적 삶 이상의 세계를 상상하게 만들며, 그 과정에서 시대적 문화가 표출된다고 할 수 있다. 인간을 위한 정주 공간은 지금도 끊임없이 변화하고 있다. 이러한 변화를 관찰하고 그 요인을 근본적으로 사색할 때 사람과 공간 사이의 상보적인 커뮤니케이션을 발전시켜 나갈 수 있을 것이다.

시각과 건축_
건축, 빛과 색의 예술

가을날 뒷산을 오르면 굽이치는 바위와 흙, 시냇물을 만나게 된다. 등산길은 가파르다가 좁아지기도 하고, 어느 순간 평지로 연결되는 등 예측 불가능의 연속이다. 갑자기 경사가 급격한 길에서 뜻하지 않게 만나는 확 트인 하늘과 단풍잎의 색색은 감탄과 동시에 탄성을 자아낸다. 자연의 색이 놀라운 설렘과 환상적인 즐거움을 주는 이유는 인공적으로 표현할 수 없는 예측 불가능한 색채 향연 때문이다.

Color of Light

말랑말랑한 빛, 끈적끈적한 색

김선영

색이란 모두 빛이다. 그리고 우리가 살고 있는 시공간의 물성物性과 현상現象을 인지하고 판단하는 수단이다.

빛에 의해 변화하는 대상을 그대로 화폭에 옮기는 인상주의impressionism 화가와 달리 인간 내부 감성을 실현하는 데 힘을 쏟은 폴 세잔Paul Cézanne (1839-1906)은 "색이란 두뇌와 우주가 만나는 바로 그 장소다"라고 하였다. 색이란 사물들을 순수하게 구분하는 데에만 국한하여 사용하지 않는다는 의미이다. 그러니까 시각의 직접적 체험뿐 아니라 상상이나 환영 등 시각의 감각을 뛰어넘는 강력한 힘인 것이다. 마치 피아노 악보의 '쉼표'나 사람들의 대화 중에서 '침묵' 처럼. 없는 것이 아닌, 혹은 비어있는 것이 아닌. 눈으로 보이지 않지만 분명하게 존재하여 느낄 수 있는 어떤 자극처럼, 그러니까 마치 보이지 않는 빛처럼 말이다.

빛은 우리 눈에 보이지 않지만, 색을 매체媒體로 대화를 시작한다. 마치 영화관이 감독과 대중을 이어주듯, 연주자가 음을 연주하여 작곡가와 청중을 이어주듯, 색은 그림자와 빛으로 이미지와 선율로 수렴하여 공간 속의 나와 인터랙션interaction한다.

| 빛이란 무엇인가?

어두움 속에서 한 줄기 빛은 사막의 오아시스와 같다. 가을이 깊은 숲 속 사이로 스며드는 빨갛고 노랗고 초록의 빛은 숭고하기조차 하다. 반면 늦잠을 청하는 주말의 빛은 심술꾸러기 같다. 자, 그렇다면 빛은 무엇일까?

폴 세잔의 〈레베느망을 읽는 화가의 아버지, 루이 오귀스트 세잔〉(1866). 세잔은 시각 체험은 물론 상상마저 뛰어넘는 강력한 색의 힘을 강조했다.

일반적으로 우리가 볼 수 있는 빛은 약 400~700나노미터의 파장을 가진 전자기파electromagnetic wave를 말한다. 전자기파는 전기장electric field과 자기장magnetic field의 두 성분으로 구성된 파동wave으로서 공간을 광속으로 전파한다. 그리고 이 전자기파는 파장에 따라서 전파radio waves, 극초단파microwaves, 적외선infrared radiation, 가시광선visible rays, 자외선ultraviolet radiation, X선x-rays, Y선gamma rays 등으로 나뉘는데 물리학에서의 빛은 이러한 모든 파장의 전자기파를 말한다.

물결 모양의 파동을 살펴보면 가장 높게 올라가는 곳과 가장 낮게 내

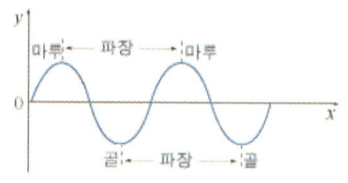

빛의 파장. 가시광선의 파장에 따라 색이 결정된다. 파장이 길면 붉은색 계열, 짧으면 푸른색 계열이며, 흰색은 여러 파장의 빛이 혼합된 것이다.

려오는 곳이 있다. 가장 높은 지점을 마루, 가장 낮은 지점을 골이라고 한다. 파장wavelength이란 시간이 정지된 상태에서 주기적으로 반복되는 형상으로서 마루와 마루 사이의 거리 또는 골과 골 사이의 거리를 말한다.

그리고 빛은 비교적 파장이 짧아 직진하는 성질이 있다. 빛은 다른 파동을 매개하는 물질인 매질의 경계면surface을 만나면, 일부는 반사되고 일부는 굴절되어 보인다. 빛은 공간 속을 감지하는 첫 번째 매체이며, 우리의 눈을 통하여 이루어진다. 이러한 빛이 프리즘을 통과하면 파장 별로 분산되어 아름다운 색의 향연을 보게 된다. 이렇게 우리 눈으로 볼 수 있는 빛의 색이 바로 가시광선이다. 가시광선에서 파장이 긴 것은 붉은색 계열이고, 가장 짧은 것이 푸른색 계열인데, 이들의 파장은 서로 2배 정도 차이가 난다고 한다. 하늘의 무지개도 백색광이 물방울로 분산되어 나타난다.

흰색으로 보이는 빛(백색광)은 여러 가지 파장의 빛이 혼합된 것이다. 빛의 삼원색인 RGB(빨강·초록·파랑)는 혼합하면 할수록 밝고 하얀색을 띠는 흥미로운 현상을 보인다. 이것을 가산혼법이라고 한다. 우리가 매일 사용하는 PC나 TV의 모니터도 같은 원리이다. 이 영상기기들에는 RGB의 발광소자luminous element를 굉장히 작게 만들어서 촘촘하게 배열해놓았다. 이렇게 배열된 RGB는 각각의 비율을 조절하여 아름다운 색을 과시하게 된다.

빛의 삼원색은 빨강R, 초록G, 파랑B이고, 색의 삼원색은 사이안Cyan, 마젠타Magenta, 옐로Yelllow다. 사이안은 어둠이라는 뜻의 그리스어

'kyanos'에서 유래된 말로 약간의 초록 기미를 띠는 선명한 파랑색vivid greenish blue(청록)을 말한다. 마젠타는 이탈리아 북부 도시의 지명에서 유래된 이름으로 선명한 자주색vivid red purple이다. 그리고 옐로는 고대영어 'geolu'에서 시작되었는데 고대 게르만어파의 노란색을 뜻하는 'gelo'에서 유래되었다고 한다.

빛의 삼원색과 색의 삼원색을 보자. 빛의 삼원색이 겹쳐진 부분에는 사이안, 마젠타, 옐로가 있고, 흥미롭게도 색의 삼원색이 중첩된 부분에는 빛의 삼원색이 있다. 그리고 빨강과 사이안, 초록과 마젠타, 파랑과 옐로는 서로 보색 관계다. 이러한 관계를 눈여겨보면 색을 혼합하고 배열하는 데 도움이 된다. 물감처럼 색을 계속 섞으면 어둡고 탁해지는 CMYK(색의 삼원색과 검정) 감산

빛의 삼원색(위)은 빨강·초록·파랑이고, 이를 모두 섞으면 흰색이 된다. 색의 삼원색(아래)은 사이안·마젠타·옐로로 혼합색은 검정이다.

혼법이 된다. 예를 들어서 디지털 카메라로 찍은 사진을 포토샵이나 일러스트 등으로 편집할 때 보이는 색상은 RGB이고, 완성된 이미지를 출력하면 CMYK 색상이 된다. 그러니까 지금 읽는 이 책은 CMYK 감산혼법에 의한 것이고, 만약 이 책을 전자책으로 접하게 된다면 좀 더 밝고 명확한 RGB 가산혼법의 색상을 보는 것이다. 같은 색이 다른 매체로 읽혀지면 다른 색상이 된다는 것은 즐거운 체험이다.

빛으로 표현된 그림

빛의 연금술사로 불리는 조지프 터너Joseph Mallord William Turner(1775-1851)는 19세기 영국의 낭만주의 풍경화가로 빛의 마술을 화폭에 담았다. 처음에는 건축 조감도를 그리거나, 시골의 풍경과 성castle의 정밀도 등을 묘사

했다. 그러다가 14세 때부터 왕립 아카데미에서 수채화를 배우게 된다. 그리고 17세기 네덜란드 풍경 화가의 영향을 받아서 국내 여행 경험을 소재로 그림을 그린다. 18세기 말부터 19세기 중반까지 유럽 대륙을 두루 여행하는데, 이는 기차나 자동차도 드물고 비행기도 없던 당시로서는 매우 엄청난 사건이었다. 그는 여행을 통하여 빛의 힘을 깨달았고, 매 순간 변화하는 광경을 캔버스 화폭에 담기 위해 꾸준히 관찰하였다. 그리고 관찰된 힘과 그 속에 내재된 의미를 쏟아부었다. 그에게는 빛이 풍경의 전부였다.

1838년경 터너는 템스 강변을 산책하다가 전함 테메레르Temeraire가 증기선에 이끌려 선박 해체장으로 가는 장면을 목격한다. 이 테메레르는 트라팔가르Trafalgar 대해전에서 넬슨 제독의 빅토리아Victoria호와 함께 프랑스와 에스파냐의 연합군을 물리친 전함이다. 세계사를 바꾼 이 전함은 나폴레옹이 영국을 점령하지 못하게 한 승리의 주역이었다.

조지프 터너의 〈전함 테메레르〉(1839)와 〈비, 증기, 그리고 속도−대 서부 철도〉(1844). 빛이 풍경의 전부라고 여긴 그는 에너지와 속도를 확장된 빛의 시야로 재구성하여 색채의 꽃을 피웠다.

화폭의 우측을 보라. 석양의 주홍빛이 그라데이션으로 물든 강가와 거대한 전함이 내뿜는 검은 연기는 마치 노장의 영광을 보여주는 듯 빛을 뿜 낸다. 유화지만 수채화처럼 얇고 빠르게 채색하여 잔잔한 우수의 빛을 보여준다.

일흔에 가까운 나이에 완성한 이 작품은 대기 속의 빛, 그리고 19세기의 주요 담론이었던 산업 기술과 역동적인 도시의 경관을 포착하고 있다. 그의 설명에 의하면 달리는 증기 기차를 그린 것이 아니라, 직접 기차를 타본 그의 경험을 표현한 것이다. 그는 속도를 직접 체험하기 위하여 창문 밖으로 고개를 내밀고 10여 분 이상 비 오는 열차의 풍경을 직접 관찰하였다. 사실 그 당시 기차의 속도는 시속 약 16킬로미터밖에 되지 않아서 그렇게 위험한 속도는 아니었다.

그때 영국인은 목적지 없이 기차에 탔다. 그들에게 차창 밖으로 보이는 풍경은 새로운 유희였으며, 기차의 속도는 시간과 공간의 새로운 해석이었다. 그의 그림은 서양 회화의 중요한 관점이었던 원근법을 빛으로 뚫어버렸다. 그리고 기차보다 더 빠른 빛의 속도로 대기를 갈라서 공간을 재구성하였다.

작품 속에서 태양의 빛이 반사된 금빛과 모든 빛의 혼합체인 흰빛의 덩어리는 안개와 대기의 속도감으로 표현되어 기차 형태의 윤곽을 완전히 용해시킨다. 그는 폭풍우나 불 같은 드라마틱한 자연에서 빛과 대기의 표현에 관심을 두었다. 특히 에너지와 속도로 확장된 빛의 시야는 색채의 재구성된 향연을 나타낸다.

공간에서의 빛은 무엇인가?

앞서 살펴본 것처럼 빛은 보이지 않지만 대신 색으로 존재한다. 현재까지의 빛은 파동설과 입자설의 두 성질을 지니므로, 엄밀하게 말하면 빛은 반물질antimatter이라고도 할 수 없다. 반물질은 물질처럼 질량을 갖고 있으나 물질과는 다르게 반입자로 구성된 것으로 사실 우리의 현재 우주에는 존재하지 않는다. 그러니까 우리는 빛을 직접 잡거나 만지거나 혹은 물질적으로 공간에 채울 수 없다. 그러므로 빛은 오묘하게도 물질인 동시에 추상적인 비물질의 의미까지 포함한다고 본다.

자, 그렇다면 공간에서의 빛이란 무엇일까?

우리는 모두 특정 공간에서 드라마틱한 빛을 경험한 적이 있다. 밤하늘에 촘촘히 박힌 별빛이나 대지 끝에서 솟아오르는 태양의 이글거리는 빛. 이 강렬한 빛의 기억에는 어떤 장치가 있는데 이는 그림자가 그 역할을 톡톡히 해낸다.

빛의 예술가 제임스 터렐James Turrell(1943-)은 빛과 공간에 반응하는 인간의 시지각 경험을 표출한다. 그의 작품은 과학적이고 합리적인 방법을 통하여 관람자에게 비논리적인 체험을 제공한다. 반면 프로이트는 '언캐니uncanny 현상'을 다루는 논문에서 그동안의 미학적 논의를 지적한다. 그는 언캐니가 그로테스크grotesque와 일맥상통하며 숭고의 미학에 부합한다고

마크 로스코의 〈벽화 섹션 3〉(오른쪽)이 마치 빛으로 환원된 듯한 제임스 터렐의 〈밤의 통로〉(왼쪽·가운데). 터렐은 빛과 공간에 반응하는 인간의 시지각 경험을 바탕으로 삼은 빛의 예술가다.

본다. 숭고라는 것은 압도적인 거대한 대상을 마주쳤을 때 처음에는 공포를 느끼지만 이 상황을 극복하는 의지에서 갖는 체험을 뜻한다.

〈밤의 통로〉는 아무도 없는 황량한 새벽 바다를 홀로 외로이 바라보는 착각을 일으킨다. 망망대해를 한없이 응시하며 지나간 삶의 뼈아픈 각성과 새로운 결심을 한다. 그 공간 안에 들어서면 자신도 모르게 깊은 명상에 빠지고 오직 빛나는 색에만 몰입하여 살아있는 반가사유상半跏思惟像이 된다. 마치 색면 추상화가 마크 로스코Mark Rothko(1903-1970)의 작품이 공간 안에 빛으로 환원된 듯하다.

스페인의 〈톨레도대성당〉은 천창으로 강렬한 빛이 들어온다. 이 밝은 빛은 여러 조형물을 강한 음영으로 흩어내려가 어두운 고딕 성당 내부를 빛과 그림자로 멋지게 조각한다.

프랑스 고딕 양식으로 에스파냐 톨레도 주에 위치한 〈톨레도대성당Cathedral of Toledo〉(1493)의 제단 상부에는 교묘하게 뚫린 천창skylight이 있다. 고개를 들어 올려다보아도 천창의 형태는 잘 보이지 않지만, 강렬한 빛은 공간을 비춘다. 그러나 이 밝은 빛은 20미터가 넘는 높이의 아기천사 조형물에 얼기설기 뒤엉켜 강한 음영으로 조각의 몸을 흩어낸다. 어두운 고딕 성당 내부에 강한 빛을 선사하여 그림자와 함께 멋진 빛으로 조각한다.

| 비물성의 빛

자연의 빛을 추상화된 의미로 느낄 수 있는 또 한 작품은 에로 사리넨Eero Saarinen(1910-1961)의 MIT 공과대학 〈크레스지 채플Kresge Chapel〉이다.

약 130여 석의 이 작은 채플은 거대한 〈크레스지 강당〉과 대조를 이룬다. 당시 최첨단 기술이었던 쉘shell 콘크리트 돔dome으로 지어진 강당과 달리, 단순한 원통형으로 설계되어있다. 특히 깊이가 얕고 넓이가 넓은 원형 연못 중앙에 위치한 원통은 마치 물의 빛이 붉은색으로 솟아오르는 느낌을 준다.

예배실의 내부 공간은 2중으로 에워싸는 빛을 이용하여 신비감을 나타낸다. 중심의 빛은 제단에서 이루어지는데, 3단 원형 기단 위에는 원형의 천창skylight이 뚫려있다. 가느다란 줄을 타고 천창에서 바닥까지 늘어지는 금속판의 모빌mobile은 하늘에서 천사가 내려오는 듯한 착시를 보여준다. 앞에서 보았던 〈톨레도대성당〉의 음영이 물성의 빛 천사를 직접적으로 보여주었다면, 이탈리아의 조각가 해리 베르토이아Harry Bertoia(1915-1978)는 비물성의 빛 천사를 은유적으로 공간화한다.

햇빛이 강한 날에도 굉장히 어두운 이 공간은 〈톨레도대성당〉의 빛을 모더니즘 건축으로 재해석한 명작이라고 할 수 있다. 천창의 빛, 모빌이 쏟아내는 빛, 이러한 에워쌈과 에워싸여짐으로 비물성의 빛을 극명하게 표현한다. 특히 하얗고 매끈한 대리석 기단은 양면적인 빛의 드라마틱한 공간을 나타낸다.

에로 사리넨의 MIT 〈크레스지 채플〉은 단순한 원통 모양이지만, 빛을 이용하여 신비감을 나타낸다. 모빌을 비추는 천창의 빛이 극적이다.

공간에서 비물성의 빛은 무엇인가?

〈병산서원〉은 1572년 서애 유성룡을 기념하여 경상북도 안동시 〈부석사〉 근처에 건축하였다. 여느 서원과 다르지 않은 배치이지만, 특이한 점은 바로 〈입교당立敎堂〉 맞은편에 가로로 길게 배치된 〈만대루晩對樓〉에 있다.

비가 뿌옇게 뿌리던 초겨울 오후 필자는 〈만대루〉 너머 흐르는 낙동강을 보며 숨이 턱 막히던 기억이 있다. 보이지 않는 안과 밖을 구분 지으며, 동시에 물리적으로 구획하지 않는 세련된 배치. 원형 그대로의 나무 기둥 사이사이로 보이는 숲과 돌의 자연스러움, 물에 비치는 하늘과 구름을 뚫어버린 비의 빛. 500년 전 선조도 구획 짓기 전에는 공간을 물성으로 보지 않았던 것이다. 비물성의 관념으로 산란하는 빛에 취했고, 그 빛은 세상의 모든 대상을 견고하게 정형화하지 않았던 것이다.

서원의 바로 앞 병산과 유유히 흐르는 낙동강을 공간 내부로 끌어들인 이 서원은 한국의 빛 글래스 하우스이다. 유려하고 엽렵한 사유의 빛 글래스 하우스이다. 닭 모양의 계자난간鷄子欄干에 팔을 걸쳐 사방을 바라보니 선조의 빛을 다루는 솜씨가 보통이 아니었음을 알 수 있다.

16세기에 지어진 〈병산서원 만대루〉는 앞의 병산과 낙동강을 공간 내부로 끌어들인 빛 글래스 하우스다.

설치 예술가 브루스 먼로는 폐시디로 햇빛·달빛에 반짝여 바닷물처럼 일렁이는 〈시디 바다〉를 만들었다.

| 공간에 쏟아지는 빛

공간에 빛이 쏟아지는 순간 형태와 질료를 느낄 수 있다. 빛은 보이기도 하지만, 들리기도 하며 만질 수도 있다. 이를 공감각에 의한 색음현상이라고 한다. 공간의 빛은 다차원의 속성으로 재료의 질감과 형태의 표정을 풍부하게 만들어준다.

설치 예술가 브루스 먼로Bruce Munro는 잉글랜드 남부 월트셔Wiltshire의 개간지 약 4만 제곱미터를 임대하여 작품을 완성했다. 〈시디 바다CD Sea〉라고 불리는 이 작품은 브라질과 캘리포니아에서 지원 받은 60만 장의 폐시디와 140여 명의 지원자와 함께 재현되었다. 구불구불한 파도 무늬를 형상화한 이 작품은 24시간 내내 전시되었으며 2개월 뒤 철거되었다.

낮에는 시디 안쪽의 반사막에 햇빛이 닿아 반짝이며, 밤에는 은은한 달빛이 비쳐 실제 바다의 파도처럼 울렁이는 빛이 연출된다. 빛은 위에서 아래로, 아래에서 위로 공간에 마구 쏟아진다.

︱ 건축공간의 두 가지 빛, 자연 채광과 인공조명

건축공간의 빛은 자연 채광과 인공조명이 함께 어우러져 비춰지는 빛의 자극을 포함한다. '리피 셰이드Leafy Shade'라 불리는 이 작품은 에이-애스터리스크A-Asterisk의 건축가 나카무라 노부히로中村誠宏의 설계로, 상하이의 오래된 호텔을 사무실과 쇼핑몰 등으로 리모델링하였다. 비정형적인 공간 내부에 불규칙하게 파편화된 나뭇잎의 모양을 따서 그 안에는 간접조명을 설치한다. 건축물 외부에서 자연 채광이 비춰지고 그 내부 공간에는 인공조명이 쏟아져 공간이 극대화된다. 마치

나카무라 노부히로가 상하이에 설치한 〈리피 셰이드〉는 조명의 효과를 극대화했다. 나뭇잎 사이로 햇빛이 내려올 때처럼 촉각·청각 등 빛의 공감각을 보여준다.

숲 속 나뭇잎 사이로 태양의 빛이 절묘하게 뿌려져 그 청각을 느낄 수 있듯이, 혹은 밤하늘의 일렁이는 별빛을 체험하듯이, 천장과 벽체의 모호한 경계는 반짝이는 조명의 공감각적인 빛의 환원을 느끼게 된다. 매끄럽게 반사되는 스테인리스스틸 원형 기둥의 쿨 그레이Cool Gray 색채, 둔탁하면서 부드러운 콘플로어Confloor 바닥의 차콜 그레이Charcoal Gray 색채 사용은 빛과 그림자의 촉각적인 느낌을 더하여 빛의 소리까지 자아내는 듯하다.

︱ 말랑말랑한 빛

이처럼 건축에서 사용되는 빛은 독특한 건물 표정과 그 공간의 성격을 결정하는 중요한 요소이다. 그렇다면 건축에서 빛은 어떤 성격은 지닐까?

첫째, 공간을 채우는 빛이 있다. 이 빛은 공간을 에워싸게 되는데 고딕

〈쾰른대성당〉, 〈성이냐시오성당〉, 〈노드웨스트하우스〉(위부터). 공간을 채우는 빛, 공간을 꿰뚫는 빛, 스치거나 뿜어지는 비물성의 빛 등 다양한 빛의 성격을 볼 수 있다.

성당의 스테인드 글라스 stained glass의 연속적인 반투명한 벽에서 볼 수 있다. 이 빛의 벽은 공간 안에서 밖으로, 외부에서 내부로 방사되는 성격을 표현한다.

둘째, 물리적 공간을 꿰뚫는 빛이 있다. 이 빛은 에워싸는 공간 안에서 주로 이루어지는데, 보이지 않는 광원이 벽체에 쏟아져 빛과 어둠의 대조를 이룬다. 〈성이냐시오성당〉은 '석조 입방체 안에 일곱 가지 빛의 병'이라는 재미있는 콘셉트의 건축물이다. 광창을 통하여 들어온 빛은 실내로 바로 들어오지 못한다. 창 앞에 세워놓은 밝은색 도장의 빛 차단 장치 baffle of light에 굴절되어 주위 벽에 은은하게 비춰진다. 그리고 서로 다른 볼륨이 불규칙한 지붕을 뚫고 쏟아지는 빛의 메타포를 간직한다.

셋째, 비추는 빛과 가득 찬 빛, 스치거나 뿜어져 그 의미를 은유화 metaphor하는 비물성의 빛이 있다. 이 빛은 이중 삼중으로 덮인 건축 외피의 질료를 가볍게 스치고 인간 내부의 공간을 빠르게 지나 인터랙션을 시작하는 최초의 매체이다.

이처럼 빛은 가시적인 역할과 비가시적인 의미를 동시에 수행하는 말랑말랑한 속성이 있다.

공간에 뿌려지는 색

인공조명 기술의 발달과 기능의 다양화로 건축에서의 빛 열망이 사라지고 있다. 그러므로 공간의 기운과 숨겨진 생명력을 불러일으키는 또 하나의 빛, 건축 색채에 대하여 알아보자.

건축의 색채도 인간의 의식 구조와 긴밀하게 연결되어 공간 연출을 한다. 코펜하겐Copenhagen의 워터 프론트Waterfront로 해안에 있는 사무실과 공공 건축물을 연결하는 65미터에 이르는 다리를 보자. 워터 프론트란 도시가 강이나 호수, 바다 등과 인접한 공간을 일컫는다. 왼쪽의 〈란겐리니네Langenlinine〉 건물은 낡은 항구의 이미지에 영감을 받았다. 기하학적인 형태의 유리 매스 아래는 오렌지 색채로 경쾌한 느낌을 주었고, 오른쪽 〈마르모몰렌Marmormolen〉 유리 건물은 코펜하겐 시의 게이트웨이gate way를 보여준다. 이 두 건축물은 빛을 받아 반짝이며 흐르는 물결 색채와 도시의 노란 가로등 빛을 표현하는 유리 색채로 이루어져있다. 이렇게 서로 감응하는 빛의 색은 공간에 면면히 뿌려진다.

스티븐 홀의 코펜하겐 〈LM 프로젝트〉. 고층 빌딩 두 개 그리고 그 건물을 연결하는 사장교 방식의 다리는 바다와 도시가 이어짐을 뜻한다. 다리는 일직선이 아니라, 각도를 이루며 "두 건물이 서로 악수하듯" 중앙에서 만난다.

칠해지는 색, 반사되는 색, 투명한 색

공간에 뿌려지는 건축 색채는 무엇이 있을까?

첫째, 질료 고유의 색이나 도료 등의 사용처럼 직접 채색되는 건축 색채가 있다. 가장 일차원적 건축 색채로 질감, 스케일, 형태, 공간 등에 직접적인 영향을 미치게 된다.

둘째, 서로 투명하게 투영되거나 혹은 일부 반투명하게 겹쳐지는 유리의 재질 색채가 있다. 이 색채는 때때로 물성의 속성을 초월하기도 한다. 말하자면, 〈만대루〉가 풍류의 한 점 사유의 빛임을 깨닫듯, 한 겹 혹은 여러 겹의 유리 색채로 이루어진 건축물은 그 주변 환경의 건축을 품기도 혹은 그 경관에 녹아들어 융합한다. 이처럼 건축 색채는 본질 색채 외에 다른 색채와 소통하여 새로운 빛의 차원에 도달한다.

셋째, 반짝이는 도료나 매끈한 금속 재질 색채로 건축 본질과 공간이 서로 반사되어 감응한다. 이 건축 색채가 앞의 질료 색채와 구분되는 것은 건축 본질 자체의 색이 건축 주변 환경에 영향을 주고받으면서 그 색은 환경 전부를 아우른다.

윌 애슬롭의 〈온타리오 미술·디자인 대학 샤프 디자인 센터〉, 스티븐 홀의 〈넬슨-앳킨스 미술관〉, 프랭크 게리의 〈월트디즈니 콘서트홀〉(왼쪽부터)에서 각각 칠해지는 색, 반사되는 색, 투명한 색의 건축 색채를 볼 수 있다.

자연의 색, 예측 불가능한 빛의 향연

미국 조지아 공대Georgia Tech의 모한 스리니바사라오Mohan Srinivasarao 교수는 '풍뎅이의 등껍질은 디스플레이에 이용되는 액정 같은 원리로 빛을 낸다'는 연구 결과를 〈사이언스Science〉에 발표했다. 미국국립과학재단NSF은 이 연구 결과를 설명하는 영상도 만들었다.

보는 각도에 따라 색이 바뀌는 풍뎅이 등껍질의 비밀이 밝혀졌다. 표면 구조를 현미경으로 분석했더니, 마치 디스플레이에 이용되는 액정과 같은 원리로 빛을 내고 있었다.

연구진은 크리시나 글로리오사Chrysina gloriosa (보석 풍뎅이)의 등껍질을 분석하였더니 마치 액정처럼 원뿔형 돌기로 가득 차있어 특정 빛만 반사하는 것을 밝혔다. 예를 들어 반짝이는 녹색만 되비쳐 우리 눈에 반사된 영롱한 녹색만 보이는 식이다. 그러니까 풍뎅이는 독창적인 공학 전략의 한 가지로서 편광polarized light인 좌원광만을 갖고 있다. 돌기 끝은 오각형, 육각형, 칠각형인데 평평한 곳과 구부러진 곳에서 오각형, 육각형, 칠각형의 비율이 놀랍게도 다르게 나타났다. 그래서 반사하는 빛 종류가 달라져서 각도에 따라 노랑, 빨강, 초록 등으로 다르게 보이는 것이다. 이렇게 외부 표면의 물리적 구조와 빛의 상호작용으로 독특한 색채를 만들어내는 것이다. 이러한 예측 불가능한 빛은 다이아몬드의 결정구조crystal structure와 닮았다. 따라서 이를 자동차 도료 등에 이용하면 바라보는 각도에 따른 색채의 변화를 조만간 경험하게 될 것이다.

가을날 뒷산을 오르면 굽이치는 바위와 흙, 시냇물을 만나게 된다. 등산길은 가파르다가 좁아지기도 하고, 어느 순간 평지로 연결되는 등 예측 불가능의 연속이다. 갑자기 경사가 급격한 길에서 뜻하지 않게 만나는 확 트인 하늘과 단풍잎의 색색은 감탄과 동시에 탄성을 자아낸다. 자연의 색

네덜란드 알메르에 있는 〈라 데팡스〉는 끊임없이 빛을 반사한다. 언제 어디서 보느냐에 따라 표면 색이 달라져 예측할 수 없는 특성이 수시로 변하는 자연의 빛을 닮았다.

이 놀라운 설렘과 환상적인 즐거움을 주는 이유는 인공적으로 표현할 수 없는 예측 불가능한 색채 향연 때문이다.

〈라 데팡스〉는 네덜란드의 알메레Almere에 위치한 비즈니스 센터이다. 이 건축물은 끊임없는 빛 반사로 어느 시간, 어떤 시점에서 건축물을 바라보느냐에 따라 탄력적인 그라데이션의 표면을 보인다. 건축물 외관은 입사각에 따라 노란색에서 푸른색, 붉은색으로 변하다가 다시 녹색 등을 띠다가 사라진다. 이렇게 아홉 개의 색채로 변화하는 금속 재질 외관에 빗살무늬의 색 그림자는 한눈에 읽히지 않는다. '색'의 심리적 효과와 동시에 천천히 변하는 '잔상의 건축architecture of the after-image'의 특징이 있다. 이렇게 이중 반사된 공간 속 계단을 걷다 보면 거대한 색의 숲속에 서있는 느낌이 든다.

똑같은 건축물의 색은 정지된 빛과 같지만, 365일 매일 달라지는 색, 이쪽에 있는 사람의 시선과 저쪽에 있는 사람의 시선으로 동시에 같은 표면을 바라보아도 매번 달라지는 경험, 건물은 우리에게 이처럼 예측 불가능한 자연의 빛을 담아 보여주고 싶었는지도 모른다.

| 인터랙션하는 색

자연 속에서 건축공간 색채는 어떤 빛으로 표현될까? 그 빛은 환경을 어떻게 담을까? 자연의 색과 건축의 빛을 담은 공간은 서로 연결될까?

〈노드웨스트하우스Nordwesthaus〉는 카를로 바움슐라거Carlo Baumschlager(1956-)와 디트마 에벨레Dietmar Eberle(1952-)의 건축사무소 바움슐라거 에벨레Baumschlager-Eberle가 설계한 다목적 건축물multi-purpose building이다. 그들은 건축물의 내부 온도와 주변 환경의 외부 기온의 간극을 높이지 않는 데 관심이 크다. 그러다보니 건축물의 외피, 사람에 비유하면 피부의 기능performative에 주력한다. 따라서 외피 디자인을 건물의 내부와 환경을 연결하는 센서로 이해하여 디자인하는 데 노력한다.

오스트리아의 콘스탄스Constans 호수 근처의 이 건축물은 디트마 에벨레가 가장 좋아하는 작품이다. 이 건축물은 냉난방 시설이 없어서 날씨가 춥거나 더울 때에는 이용할 수 없다.

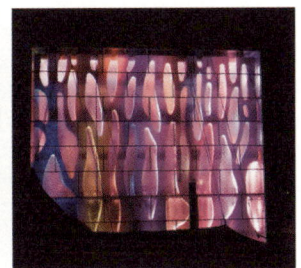

카를로 바움슐라거와 디트마 에벨레가 설계한 오스트리아 콘스탄스 호수의 〈노드웨스트하우스〉는 반투명 유리가 회색의 콘크리트를 덮어 두 겹의 색을 담아낸다. 건축물은 호수의 어른거리는 물빛을 반영하고, 건물의 색채는 다시 호수에 어른거린다.

말랑말랑한 빛, 끈적끈적한 색 189

클럽하우스와 보트하우스로 주로 사용하는 이 건축물은 파티나 종교 시설로도 이용한다. 건조한 회색 톤의 유기적인 콘크리트는 중성의 색채를 띠고 있어 건물 기능을 색으로 반영한다. 그리고 콘크리트 외피 쪽에는 반투명한 색채의 불규칙한 유리 패턴이 덮여있다. 이 두 겹의 색은 마치 건축물의 내부와 외부가 서로 소곤거리며 대화하듯 이미지 색채를 외피에 담아낸다.

그리고 호수 건너편에서 건축물 쪽을 바라보면 이 반투명한 건축물은 호수의 어른거리는 물빛을 담아낸다. 물빛은 크리시나 글로리오사처럼 다른 각도의 색을 반사하여 유기적으로 흐느적거리며 춤춘다. 건축 외피에서 내부와 외부의 소곤거림이 건물 외부로 튀어나와 호수와도 빛으로 색으로 노래한다. 색채는 호수와 빛으로 인터랙션한다. 건물의 색채는 호수를 향해 수직 방향의 빛으로 어른거리고, 호수는 건축물 주변을 수평 방향으로 흔들리며 반응한다. 자연의 빛은 건축의 색을 담고, 건축의 빛은 자연의 색을 공감각화한다.

｜소통하는 색

스웨덴 북쪽에 위치한 하라즈Harads 나무 숲 속에는 건축가 탐+비데고르드 한손Tham+Videgård Hansson이 설계한 2인용 〈나무 호텔Tree Hotel〉이 있다. 나무 기둥 끝에 호텔을 달아맨다. 출입은 로프와 사다리를 이용하고 이 다리는 옥상까지 연결된다. 〈나무 호텔〉은 가벼운 알루미늄 구조물 4개의 외피에 유리 거울을 덮어서 주변 자연을 360도 전부 조망할 수 있다. 그러나 숲 속을 날아다니는 새들에게는 건축물의 표면에 숲이 반사, 투영되어 건물 내부로 진입하는 혼돈을 막기 위해 고심한다. 이러한 유리의 단점을 해결하기 위해 새들에게만 보이는 색채 스티커를 붙였다니 정말로

스웨덴의 〈나무 호텔〉은 나무에 가벼운 알루미늄 호텔을 매달았다. 외부에 유리 거울을 덮어 주변 전망이 가능하며, 새들의 혼돈을 막기 위해 새에게만 보이는 색채 스티커를 붙였다.

숲과 소통하는 마음이 들리는 것 같다.

　모든 건축물의 색채가 모든 자연의 빛을 담을 수는 없다. 그러나 자연의 낮은 채도, 희미한 농도를 건축에 고스란히 투영하여 서로 소통하는 빛은 분명 즐겁고 행복한 경험이 된다.

| 동화되는 색

2008년 개장한 독일 뮌헨Munich의 점프 스키장으로 100미터의 긴 트랙의 〈신올림픽 스키 점프장〉은 '야곱의 사다리Jacob's Ladder'라고도 불린다. 켄틸레버cantilever라는 보를 받치는 두 개의 기둥 가운데 하나를 없앤 구조를 말한다. 외팔보라고도 하는데 출입구의 차양이나, 발코니 등이 바로 이 구조에 해당된다. 디자인 요소로는 경쾌한 긴장감과 공중에 떠있는 듯한 동적 효과가 있으나, 일반적인 보에 비하여 4배가량의 휨 모멘트moment를 받기 때문에 변형되기 쉬운 단점도 있다.

　이 구조물의 엘리베이터는 332개의 스텝과 3개의 점프로 연결된 대각선으로 구성되어있다. 그래서 주변 산세의 조형적 미학을 해치지 않는

독일 가르미슈-파르텐키르헨의 〈신올림픽 스키 점프장〉은 현명하게도 주변 산세를 해치지 않는다. 반투명 유리는 반짝이기도 하고 빛을 비추거나 어둠과 하나가 된다. 이처럼 공간과 동화하는 빛은 경이롭다.

현명한 연출을 한다. 스테인리스스틸의 구조물은 가늘고 긴 나뭇가지의 빛과 조응한다. 그 구조물 위에 얹은 반투명한 유리는 마치 나뭇가지 위에 쌓인 눈처럼 반짝이는 빛으로 조율한다. 온 누리가 눈으로 뒤덮인 산속에서 나무와 조형물과 나는 빛과 색으로 물아일체物我一體한다.

    어떤 공간도 낮과 밤의 색채는 동일하지 않다. 맑은 날과 흐린 날의 빛도 같지 않다. 한낮의 반짝이는 경관 색채가 점차 모노톤으로 바뀌는 저녁 무렵, 이 건축물은 고혹적인 빛의 색으로 옷을 갈아입는다. 밤이 되면 어두운 산속에 우두커니 서있는 커다란 산이 된다. 이처럼 공간과 동화하는 빛은 경이롭다.

I 디지털의 색

포스트모더니즘postmodernism 이후의 건축 기술은 놀라운 속도로 기대 이상의 효과를 보여준다. 특히 현대건축은 캐드CAD(컴퓨터 이용설계)를 비롯하여 디지털 건축이 더욱 활발해진다.

하우메 플렌사Jaume Plensa(1955–)의 〈크라운 분수Crown Fountain〉는 아니쉬 카푸어Anish Kapoor의 〈클라우드게이트Cloud Gate〉와 함께 21세기를 기념하기 위해 조성된 시카고의 〈밀레니엄파크The Milennium Park of Chicago〉의 새로운 아이콘이다.

얕은 물이 흐르는 넓은 현무암의 풀에는 가로 790미터, 세로 12미터의 바닥 위로 15미터 높이의 유리 블록이 솟아있다. 이 두 개의 유리 블록 벽면을 따라서 양 방향으로 물이 흘러내린다. 그리고 두 타워가 서로 마주보는 양 측면에 설치된 LED 스크린에는 다양한 인종의 동영상이 나온다. 이 동영상은 13분마다 변하는데 시카고 시민 1000여 명의 얼굴이라고 한다. 익살스럽게도 그들은 입으로 물을 내뿜는다. 입에서 분수가 나온다. 여름

하우메 플렌사가 설계한 〈크라운 분수〉는 시카고 〈밀레니엄파크〉의 새로운 아이콘이다. 벽면을 따라 양 방향으로 물이 흘러내리는 두 유리 탑이 서로 마주보고, 그 측면에 설치된 LED 스크린에는 다양한 인종의 동영상이 나온다. 13분마다 변하는 시카고 시민의 얼굴은 익살스럽게도 입에서 분수가 나온다.

말랑말랑한 빛, 끈적끈적한 색

이 되면 유리 블록 기둥 앞에는 이 물을 맞으려고 기다리는 시민들로 가득하다. 하늘을 향해 수직으로 쏘는 물줄기의 분수가 아니라 입에서 흘러나오는 물줄기. 그 물줄기를 맞으며 나도 어린아이가 된 듯 즐겁게 놀았다.

유리 블록 전면의 RGB 팔레트에서 디지털 색채는 홍수처럼 쏟아진다. 때때로 추상화된 화면으로 변화하는 이 색채 팔레트는 한동안 쳐다보며 같이 웃고, 그들이 깜빡이는 횟수만큼 나도 찡긋거리게 되고 다음 동영상을 기다리게 된다. 한여름 온몸으로 맞는 물줄기는 시간 가는 줄 모르는 소통으로 끊임없는 인터랙션을 한다. 비디오아트, 조각, 설치미술, 분수가 어우러진 이 공공 미술과 함께 동화된다.

삶은 이미 예술과 놀이로 뒤섞여 빛과 색으로 다가오고 있다.

| 끈적끈적한 색

어린 시절 동네 어귀에서 오목렌즈와 볼록렌즈로 또래 친구들과 놀이를 했던 기억이 있다. 렌즈를 통해 바라보는 세상은 빛의 굴절과 해체로 현실 세계와는 다른 구슬 공간을 만든다. 그 안의 공간은 몽롱하고 환상적으로 재현되어 에셔의 판화 같다. 혹은 마그리트Rene Magritte(1898-1967)의 회화처럼 왜곡의 사건을 동일한 시간과 공간에 얽히고설켜 수렴시킨다. 빛은 공간을 재편성하여 이렇게 새로운 빛으로 세상을 구현한다.

헤르초크와 드 뮤론Herzog & de Meuron은 이러한 빛과 시점의 변화를 응용하여 일본 아오야마青山의 〈프라다 에피센터PRADA Epicenter〉를 디자인했다. 오모테산토역에서 내려 혼잡함에서 한걸음 떨어진 주택가로 접어들면 볼록렌즈의 유리 건물을 만나게 된다. 다이아몬드 형태의 크리스털은 숨을 쉬듯 반짝거린다. 낮에는 내부 공간의 색채를 외부로 표출한다. 밤에는 외부의 색채가 볼록렌즈에 녹아 독특한 초감각적 공간을 시사한다.

볼록렌즈를 통해 본 세상(왼쪽)은 빛의 굴절로 전혀 다른 공간이 된다. 마치 에셔의 판화처럼.
르네 마그리트의 〈겨울비〉에는 중절모 쓴 신사가 비처럼 하늘에서 떨어진다(오른쪽). 이 엉뚱한 발상은 영화 〈매트릭스〉의 스미스 요원 이미지에 영감을 주었다.

    또한 프라다 건축 디자인의 4가지 콘셉트인 '보다Viewing', '보여주다Showing', '보여지다Looking', '전시하다Exhibition'를 유희적으로 형상화한 공간은 꽤 흥미롭다. 이 건물은 오모테산토의 쇼핑가를 상징하는 새로운 아이콘으로서 자리매김하였다. 특히 부티크의 우측에 있는 '플라자' 광장의 아이디어도 재미있다. 짙은 녹색 이끼로 포장한 담벼락과 덩그러니 놓인 벤치는 잠시 쉬어가는 '틈' 같은 기분이 든다. 층을 구분할 수 없는 커다란 크리스털 덩어리는 마름모꼴의 형태 때문에 약간 비틀린 느낌을 주며, 그 크리스털 한 조각이 '플라자'에 뚝 떨어진 조형적 느낌이 신선하다.
    이 프로젝트의 목적은 '쇼핑'의 문화적 코드를 새로운 건축 담론을 통해 표현하여 소매점의 혁신을 꾀하는 데 두었다. 그 목적은 적절하게 부합된 것 같다. 유리를 가공하여 볼록렌즈로 만들고, 그 질료를 통해 빛과 색을 뒤섞어놓아 공간은 재료와 질감, 그리고 형태를 버무려 점성의 성질로 만들어버린다. 이렇게 이음새 없는 비물성의 색채는 끈적끈적한 빛의 헌신으로 새로운 건축 담론을 창조한다.

도쿄 오모테산토의 〈프라다 에피센터〉. 헤르츠크와 드 뮤론은 외장에 유리를 가공해 만든 볼록렌즈를 사용해, 건물 내부와 외부의 색이 녹아들게 했다.

| 건축공간에서의 색채

폴 세잔이 말하기를 "나는 가끔 색이 거대한 실체의 생생한 이데아이거나 순수이성의 본질이라고 생각한다"고 했다. 그리고 파블로 피카소 Pablo Ruiz Picasso(1881-1973)는 "파란색이 없으면 빨간색을 칠한다"고 말했다.

공간에서 색 자체는 주요 담론이 아닐지 모른다. 색은 빛의 매체가 아닐 수도 있다. 빛은 공간을 단순하게 구분하지도 않는다. 건축공간에서의 색채는 나와, 내가 아닌 모든 관념의 빛으로 똬리를 틀어 거대한 곳으로 향한다. 그 거대한 곳은 매순간 보이는 빛을 넘어서 존재하는 모든 본질일지도 모른다.

Color of Space
마음을 움직이는 색

이선민

공간의 깊이와 크기를 상상하게 하는 하늘색.

물의 깊이가 얼마나 심오한지 깨닫게 하는 바다색.

매일 일상에서 거울 속 자신을 보면서 자연스레, 그리고 영원히 좋아할 수밖에 없는 피부색.

짧아서, 빛나서, 순간적으로 사라져서 더 아름다운 불꽃색.

여름 한낮, 시원한 그늘을 드리워 따가운 볕으로부터 나를 보호해주는 나무색.

아름답게 피어나 화려한 자태를 뽐내는 꽃색.

우리는 눈을 뜨는 순간 색을 보게 된다. 그 어떤 것보다 강하게 때로는 부드럽게 우리를 자극하고 마음을 움직이고 때때로 우리를 따뜻하게 하고 기쁘게 해주고 흥분하게 한다. 가장 적극적으로 우리의 감성을 자극하고 우리를 변하게 하는 공간의 색에는 과연 어떤 것이 있을까?

| 건축과 색채

과거의 건축이 형태에 큰 비중을 두었다면 현재의 건축은 형태 이외의 요소에 많은 관심을 둔다. 이런 관점에서 볼 때 색채는 현대 건축물에 중요한 요소로서 건축가와 건축의 중심적인 특징을 나타내고 있다.

건축의 색은 건물 자체의 색과 그를 둘러싼 주변의 색이 조화를 이루어야 하며 건축이 위치한 지역의 문화적인 속성을 가장 잘 드러내줄 때 그 가치를 발휘하게 된다. 즉 조화로운 색, 부합되는 색, 환경의 속성을 잘 나타내주는 색이 좋은 건축 색채로 인지된다.

건축색을 잘 도입하는 방법 가운데 가장 먼저 고려되어야 할 것은, 그 건물의 형태나 재질과 더불어 건축이 들어서는 지역에 어울리는 색채인가를 따져보는 일이다. 따라서 좋은 건축 색채는 문화를 형성하고 유지할 수 있어야 하며, 건축이 그러한 것처럼 문화를 담는 그릇으로서 그 지역의 역사와 문화를 형성하는 기초가 된다.

둘째, 건축가는 단순히 건축에 색을 부여하는 것이 아니라 건축 안에 사람을 담아내고 사람과 함께 어울릴 수 있도록 해야 한다. 그래서 단순히 '빨강색을 건물에 칠한다'는 관점으로 색을 도입할 수 없다. 건축물의 상징적 의미가 강할수록 그 도입 이유가 더욱 명확히 제시되고 더 잘 부합되도록 해야 한다. 잘 부합된 건축 색채는 좋은 문화를 형성하게 하며 거주하는 사람에게 좋은 공간을 제공함으로써 긍정적인 영향력을 가지게 된다.

셋째, 좋은 건축 색채는 건축이 보이는 시점, 건축에 접근하는 시점, 사람들이 건축을 적극적으로 사용할 수 있는 시점을 고려하여야 한다. 건축 색채는 건물이 보이는 시점과 상황에 따라서 다양한 변화를 나타낸다. 어디를 중심으로 보는가에 따라, 그 용도가 무엇인가에 따라 건물의 색은 친숙하게도 느껴지고 이질적으로도 느껴진다. 때로는 사용자가 움직이지 않을 때에도 건물의 색이 변화를 일으켜 다양한 변화를 보여주기도 한다. 따라서 좋은 건축 색채는 고정된 시점과 이동 시점을 모두 고려해야 한다.

넷째, 좋은 건축 색채는 많은 이야깃거리와 즐거움을 줄 수 있어야 한다. 사람들을 모이게 하고 흥미 있는 배경을 연출해야 하며 사람들에게 즐거움을 주는 친근한 색채로 도입되어야 한다. 건축에 있어서 2차원적 이미지의 직접적 적용 방법은 고대로부터 사용되어온 가장 전통적 방식의 색채 사용 방법으로서, 그 공간에서 설명하지 못하는 여러 가지 전달 요소를 회화로 전환하여 도입하였다. 그러나 이와 같이 일방적 설명이나 주제를 전개하는 방식에서 더 적극적이고 능동적인 관점의 색채가 도입되면서 평면적 건축 면에 다면적인 화면을 제공함에 따라 다양한 이야깃거리를 전달한다.

이 같은 관점 이외에도 건축 색채는 건축의 특성을 아주 적극적이고 강하게 드러낼 뿐 아니라 건축가의 특성을 드러내기도 한다. 따라서 건축가의 생각을 구체적으로 표현하는 방법은 물론, 건축가의 디자인 의도나 관점을 자세히 구사해주는 좋은 도구가 된다. 건축을 장식하는 의미를 넘어서서 다양한 체계로 활용되는 건축 색채의 세계를 여러 예제를 통해 이해해보기로 하자.

| 흰색은 모든 색을 담는 그릇

모든 공간이 흰색이라면 우리는 어떤 느낌을 가질까? 지중해가 펼쳐진 그

'백색 건축가'라 불리는 리처드 마이어의 〈텔레비전 라디오 박물관〉과 〈바르셀로나 현대미술관〉. 흰색으로 전체를 칠해 돌출된 외관이 더욱 강하게 드러나 보인다. 뚫린 부분이 도드라지며, 투영을 통해 드리워지는 그림자는 다양한 공간감을 느끼게 해준다. 사람들은 무채색의 공간에서 빛이 그리는 그림을 감상하게 된다.

리스를 연상할 수도 있고, 순수하고 깨끗한 신부의 모습을 연상할 수도 있다. 리처드 마이어Richard Meier(1934–)는 자신의 모든 건축물의 내·외부를 흰색으로 채운다. 그래서 흰색으로 연출된 공간은 빛과 그림자의 향연이 펼쳐진다. 흰색이 빛을 가장 많이 받아들이고 반사하기 때문에 가장 극명한 명도대비와 그림자를 만들어내고, 또한 가장 극명한 형상의 대비를 만들어낸다. 흰색을 통해 보여지는 그림자의 색은 마술 같은 공간을 만들어냄으로써 모든 사람에게 가장 아름다운 흰색을 보여준다. 그래서 그의 건물은 모든 색을 반사하는 흰색을 통하여 완벽한 형태의 아름다움을 드러낸다.

▮ 색은 사람을 행동하게 한다

우리는 늘 공간에 머물고 사용하고 공간 안에서 이동한다. 그런데 만약 우리가 움직이는 경로에 따라서 공간의 색이 다르게 보인다면 어떨까? 보는

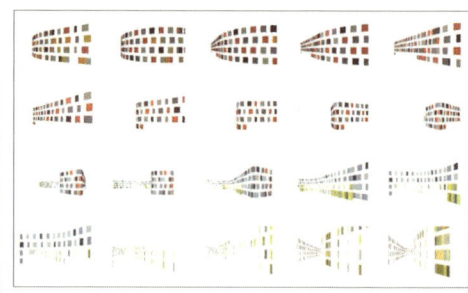

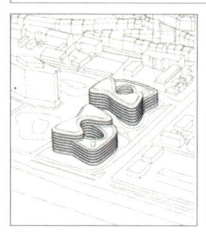

르코르뷔지에의 〈하이디 베버 미술관〉과 〈빌라 사보아〉는 흰색을 비롯하여 다양한 색을 보여준다. 자우어브루흐 후톤 사가 설계한 〈MEAG 콜로네 오발 빌딩〉은 라인 강의 나뭇잎에서 영감을 얻어 빨강과 녹색의 차양 판유리 5000여 개가 태양이 떨어지는 방향으로 이동해 살아 움직이는 듯하다.

방향에 따라 색이 변하고 공간이 다르게 보인다면, 그 공간만큼 흥미롭고 재미있는 공간은 없을 것으로 생각한다.

르코르뷔지에와 자우어브루흐 후톤Sauerbruch Hutton 사는 사람들의 움직임을 고려하여 색을 대입하고 사람들에게 다양한 색을 보여주는 공간을 만든다. 공간이 한 색으로 칠해지지 않고, 하나의 면에 두 가지 이상의 이분법적인 색을 대입함으로써 다면적 공간을 경험하도록 한다.

사람의 움직임에 따라 색이 움직이는 공간, 그곳에서 우리는 색의 즐거움을 경험하게 된다.

건축 색채는 즉각적인 반응을 유발해 건물을 사용하는 사람들에게 자극과 반응의 경로에서 다양한 역할을 수행하게 된다. 우리가 사는 환경에서 주의해야 할 것, 지켜야 할 것 대부분을 색으로 구분하게 되는 경우가 여기에 해당된다. 주목성을 필요로 하거나 사람들의 유입이 요구되는 부분에 색은 적극적으로 활용된다. 이같이 색으로 인하여 더욱 명확하게 공간을 인지할 수 있고, 공간을 이용하는 사람에게 시각적 즐거움을 준다. 지루한 공간에는 변화를 주고, 복잡한 공간과 무질서한 공간에 쾌적함을 주는 도구가 된다.

▎공간의 성격을 변화시키는 색

도서관에서 우리는 책을 읽고 공부한다. 그래서 도서관의 디자인은 대개 단순하고 차분한 색으로 이루어져야 한다고 여긴다. 그러나 진한 빨강과 노랑색으로 이루어진 도서관이 있다면 우린 이것을 어떻게 받아들일까?

공부를 좋아하는 사람이 있을까? 공부를 즐겁게 할 수는 없을까? 만약 공부를 즐겁게 하는 데 색이 도움을 줄 수는 없을까? 그래서 〈시애틀 중앙도서관Seattle Central Library〉은 즐거운 도서관, 맛있는 도서관, 흥미 있는 도서관으로의 변화를 강렬한 색으로 꾀한다. 온통 강렬한 색과 빛으로 채워진 공간 안에서 흥미 있고, 마치 휴식과 같은 즐거운 공부를 할 수 있는

'가장 유쾌한 도서관'이라는 찬사를 받은 렘 쿨하스의 〈시애틀 중앙도서관〉. 그리드 형태의 빛나는 루빅 큐브의 철골 유리 구조, 황록색 에스컬레이터 등 혁신적이면서도 분명한 논리적 구성을 지녀 도서관 이용자에게 깊은 인상을 남긴다.

것이다. 도서관에 있는 것만으로도 너무나 즐거운, 그래서 색은 공간을 바꾸는 마술을 부리는 것이다. 가장 적극적으로, 가장 쉽게 사람의 감정을 조절하는 도구로서의 색은 공간의 성격을 바꾸는 마술 같은 도구다.

| 빛의 색 그림자를 만드는 투명색

우리가 사는 집의 색은 무엇인가? 다른 집과 무엇이 다른가? 만약 여럿이 같이 사는 아파트라면 나는 어떤 색으로 이웃집과 다르게 할 것인가? 나이 들었을 때 삶의 기쁨을 줄 수 있는 색이 있다면, 지루하고 싫증나는 내 집에는 어떤 색이 어울릴 것인가?

네덜란드의 건축 그룹 엠비알디비MVRDV의 집합 주거인 〈워조코Wozoko〉는 100세대의 노인을 위한 주거 공간이다. 여기에서 가장 상징적으로 보이는 투명색의 발코니는 다양한 색 면의 겹침으로 독특한 건축 입면의 특징을 나타낼 뿐 아니라 거주하는 사람이나 외부에서 보는 사람에게 투명색을 통한 시각적 즐거움을 준다. 세대마다 다른 색의 발코니는 빛의 형태로 전환된다. 태양이 비칠 때마다 색이 입혀진 빛은 노인 주거 공간에 색 공간을 줌으로써 활력소가 된다. 따라서 작은 내부 공간에 투명한 색은 거

MVRDV의 노인 전용 아파트 〈워조코〉는 기존 아파트와 달리 발코니를 공중에 띄운 듯 앞으로 돌출시켜 무척 입체적이다. 이 감각적인 아파트는 노인들에게 큰 지지를 받았다. (왼쪽·가운데)

바르셀로나의 상징이 된 〈아그바 타워〉. '빛의 장인'이라 불리는 장 누벨은 건물 전체를 LED 판으로 감싸서 푸르고 붉은 조명이 카멜레온처럼 빛난다. (오른쪽)

주민에게 생활의 악센트를 부여하는 것이다.

자우어브루흐 후톤 사 역시 평범한 건물의 외관에 다채색의 유리를 써서 투명한 색의 아름다움을 보여준다. 투명색은 촌스러운 색을 고급스럽게 만들어낸다. 그래서 투명색은 사람의 마음을 움직이는 중요한 기호로 우리를 즐거운 공간에서 생활하게 한다.

| 색으로 이야깃거리를 만들다

우리가 생활하는 공간에 색이 없다면, 벽에 아무런 무늬가 없다면, 얼마나 삭막하고 지루할까. 색으로 풍부하게 설명되고 자유롭게 그려진 공간에서 우리는 좀 더 많은 이야깃거리를 끌어낼 수 있을 것이다.

함축적이어야만 좋은 것, 우월한 것으로 인정받던 시절, 전통적 관점에서 벗어나 많이 보이고 드러내야 대화하고 숨 쉴 수 있는 공간이 된다고 강조했던 벤츄리 Robert Venturi(1925-)는 건축에서 많은 그래픽을 보여준다. 색과 무늬로 그의 생각을 전달하고자 했기에 절제되고 삭막했던 건축이 무언가 더 보여주고 이야기하게 되었다. 의자에 다양한 색을 칠하니 즐겁게 앉을 수 있고, 건물에 색을 입힘으로

건축가 로버트 벤츄리가 디자인한 〈앤 여왕 의자〉(1984). 가구를 장식과 환상의 객체로 바꾸어놓았다.(위)

장 누벨은 건축 입면과 공간에 여러 방법으로 색을 도입한다. 때로는 직설적으로 광고나 일상적 삶의 모습을 재현하기도 한다. 과감하고 다채롭게 도입되는 색은 건축의 작품성을 더욱 풍부하게 하는 핵심 요소다.(아래)

써 더 친근하게 다가갈 수 있는 것이다.

장 누벨Jean Nouvel(1945-) 역시 이 같은 대중적 코드를 색과 이미지로 전환시켜 건물에 다양한 이야깃거리를 부여한다. 상업적인 패턴을 주저없이 받아들여 완성하는 그의 건물은 그래서 다가가기 쉽게 인지된다.

건축 색채는 색의 특성과 패턴, 때로는 빛으로의 전환을 통하여 지원적 가치를 주는 적극적 매체로 사람과 건축을 가까워질 수 있게 한다.

| 물과 같은 수채화색으로 공간을 채색하다

색은 빛이고, 빛은 곧 색이 된다. 물은 색을 녹여내고 녹은 색은 물과 같이 투명해진다. 투명한 색은 물로 보이며, 빛으로 치환된다. 색의 변환이 가진 여러 방법 중에서 농도 변화로 얻어지는 색의 체계는 닫힌 공간을 열고 숨 쉬게 하며 반짝거리게 한다. 물과 같은 느낌으로 물에서 얻어지는 색의 세계가 공간에 펼쳐지는 것이다.

스티븐 홀의 스케치를 보면 형태는 연필로, 색은 수채화로 입힌다. 흰 도화지에 회색의 연필과 투명색의 수채 물감으로 그린 그림은 건축이 갖는 기본적인 생각, 딱딱하고 고정된 개체를 부드럽고 유연하며 은은한 세계로 전환시키는 것이다. 유화나 포스터물감, 색연필로 얻을 수 없는 색의

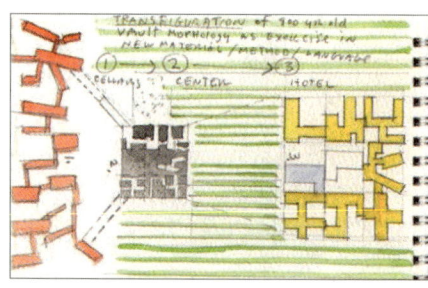 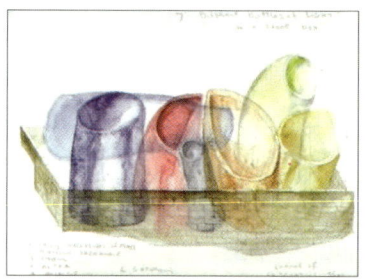

연필과 수채로 그린 스티븐 홀의 콘셉트 스케치는 빛을 담고 있다.

스티븐 홀이 설계한 뉴욕의 〈D.E. 쇼 사옥〉과 시애틀의 〈성이냐시오성당〉. 빛은 칠해진 색보다 더 강력한 심상을 드러낸다. 고요하게, 때로는 우아하게 공간에 색을 입힌다. 그래서 부드러운 것이 더 강할 수 있으며, 더 아름답게 빛난다.

세계가 건축에 표현된다. 그래서 공간에 나타나는 색은 칠해지는 것이 아니라 드리워지며, 이는 빛의 체계로 전환된다.

움직이는 색

앞에 직접 보이는 색의 세계가 아니라, 후면이나 측면에 보여지는 그래서 간접적으로 드러나는 은은한 색은 보는 각도에 따라 늘 다른 면적을 갖는다. 그래서 측면에 도입된 색은 빛의 흐름에 따라 건축색의 농도가 다르게 표현된다.

그래서 아름다운 건축 색채는 직접 노출되는 색보다 더 풍부한 감성으로 우리에게 보여진다. 감춰져있기 때문에 더 아름답고 풍부하며 화려하게 다가온다. 태양의 움직임에 따라 다양한 각도로 내부 공간에 비춰지며 사람의 움직임에 의해 색의 면적과 색의 위치가 마치 움직이는 모빌처럼

MIT의 기숙사인 〈시몬스홀〉은 10층 건물이다. 스티븐 홀이 한 층에 세 줄씩 배치한 작은 창으로 격자 무늬 파사드를 연출한 이 건물은 고층 빌딩처럼 보인다. 알루미늄으로 연결된 5000여 개가 넘는 창은 낮에는 빛을 반사하고, 어두워지면 내부 조명으로 빛이 난다.

우리의 시야를 자극하게 된다.

고정된 모습으로 건축에 도입된 색은 보는 방향과 사람들의 움직임에 의하여 다르게 보이고 건축의 새로운 모습을 만들어낸다. 삼차원으로, 때로는 사차원으로 도입되는 건축의 색은 형태보다 더 적극적인 형태를 만들고 이차원에서 조화되는 색보다 더 화려한 색의 조합을 만들어낸다.

| 색을 통한 음악, 색연필로 그리고 타일로 붙이고

어릴 적 크레용과 함께 자주 쓰던 색연필을 떠올리기만 해도 우리는 유년 시절을 생각하고 기억한다. 색연필과 같이 섞이지 않는 색의 세계는 어린이같이 유치하다. 그러나 그 같은 색의 세계를 건축공간에 도입함으로써 적극적인 색의 세계를 경험하게 된다. 때로는 너무 직접적이어서 자칫 촌스러워질 수 있지만, 그래서 더 아름다운 색의 세계를 포잠박Christian de Portzamparc(1944-)의 작품을 통해 경험할 수 있다.

파리 라 빌레트 단지에 위치한 〈음악관〉은 건축가이자 도시 계획가인 크리스티앙 드 포잠박이 설계했다. 건물 내·외부의 다채로운 형태와 조명, 색채가 리듬감을 나타내는 듯하다. 이런 율동성은 방문객에게 눈으로도 음악을 듣는 것 같은 느낌을 준다.

음악을 공연하거나 미술을 전시하는 공간이 가질 수 없는 어린이 같은 색의 세계, 장중하고 조용하며 은유적인 색의 세계가 아닌 가볍고, 요란하며, 직유적인 색의 세계를 통하여 소리가 아닌 색을 통한 음악을 경험한다. 직관적이고 요란하지만 전혀 유치하지 않은 세련된 원색의 세계를 경험할 수 있다.

동화 세계로의 여행

네덜란드에 있는 〈하헌 이슬란트 하우징Hagen Island housing〉은 주거 단지 전체를 마치 동화 나라처럼 통일된 하나의 색으로 집을 만들고, 그 색들의 집합으로 전체를 만들었다. 그래서 소박하고 단순한 집들이 각각 고유색을 가짐으로써 동화 나라가 된다. 이 마을에서 사는 모든 사람은 동화 속 주인공이 된다. 단지 색만으로 동화 마을에 살게 되었음을, 그래서 그 안

네덜란드에 조성된 주택 단지 〈하헌 이슬란트 하우징〉은 집집마다 파랑, 주황, 초록, 회색 등 고유색을 부여해 마치 동화 속 마을을 현실에 재현해놓은 듯하다.

에서 강한 소속감을 느끼게 된다.

건축은 색만으로도, 그리고 칠하는 방법만으로도 이와 같이 색다른 풍광을 만들어내기도 한다. 그래서 기억 속의 색채는 어린 시절의 추억을 만들고 영원한 감성을 형성하게 된다. 지역을 만들고 그 지역 안에 소속을 이끌어내고, 사람들에게 영원한 감성을 갖게 하는 다양한 색의 세계는 그 범위가 커진 만큼 기억의 깊이도 더 커지게 한다.

그림으로 보여지는 공간

벽에 그려진 그림은 우리에게 시선을 머물게 하지만, 천장에 그려진 그림은 상상하게 한다. 그림을 통하여 보여지는 색으로 유명한 스위스 루체른의 〈더 호텔The Hotel〉은 천장에 영화를 주제로 한 장면을 그대로 프린팅하여 적

스위스의 관광 명소 루체른에 자리한 〈더 호텔〉은 천장화가 아름다운 아트 호텔이다. 장 누벨은 각 방을 모두 다르게 디자인했다. 영화의 한 장면을 커다란 벽화로 만들어 천장에 장식하여, 투숙객이 침대에 누우면 호텔은 갤러리가 된다.

용함으로써 호텔 객실의 분위기를 독특하게 표현했다.

객실 천장에 그려진 영화의 사실적 이미지는 색채 사용의 독창성을 보여준다. 건물의 전경을 바라보는 외부의 시선에 각 객실의 천장이 보임으로써 호텔의 개성을 강하게 드러낸다. 그래서 호텔에 머무르는 사람은 영화 속 주인공이 되고 그 장면을 영원히 기억하게 될 것이다.

| 색으로 보여지는 공간

가장 아름다운 색은 무엇일까? 어떤 팔레트가 공간을 가장 아름답게 보이게 할까?

자연에 가장 가까운 색. 사람에 가장 가까운 색. 공간과 가장 잘 닮은 색. 우리를 가장 편안하게 하는 색. 우리를 가장 자유롭게 하는 색……. 건축이 사람을 닮고 그리고 자연을 닮고 그리고 그 색도 사람과 자연에 닮아 갈 때 가장 아름다운 색으로, 가장 조화로운 팔레트로, 가장 아름다운 공간으로 탄생하게 된다.

색은 공간을 장식하는 것이 아니라 공간을 말하고, 공간을 숨 쉬게 하며, 공간을 품게 하고, 공간을 사람답게 하고, 공간을 빛나게 하는, 가장 아름다운 그것이 된다.

04

현대사회와 건축_
건축의 오늘, 생태냐 욕망이냐

자동차를 타고 속초에 있는 휴양지에서 쉬다가 왔다고 가정해보자. 그곳에는 안락한 스파와 각종 편의시설이 잘 갖춰진 호텔이 있다. 여기서 며칠 푹 쉬었다면 정말 속초에, 강원도에 다녀온 것일까? 혹은 발리섬, 몰디브의 리조트 방갈로의 바다가 보이는 수영장에서 여유롭게 차가운 음료를 즐기며 며칠을 지냈다고 가정해보자. 우리는 정말 그 섬에 다녀온 것일까?

Expression & Communication
In Postmodern Society

포스트모던 사회와 세상의 소통방식

임기택

일상에서 우리는 '포스트모던'이라는 단어를 자주 접한다. 현대인에게 포스트모던은 친숙하면서도 한편 개념을 정확히 알기 어렵다. 모더니즘에 접두어 '포스트post'가 붙은 포스트모더니즘은 심각한 논의를 거쳐 현대사회와 현상을 지칭하는 단어로 정착되었다. 심지어 지금도 이 단어에 대한 논쟁과 논의는 계속되고 있다. 한 가지 분명한 사실은 포스트모더니즘이 현대사회를 살아가는 이들에게 소비의 개념과 떼려야 뗄 수 없는 상관관계를 지닌다는 점이다. 건축이 가장 먼저 포스트모던의 경향을 이끌어냈다. 시대와 사회의 그릇인 건축이 발 빠르게 변화를 수용하여 포스트모던 건축의 경향을 이끌게 되었다.

건축이 세상과 소통하는 방식은?

현대사회는 흔히 소비사회라고 불린다. 소비사회는 농업 등의 1차산업, 공업으로 대표되는 생산 중심의 2차산업과는 많은 부분에서 다른 특성을 보이게 마련이다. 선진국은 이미 서비스업의 3차산업에서 더 나아가 4차산업으로 불리는 최첨단 산업 중심의 구조로 변화되었다. 농업과 공업 등 1·2차산업은 후진국이 전담하는 산업으로 인식되는 실정이다. 이데올로기가 사라지고 자본이 모든 가치와 세상의 원동력이 되어 움직이는 세계에서 자본을 소유한 건축주의 요구 사항을 충실히 수행하는 건축공간과 표현은 자연스럽게 자본의 가치와 속성을 그대로 드러낸다. 또 대중과 소통하고 주요한 소비 계층에 전략적으로 다가가도록 분위기를 이끈다. 따라서 공간과 표현은 항상 자본의 순환을 빠르고 안정적으로 할 수 있는 방식으로 변화하게 된다.

어느새 쇼핑이 존재 이유가 되어버린 오늘날의 현실.

20세기 초 혁명적 건축의 발전 시대

산업혁명 이후 과학과 인류 이성의 비약적 발전으로 인하여 19세기 중반 이전에는 경험하지 못했던 대규모 도시가 출현했고 많은 인구가 모여사는 공간 구조가 창출되었다. 각종 교통수단의 발달은 도시 공간 및 건축에 눈부신 발전을 가져왔다. 건축 부문에서는 구조, 재료, 설비(엘리베이터, 에스컬레이터)의 진보로 인해 뉴욕 같은 마천루의 도시 및 고층 건물과 다양한 건물 유형이 나타났다.

이 시기 나타난 모더니즘 건물은 빠른 도시 성장과 그에 따른 공간 수요의 성장에 의해 추진된 측면이 강하다. 모더니즘은 빠르면서 정확하고

르코르뷔지에의 〈빛나는 도시〉 계획안(1929). 그는 파리의 상당 부분을 밀어버리고 그 위에 새로운 개념의 주거 단지를 제시했다. 이에 대해 지금도 찬성과 반대가 공존한다.

위생적으로 대규모 건축물이나 단지를 만들 수 있는 건축적 방법론과 아름다움을 구현하는 정신적 교리가 되어왔다. 이러한 방법론은 제1·2차세계대전이 끝나고 전후 복구에서 빠른 시간에 많은 공간을 합리적이고 기능적으로 만들기 위한 공간 및 표현 부문의 기준이 되었다.

르코르뷔지에는 열악했던 파리의 기존 주거를 버리고 새로운 주거 개념의 단지를 제시했다. 이 계획은 여전히 찬성과 반대가 공존한다. 당시로서는 최신의 위생적 공간을 제시한 파격적이고 혁명적인 제안이었지만, 계획가가 신의 입장과 신의 눈높이에서 만든 셈이었다. 사회를 이끌어가는 극소수 엘리트의 시선에서 만들어지는 이상 사회에 대한 신념과 행동 방식은 장점도 있지만, 이데올로기적으로 군중을 호도하는 폭력성을 내포한다.

모더니즘 건축이 규칙과 같은 교리가 될 수 있었던 이유는 무엇이었을까? 모더니즘 건축은 획기적으로 발전된 재료, 구조, 설비 등을 활용해 이전까지 대중이 누리지 못했던 쾌적하고 건강한 기능적 주거를 제공해주었다. 때문에 새 시대를 여는 주도적 양식이 될 수 있었다. 옛 주거 형식의 건물과 콘텍스트 사이에서 이러한 건물이 소수로 존재할 때는 근대건축이

1920년대 말 힐버자이머의 〈이상도시〉 계획안. 당시의 열악하고 좁은 주거군에서 탈피하여 이성적이고 위생적인 상태에서 평등한 삶을 누리는 사회주의적 이상을 담은 계획이었다.

교리와 같은 하나의 시대정신이 될 수 있지만, 그것이 대다수를 차지한다면 상황은 달라진다. 현재 우리나라 신도시의 모습과 비슷하게 될 것이다. 무미건조하고 기능만을 채운 기계 같은 건물이 대부분을 차지한다면 어떤 느낌일까? 오늘날 그런 모습을 획일적 아파트 단지로 가득 찬 우리나라의 도시에서 어렵지 않게 찾을 수 있다.

| 근대건축의 문제

맨 처음 포스트모더니즘의 시대가 시작되었다고 선언한 분야는 건축이었다. 찰스 젠크스Charles Jencks(1939-)는 1972년 미국 세인트루이스의 〈프루이트 이고〉 주거 단지가 폭파·해체되는 순간을 모더니즘이 사망하는 순간이라고 선언했다. 이 단지는 모더니즘의 교리를 충분히 적용한 대규모 현대적 주거 단지였고 또한 넓은 중정中庭과 복도 등 공간도 비교적 여유롭게 계획되었다. 따라서 건축되던 1954년에는 합리적인 계획이 우수하다고 평가 받았고 미국 건축가 협회 상(1958)까지 받았다. 그러나 이상하게도 시간이 지나면서 마약과 폭력이 난무하는 슬럼으로 변해갔고 결국, 지역 범죄의 온상이 되고 말았다. 시의회는 고심 끝에 이 주거 단지를 폭파·해체하고 새로운 주거 단지를 만들기로 결정했다. 이는 단순히 한 건물이 사라

1972년 〈프루이트 이고〉의 폭파·해체는 근대건축에 대한 사망 선고였다. 최신식 아파트였지만, 사람에 대한 배려가 없는 건축을 위한 건축으로 대규모 주거 개발의 오류를 드러냈다.

진 데 그치지 않고, 엘리트의 시각으로 만든 이성적이고 합리적인 주거가 폭력일 수 있고 오류일 수 있음을 드러낸 상징적인 사건이 되었다.

이렇듯 획일적인 주거 공간과 표현 방식에는 무리가 따르고 인간성이 중시되지 않는 경향이 있다. 점차 사람들의 마음속에는 모더니즘 건축과 이성의 폐해에 해당되는 사항을 극복하고자 하는 움직임이 일기 시작했다. 모던을 흔히 거대 담론Grand Narrative 혹은 신화의 체계라고 부르곤 한다. 이 뜻은 언어의 게임이라 불리는 이성적 법칙과 신들의 이야기에 감히 끼어들 수 없는 일반 대중의 삶, 그리고 기계처럼 같은 자리, 같은 시간 계속해서 같은 역할을 해야만 하는 신(그리스 신)들의 삶이 모던의 삶 속에 담긴 대중의 삶과 계속해서 유리되는 경험을 하게 만든다는 데에 차이가 있다.

포스트모던 건축의 시작

로버트 벤츄리는 근대건축의 유니버설리즘에 반대했다. 엘리트적인 무미건조한 순백의 건물보다 대중은 옛 기억 내지는 대중이 관심을 가질 만한 흥미로운 것을 원한다는 주장이었다. 사실, 사람은 격식 있는 분위기를 원하기도 하지만, 한편으로는 편한 기분으로 대할 수 있는 통속적이고 흥미 위주의 분위기를 즐기는 성향도 지니는 법이다. 대중은 후자인 경우가 더 많을 수 있다. 로버트 벤츄리를 필두로 하여 건축가들은 외피와 내부에 과거의 질서와 장식 등을 그대로 차용하지 않고 창조적으로 재해석하여 과장하거나 패러디하거나 이중적 의미로 재미있게 표현한 건축물을 발표하기 시작했다.

로버트 벤츄리의 〈나의 어머니의 집〉. 포스트모더니즘의 담론을 용감하게 시작했던 그는 옛 기억을 되살리는 박공집을 변형시켜 대중에게 친숙한 집으로 흥미롭게 표현했다. 마치 어린아이가 스케치북에 그린 집 같은 인상을 준다.

찰스 무어의 공공 건축인 뉴올리언스의 〈이탈리아 광장〉. (왼쪽)
레온 크리에의 〈헤이그 도심 재생 프로젝트〉. 기존의 콘텍스트를 충실히 살린 요소들을 사용하여 친숙한 옛 건축의 이미지를 재현해냈다. (오른쪽)

| 대중의 소통은 어떻게 이루어질까?

대중은 자연스럽게 흥미를 느끼기 시작했다. 실제로 그의 건축에 쏟아진 관심과 지지는 열광적이었다. 포스트모던의 시대가 시작된 것은 표현 면에 있어서 역사적으로 유명한 과거의 장식과 같은 양식으로 회귀를 주장하는 움직임 때문이었다. 또한 포스트모더니즘을 주도하는 사람들이 주로 사용한 방법은 패러디와 은유, 인용 등이었다. 다양한 비유와 상징의 방법을 사용하여 대중에게 친숙한 이미지나 옛 건축의 기억을 되살렸던 것이다.

대중에게는 기술의 신념, 이상 사회를 추구하는 발전적 모습도 중요하지만, 향수를 일으키는 요소 역시 중요했다. 경제력이 높아지면 무미건조한 건축뿐 아니라 대중에 친숙한 건축 분야가 필요하게 마련이다.

| 현실 공간과의 상관관계

이는 대부분 산업구조의 변화와 밀접한 관련이 있다. 포스트모던 시대로

대형 할인점의 내부. 대량생산의 시대는 소비 공간을 최저가로 만들어낸다.(위)

서양 고전건축의 이미지가 차용된 결혼식장의 전경. 대중의 취향과 세속적 기호를 맞춘 외관과는 달리 그 내부는 철저하게 기능적이다.(아래)

통칭되는 요즈음은 산업 부문에서 대규모 생산을 넘어 다품종 소량 생산으로 소비자의 취향을 최대한 맞추는 전략을 사용한다. 일반 대중이 경제력을 많이 소유한 만큼 상업적 성공을 위해서 소비를 촉진하도록 생산양식이 변화되었다. 당연히 건축도 민감하게 반응해야 할 것이다.

3차산업의 비중이 중요해지는 최근에는 이러한 성향이 더욱 강해지고 있다. 기능이 중심이 되는 공간은 기능적이고 값싼 재료로 만들어지고 있다. 예를 들면, 대규모 대형 할인점의 공간들은 최소한의 비용으로 지어진다. 결혼식장의 경우, 백설공주가 살 듯한 성의 이미지로 외관을 치장한다. 그러나 내부 공간은 철저히 기능적이다. 이런 방식의 대중적이고 세속적인 건물은 어렵지 않게 찾아볼 수 있다. 대중은 세속적 이미지와 대중문화의 이미지들을 선호한다. 건축의 이미지적인 측면에 있어서도 건물 자체의 기능을 충족하면 그다음부터 이미지를 소비하는 단계로 들어가게 된다.

| 대중과 소통하는 장식과 표현

건축가 로버트 벤츄리는 '장식된 헛간'에 대한 논의로 그의 주장을 시작했다. 고속도로변에 위치한 건물들을 생각해보면 빠르게 지나가는 도로변에서 쉽게 인지할 수 있는 간판 뒤에 건축공간은 마치 헛간이나 창고 같은

기능적 건물이 붙어있다. 사람들 시선을 끌거나 인지하기 쉽게 만들거나 환상적 분위기를 만드는 부분에는 화려하고 커다란 간판을 사용하고, 그 뒤의 건축적 공간은 철저하게 기능적이고 값싼 공간으로 덧붙여진다. 그만큼 사람들은 이미지에 좌우되고, 이미지를 소비하는 경향이 강하다. 로버트 벤츄리는 엘리트 위주의 추상적으로 독특한 형태를 띤 알 듯 모를 듯한 건물(오리)과 길가에 큰 간판이 붙고 건물 자체는 창고 같은 건물이 본질적으로는 같다고 주장한다. 그래서 오리 모양의 건물이나 시인성 뛰어난 간판과 기능적 박스 공간이 붙은 건물이 똑같이 인지되는 것이다.

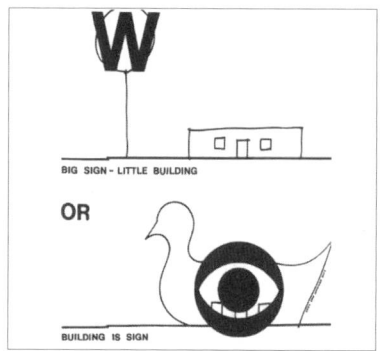

로버트 벤츄리가 저서 《라스베이거스의 교훈》에서 예로 든 오리와 장식된 헛간Decorated Shed.

대형 입간판 뒤에는 헛간과 같은 창고가 붙어있다. 현대의 건물은 본질적으로 이미지를 소비하는 기호적 요소와 기능적 요소가 결합된 모습을 자주 보인다.

| 장식된 헛간의 이미지

현대의 건물 중에는 본질적으로 이미지를 소비하는 건물이 있으며 이러한 건물은 기호적 요소와 기능적 요소가 결합된 모습을 자주 보인다.

이러한 사례는 라스베이거스에서 많이 찾아볼 수 있다. 사막의 한가운데에 자연을 극복하고 창조된 도시인 라스베이거스는 초기에는 자동차 위주의 도시였다. 광활한 아메리카 대륙을 달리다가 라스베이거스를 인식할 수 있으려면 어떤 전략을 써야 할까? 자동차로 이동하는 사람을 효과적으로 유인하기 위해서는 빠른 속도에서도 쉽게 인지할 수 있고 자동차로 쉽게 접근 가능한 공간 구성이어야 할 것이다. 현재 라스베이거스의 화려한 조명은 이런 고민의 결과물이다. 화려한 네온사인이 있는 거대한 구조물이 라스베이거스 건축의 가장 특징적 요소다. 이 지역의 콘텍스트는 건물의 형태가 아니다. 건물보다 몇 배 커서 건물을 가리는 거대한 간판이 더욱 중요하다. 눈을 휘둥그레 만들거나 매력에 빠지게 만드는 라스베이거스의 간판에 이끌려 도박장이나 모텔 등에 들어가면 낭만적인 간판의 표현적 특성과 달리 극도로 기능적인 공간으로 구성되어있다. 물론 도박장의 인테리어는 화려하지만 건물과 내부는 도박장의 기능에 충실한 공간으

현란한 간판과 이국적 요소들이 결합된 라스베이거스. 이미지와 속도, 공간 등이 어우러져서 만드는 소비사회의 단면을 이러한 건축 요소에서 느낄 수 있다. 특히 주유소와 그 간판이 기호로 이루어진 기능적인 공간의 전형을 적나라하게 보여준다.

경기도에서 강원도로 가는 국도변, 즐비한 대형 간판은 자동차 문화의 산물이다.

로 계획되었다는 의미다. 화려한 네온사인의 이미지에 홀려 거기 들어가면 어느새 큰 돈을 소비하고 있는 자신을 발견하게 될 것이다. 그러한 의도에 충실한 공간으로 더욱 세련되게 진화하고 있다.

오늘날 우리는 지방 국도를 지나면서 각종 음식점과 상점의 간판을 보면서 비슷한 경험을 하게 된다. 고속도로변에 위치한 건물은 빠른 속도에서도 순간적으로 인지할 수 있는 기호나 이미지로 이루어져있다.

| 대중문화와 소비사회

1950년대에서 1960년대 미국의 문학과 대중문화의 이론적 뒷받침을 해준 것은 반 엘리트Anti-Elite적인 움직임이었다. 20세기 전반의 모든 기법과 혁신의 사용으로 소재의 빈곤, 주제의 결핍, 기법과 기교의 빈곤을 탈출하기 위해 해체적 표현 경향을 보이기 시작했다. 이러한 움직임이 모던과 포스트모던의 이분법적인 구분 방식과 사고방식을 가져왔으며, 모던 대 포스트모던에서 형식·반형식·무정부적·방관·참여·해체·중심의 경향을 나타냈다.

소비사회에서 사람은 다른 사람이 아니라 사물 또는 기호에 싸여있다고 할 수 있다. 우리는 상품의 사용가치보다는 오히려 기호를 소비한다. 위에서 살펴본 바와 같이 우리들이 사는 사회는 똑같은 사용기능을 소비한다기보다는 네온사인이나 이미지의 기호에 의해 많은 것들이 좌지우지되는 사회를 살고 있다는 의미이다. 건축도 그런 면에서 자유로울 수 없다. 대중문화가 환각적인 판타지의 경험을 일으키고 이러한 문화에 젖어드는 것이 대중의 속성이라면 이러한 문화적 현상은 이성적으로 살아가는 현대인의 스트레스를 감성적인 면으로 도피시키는 데 사용하는 것이라고도 할 수 있다.

경기도 일산 신도시의 어느 상가. 온갖 종류의 간판과 기능이 통합된 기묘한 모습을 보여준다.

로버트 벤츄리는 이론에서 근대건축에 과감하게 반기를 들었고 몇몇 작품을 통해 근대건축과는 다른 옛 이미지를 차용하는 시도를 선보이면서 흐름을 이끌었다.

건축가 필립 존슨Philip C. Johnson(1906-2005)은 뉴욕의 〈AT&T 본사〉를 설계하면서 괘종시계 같은 고전적 이미지를 차용함으로써 포스트모던 건축 붐을 일으켰다. 당시 건축물 대부분은 모더니즘의 영향을 받아 기능적이고 깨끗한 외관을 가지고 있었다. 그런 재미없는 외관에 싫증 났던 대중

필립 존슨의 〈AT&T 본사〉(지금은 '소니 빌딩'이라 불린다). 그는 치펜데일 풍 벽시계에서 영감을 얻어 디자인했다. 이 건물을 계기로 대중에게 친숙한 포스트모던 풍의 사옥 디자인이 유행하게 되었다.

이 열광하기 시작했다.

　이 건물을 계기로 대중에게 친숙한 포스트모던 풍의 사옥이 유행했다. 우리나라의 경우에도 1980년대 중반 이후 1990년대 초반까지 기존 건물에 페디먼트나 각종 대중 취향의 장식을 덧붙이는 것이 유행한 적이 있다. 천편일률적인 시공 방법과 디자인 일색이던 시기에 경제적 조건이 좋아지면서 표현의 차이를 추구하는 자연스러운 과정이었을 수도 있다. 지역적 컨텍스트를 중시하고 지역적 표현과 대중적 취향의 표현이 결합된 건물은 대중의 호응과 관심을 가져오는 긍정적 효과가 있었다. 하지만, 세속화되고 오히려 저질의 건축물이 양산되기도 했다.

ǀ 낭만적 건축와 기술 지향적 히피 문화

1961년 영국에서 아키그램Archigram이라는 건축 그룹이 나타났다. 이 그룹은 당시 유행했던 감각적 팝아트와 기술적인 낙관주의, 저항의 히피 문화를 결합한 형식으로 건축을 실험하고 표현했다. 건축에 우주 시대의 개막과 SF

영국에서 1961년 결성한 '아키그램'은 동명의 잡지를 발행했다. 〈워킹시티〉와 더불어 대표작으로 알려진 〈플러그 인 시티〉(1964)는 탈착 가능한 단위로 도시 공간을 조립한다는 획기적인 상상을 담았다.

포스트모던 건축의 대표작이라 평가되는 마이클 그레이브스의 〈포틀랜드 빌딩〉.

적인 상상력, 베트남전쟁 반대로 생성된 히피 문화, 대중문화 등이 결합되었다. 이러한 건축적 흐름은 다분히 당시의 대중적 소비문화를 반영한다. 다소 현실적이지 않지만 B급 영화의 감성을 지닌 낭만적 시대 분위기와 이상적인 기술 지향적 계획안을 발표했는데, 지금까지 큰 관심을 받고 있다.

마이클 그레이브스Michael Graves(1934-)는 고급스러운 이미지를 가지고 기능을 수행하여야 하는 건물을 많이 설계했다. 단순히 기능적인 건물로는 고급 이미지를 소비하면서 수행해야 하는 산업의 요구 사항을 보조하기 힘들다. 이러한 계획이 가능하게 된 배경으로는 부의 창출과 집적에 따라 중산층과 신흥 부자들이 빠른 속도로 늘어나고, 고급문화를 향유하고자 하는 욕구가 늘어난 점을 들 수 있다. 표현 면에서 이후 여러 사조가 명멸했지만, 결국 포스트모던 풍의 건축물을 요구하는 수요는 계속 존재해 왔다.

오늘날 테마파크나 골프장의 클럽하우스같이 상류계급이 이용하는 시설에는 고전적 건물의 이미지가 차용되는 경우가 많다. 포스트모더니즘이라는 양식적 유행이 끝난 듯한 현재에도 이러한 표현의 건축물은 자본적 특성에 의해 생명력을 유지한다. 구매력이 높아진 중산층과 대규모의 자본을 집적한 신흥 자본계급을 포섭, 소비하도록 하는 공간에는 여지없이 이러한 포스트모던적 요소가 들어가게 마련이다.

| 오늘날 소비문화와 휴식의 의미

기호를 소비하는 현대사회의 단면을 하나 들어보자. 자동차를 타고 속초에 있는 휴양지에서 쉬다가 왔다고 가정해보자. 그곳에는 안락한 스파와 각종 편의시설이 잘 갖춰진 호텔이 있다. 여기서 며칠 푹 쉬었다면 정말 속초에, 강원도에 다녀온 것일까? 혹은 발리 섬, 몰디브의 리조트 방갈로의 바다가 보이는 수영장에서 여유롭게 차가운 음료를 즐기며 며칠을 지냈다고 가정해보자. 우리는 정말 그 섬에 다녀온 것일까? 단지 휴양지의 기호만 몇 가지 즐기다 온 것은 아닐까?

더 쉽게 설명해보자. 속초로 가는 국도변에는 수없이 많은 음식점, 모텔, 특산품 상점의 간판이 연속해 펼쳐진다. 배가 출출하면 유명인이 하는 국밥집에서 밥을 먹는다. 도착해서는 스파 리조트에서 온천물을 즐기면서 멀리 보이는 설악산의 풍경을 바라본다. 그리고 편하게 호텔에서 쉰다. 돌아올 때는 다시 국도변의 많은 간판을 보면서 그중 한 곳에 들러 밥을 먹고 온다.

설악산에 자리한 리조트의 전경. 설악산이 아닌, 이 리조트 내의 편의 시설을 이용하는 경우, 기호만 소비하는 셈이다.

기호화된 리조트와 자연 환경. 자연까지도 기호화되고 소비되는 현대사회의 일면을 보여준다. 보드리야르는 이러한 포스트모던적 사회 특성에 대해서 근본적으로 사유하고 비판했다.

리조트를 찾아 그 안의 편의시설만 이용하는 경우, 설악산이 아닌 단순히 기호만을 소비하는 것일 수 있다.

정말로 설악산을 느낀 것일까? 혹은 정말로 자연을 경험한 것일까? 설악산을 느낀 것은 단순히 스파에서 아련하게 멀리 보았던 설악산의 이미지라는 기호일 뿐이다. 정말 그곳에 갔다 왔을까? 이러한 의문을 느끼면서 신용카드 청구서를 보면 엄청난 금액을 쓰고 왔음을 확인할 수 있다. 매우 역설적으로 느껴진다. 그러나, 이것은 인정하기 싫은 현대사회의 불편한 진실이다. 포스트모던 시대의 휴가는 이러한 경향이 무척 강하다. 어디를 가도 마찬가지의 공간, 어디를 가도 마찬가지의 기호가 펼쳐지곤 한다. 우리는 소비생활에 익숙하게 길들여져있다. 설악산의 정취보다는 이미지와 기호에 영향을 받는 사회구조, 그래서 소비하게 만들고, 교묘하게 억압과 착취가 작용하는 것, 이것이 바로 기호의 부정적 역할이다.

| 허구적인 이미지의 세계와 소비사회

가짜 같은 이미지 때문에 실제로 존재하지 않는 대상이 실제 존재하는 것처럼 느껴진다. 어느새 현실 세계와 가짜 세계는 서로 양립 가능한, 대등

라스베이거스의 전경. 대중의 취향에 맞춘 판타지적 이미지가 모여있다. 그 속에서 우리는 소비를 즐기고 거기 길들여진다.(왼쪽)

〈디즈니랜드〉의 상징인 백설공주의 궁전. 대중 취향의 이미지와 기호가 현시화되어 있다.(위)

〈디즈니랜드〉의 비틀맵. 〈디즈니랜드〉는 부조리한 현실을 가려주는 또 하나의 진실을 말해주는 공간이다.(아래)

한 의미의 세계가 되었다. 원본 없는 이미지가 얼마든지 현실을 대체할 수 있으며, 그 가상의 이미지에 의해 오히려 현실은 지배당하게 된다는 것이다. 이미지가 현실보다 더 현실적이라고 할 수 있다. 어린아이들은 미키마우스를 쥐로 착각하는 시대가 되었다.

요즈음은 이렇게 가상의 이미지가 실재하는 것과는 독립하여 하나의 독자적 현실을 이룰 뿐 아니라, 어떤 때는 더 강력한 영향력을 끼치기도 한다. 현대는 이미지가 실제 현실을 복제하는 것이 아니라, 오히려 현실이 가장된 이미지를 모방해야 하는 전도된 상황에 놓여있다. 건축의 표현도 역시 마찬가지다. 라스베이거스와 테마파크가 그 예다.

라스베이거스는 대규모 쇼핑몰화, 보행자화하는 가운데 좀 더 소비적인 환경으로 변모해나가고 있다. 대중의 취향에 맞춘 판타지적 이미지가 집합되어있고 그 속에서 우리는 소비를 즐기고 거기에 길들여진다. 베니스와 파리의 독특한 지역성은 이곳에서는 의미 없다. 모든 기호적 이미지를 모아놓고 소비하면 그것이 최고의 미덕인 공간이 된다.

　〈디즈니랜드〉는 판타지의 공간이다. 그러나 테마파크 속 건물들은 대부분 화려한 이미지 뒤에 여지없이 기능적인 상자 모양의 공간을 가지고 있게 마련이다. 역설적으로 〈디즈니랜드〉는 현실 세계, 일상 세계가 폭력적이고 부조리함을 가짜와 같은 허상임을 숨기기 위해서 존재한다. 포스트모던 건축은 대중성을 표방하지만, 실은 대중의 대량 소비에 집중되어있고, 대중의 복지나 분배와는 전혀 상관없다는 것이 그것을 증명한다.

　이미지가 난무하는 세계, 〈디즈니랜드〉화한 세계, 팝아트적인 건축의 세계, 히피 문화, 낭만적 분위기의 내용과 지역성이 상실된 세계(휴양도시의 실체) 및 일상 세계의 식민화 현상 등은 모두 근대에서 포스트모던 시대로 변화하면서 나타나는 특징이다. 이러한 요소 역시, 포스트모던적 특성과 함께 소비사회에서 나타나는 많은 단점을 내포한다.

　건축은 흔히 '인간의 삶을 담는 그릇'으로 비유된다. 자연스럽게 자본주의 사회에서는 자본의 논리에 맞도록 자본이 생산되고 소비되면서 순환 주기를 빨리하기 위한 방법으로 발전해나간다.

　인간의 삶과 경제적 조건에 절대적 영향을 주고받는 건축에선 구축되는 공

라스베이거스의 야경.

포스트모던 사회와 세상의 소통방식　231

간의 논리와 함께 표현된 이미지는 소비문화와 밀접한 관련을 맺는다. 이러한 조건에서 테마파크와 라스베이거스와 같은 공간이 점점 늘어나고 있다. 좀 더 안정적인 분위기에서 오랜 시간을 머무르면서 소비생활에 길드는 공간 구조가 발전하는 것이다. 한편 표현 면에서는 대중과 친숙한 이미지의 표현은 모두 포스트모던적 사회의 특성이며, 이것이 일면 건축과 사회가 소통하는 자본주의 시대의 표현 방식이 되고 있다. 이미지는 계속해서 대중의 취향에 맞추어 소비되는 가볍고 쉬운, 가공 가능한 방식으로 변화하며 이것이 건축에서는 외피와 간판에 집중하게 만드는 주요한 이유가 되고 있다. 포스트모던 시대의 다원성, 다양한 주체의 발언권과 구매력은 자본의 순환을 위해 진화해나가면서 공간적·표현적 측면에서 대중과 자본적 소통을 위해 변화하고 있다.

Architectural Space with Nature

자연을 품은 건축과 공간

이윤희

요즘 우리는 '환경 시대'에 살고 있다고 해도 과언이 아니다. 자연 환경은 점차 훼손되어가고, 환경오염도 점점 더해지며, 에너지 자원은 고갈되어 가는 등 해결해야 할 많은 문제를 안은 채 살아간다.

이러한 전 지구적 상황에서 '건축'은 인간이 아닌 '생태 환경'을 중심으로 하여 경제 활동이나 구축 활동을 전개해나가야 한다. 더욱 환경을 생각하고, 나아가 지속 가능한sustainable 환경 조성을 위해 이러한 '생태 중심 사고eco-centric thought'를 건축공간에 담아야 할 필요가 있겠다.

그렇다면 어떠한 방법으로 공간을 디자인하고 만들어갈 것인가? 친환경적인 건축물은 어떠한 형태로 디자인되는가? 정말 자연이 가진 속성을

네덜란드 위트레흐트 대학교의 〈미나에르트 관〉은 옥상에서 빗물을 받아 건물 전체에 순환시킨다. 이렇게 자원을 재활용하는 구조를 만들어서 쾌적한 실내 환경을 조성했다.

인공적 환경인 건축에 담을 수 있을까? 이러한 의문점에서 시작하여 생태 건축 디자인에 대한 가능성을 살펴보고자 한다.

| 가장 중요한 이슈, 환경과 생태

근대 이후 산업의 급속한 발전과 더불어 자원 고갈과 생태계 파괴, 인구 폭증과 과밀, 지역 공동체의 몰락 등의 양상이 두드러지게 늘어나면서 회생 불가능을 예측할 정도로 지구의 생태는 그 한계를 드러내고 있다. 또한 첨단 과학 기술의 출현으로 지구 온난화, 스모그smog 현상, 기후 변화 등

환경 파괴와 생태 위기에 대한 심각성이 사회 여러 분야에서 제기되었고 이에 따른 해결책 또한 다양하게 거론되고 있다.

만약 이러한 당면 과제를 외면하거나 방치하거나 혹은 지극히 경미한 소극적 대처만 취하는 등 명확한 해결 방안을 찾지 못한다면 재난 영화에서 보아왔던 것같이 인류의 생존마저 위협 받는 심각한 상황까지 고려해야 할 것이다. 이러한 문제로부터 건축 또한 예외는 아니다.

그리하여 건축적인 대응책으로, 다양한 양상의 생태학적 건축ecological architecture이 사회적 현상과 지역적 문제를 해소하기 위하여 독일, 일본, 미국을 위시하여, 각 지역에 적합한 방법과 이름으로 나타나기 시작하였다.

몇몇 나라에서 시작된 친환경적 움직임이 사회·문화적 변화와 더불어, 한동안 잊고 있었던 대자연에 대한 다양한 관심들이 일시적으로 증폭되어 넓은 지역으로 확산되었다. 이는 근대 시기의 시대정신을 계승·반영할 뿐 아니라, 반대로 계몽적이고 반향적 양상을 보이기도 하였다. 결국 '생태학적ecological' 또는 '환경친화적environmentally friendly'이라는 용어를 중심으로 하는 건축 움직임이 전 지구로 번져 지역적·사회적 영향을 반영하기 시작했다. 동시에 근대건축의 소수 패러다임과 현대의 진보된 과학기술이 융합하면서 그 반경을 넓혀나갔다.

현대의 '생태학적' 건축은 환경 공생 주택, 그린 건축green architecture, 환경친화 건축environmental-friendly architecture, 친환경 건축 등 다양한 이름들로 불리지만, 커다란 시대정신 안에서 보자면 다 같은 목표를 향하고 있다.

건축 집단 메카누가 설계한 위트레흐트 대학교 〈경제·경영학부관〉. 외부에 설치된 차양은 건물 내부로 유입되는 빛과 열을 차단한다. (왼쪽)

후쿠오카 시의 〈캐널시티 하카타〉는 도심의 복합 문화 공간 내에 물과 나무를 활용해 자연을 접하는 듯한 생태적 쾌적함을 제공한다. (오른쪽)

생태학적 건축이란

'생태학적 건축ecological architecture'은 독일 생태 건축을 비롯하여 생태학과 관련된 일련의 건축을 포함한다. 또한 환경에 친화하는 건축이면서 인간에 친화하는 건축이라고 할 수 있다. '환경에 친화한다'에서 '환경'의 의미는 인간을 둘러싸고 있는 '주변'을 의미하는 동시에 인공 환경이 아닌 자연 환경을 뜻한다.

'독일 생태 건축'은 1960년대 이후 유럽에서 발생한 새로운 건축 경향으로, 합리성과 경제적인 목표 아래 획일화되고 비인간화되어가는 근대 건축을 지양하려는 하나의 대안이다. 이는 주택 및 주거 단지, 도시를 인위적이지만 자연과 같은 생태계로 구성하여 자연과 유기적 통합을 꾀한다. 즉 자연과 인간의 상호관계와 자연 생태계를 고려한 다양한 건축적 시도와 개념을 총합하여 자연 자원과 에너지를 효율적으로 연계한 건축으로 오늘날 널리 쓰이는 용어가 되었다.

'환경친화적 건축'은 경험주의 철학을 근본으로 하여 자연과 함께하는 '계절 친화적 건축'으로, 자연 생태계에 포함되는 건축을 지향한다. 즉 환경 건축은 자연에 새로운 질서를 부여하기보다 자연과 평형을 이루는 관계를 중시한다. 그러므로 자연의 순환 원리를 건축에 적용하고 자연 요소의 성질을 이용하여 쾌적한 환경을 제공하는, 자연과의 합일을 지향한다고 정의할 수 있다.

'생태 중심 사고 건축'이란 인간 중심 사고가 아닌 생태 환경 중심의 사고를 적용한 건축이다. 건축에 있어서 생태 중심적 디자인 요소, 생태 중심적 디자인 전략과 기법으로 계획되는 건축, 즉 생태계의 존재 질서를 담는 건축을 의미한다.

이러한 건축적 노력은 자연환경에 대한 인간의 폐해를 현격히 감소시킬 수 있으며, 우리 삶의 질과 경제적 복지를 향상시킬 수 있다. 이런 면에서 지속 가능한 발전을 지향하는 데 충분한 의미가 있다.

또한 새 시대의 새로운 패러다임으로 등장하는 이 생태 중심 개념 eco-centric concept은 자연환경과 인간이 공존·공생해야 한다는 측면에서는 더욱 중요시된다. 그리하여 건축 환경을 인위적이지만 생태계 eco-system와 같은 콘셉트로 디자인하여 자연 생태계와 유기적으로 통합하는 것이 궁극적 목적이다.

자연 시스템과 재생 가능한 자원을 효율적으로 활용하고, 물과 공기의 오염, 외부로 방출되는 열, 폐기물, 폐수의 양과 농도를 극소화하여 환경 부하를 줄이는 것이며, 또한 대지 주변 생태계를 유지하고, 건축물의 시공

강을 따라 디자인된 렌조 피아노의 〈리옹 국제센터〉는 이중 외피 구조로 공기의 자연스러운 흐름을 유도한다. 2킬로미터에 이르는 아케이드에서 방문객은 실내지만 야외처럼 맑은 공기를 마실 수 있다.

과 유지·관리에 필요한 에너지와 자원 사용을 최소화하는 등 여러 방법으로 이러한 건축 환경을 구현할 수 있다.

친환경, 나아가 생태적인 거주 환경을 조성하는 방법은 이미 고대부터 활용되어왔으며, 오늘날에는 첨단 기술, 재료와 더불어 적절히 혼용된다.

쾌적한 환경을 조성하는 기술은 시간의 흐름을 따라 고대부터 버네큘러 건축[low-tech], 유기적 건축[light-tech], 유기체적 건축[high-tech] 등과 여러 이름으로 불리면서 발달하여왔다. 즉, 이러한 기술과 생태 환경과의 상호 보완적 관계를 유지하면서 생태 환경을 잘 조성하고 있다. 현대의 첨단 건축 환경은 인공적이라 자연환경과는 대비적 양상을 띠지만, 현재의 환경문제를 극복하기 위해서는 기술의 긍정적 활용을 외면할 수 없는 실정이다.

또한 역사적으로, 자연을 공간에 담는 방법도 변화를 거듭해왔는데, 토속적인 형태·공간·건축 기술, 그리고 지역 기후 적용, 태양과 바람에

스위스 바젤의 〈바이엘러 재단 미술관〉은 단순한 기하학적 조형미를 보여줄 뿐 아니라 친환경적이기도 하다. 건물의 유리 표면은 직사광선을 막고 자연광을 내부로 끌어들여 우아함과 아름다움을 함께 선보이고, 이중 외피의 지붕은 실내의 자연 환기를 유도한다. 건축가 렌조 피아노는 전면부에 물을 두어 자연과의 시각적 연계성까지 높였다.

의해 결정되는 건물 배치 및 방향, 지역 재료(흙, 목재 등) 사용 등 다양하고 구체적인 방법을 역사 속에서 잘 살펴볼 수 있다.

현대 생태학적 건축과 자연과의 연관성을 살펴보기 전에, 먼저 이러한 건축물의 전개 양상을 살펴본다면, 현재의 생태 환경에 대한 요구가 얼마나 절실한지 더 잘 파악할 수 있을 것이다.

Ⅰ 건축과 자연의 관계 맺기

근대 이전: 토속 건축

자연 발생적으로 형성된 원시 건축이 발전하여, 각 나라·민족·지역의 토속 건축으로 정착하게 된다. 이러한 토속 건축(풍토 건축vernacular architecture)은 그 지역의 지리적·풍토적 자연환경과 민족적인 배경 하에서 지역 주민의 일상적 생활 습관과 자연스러운 욕구에 의해 이루어진 양식이다. 그리하여 그 지역에 적합한 유기적 형태를 지니며, 실용적이다. 이러한 토속 디자인vernacular design은 이론적 배경 없이 긴 세월의 흐름에 의해 완성되고, 점진적으로 발전하여, 자체의 전통성을 지닌다. 그러한 이유로 누가 디자인하였는지 알 수 없는 점(익명성)이 특징이다.

오늘날 세계화와 지역화를 동시에 지향하는 분위기 속에 문화, 특히 '지역 문화'의 특수한 가치는 높이 평가된다. 이는 자연으로 돌아가고자 하는 회귀적 양상으로, 국제주의 양식의 보편주의적 가치가 득세한 이래, 뒷전으로 밀려나있던 '토착성'의 지혜로부터 새로운 대안을 찾고자 하는

진흙으로 지은 이슬람 대사원 〈모스크〉와 그리스의 〈산토리니 섬 주거 단지〉를 비롯한 세계 여러 나라의 토속 건축은 특유의 전통을 지닌다. 흙, 목재 등 자연 재료를 지역 기후에 적합하게 가공하여, 자연에 해가 되지 않는 방법으로 시공한 친환경적 특성이 현대에 재조명되고 있다.

2010년 유네스코 세계유산으로 지정된 경주 〈양동 향단〉은 조선 중종 때 지어져 독특한 유교적 건축 양식을 보여준다.

바람이라고 볼 수 있다. 그리하여 지역의 고유성과 특수성을 반영하여, 과거와 현재를 동시에 혼용하여 미래로 이어지는 다양한 양상이 전개된다.

근대 시기: 유기적 경향의 건축

서구 근대의 유기적 건축Organic architecture 경향은 근대 이전의 풍토 건축에서부터 이어져 19세기 후반의 픽처레스크picturesque나 네오 고딕neo-

유기적 디자인은 조형적 측면과 공간 구성적 측면으로 나누어 설명할 수 있다.
자연에서 모티프를 얻어 그 이미지를 조형적으로 공간에 표현한 안토니오 가우디의 〈카사밀라〉는 아르누보 양식의 대표적인 방법을 보여준다. (왼쪽)
프랭크 로이드 라이트의 〈낙수장〉에서는 내부 공간이 주변 환경과 단절되지 않고 유기적 관계를 가지며, 열린 구성으로 내·외부와 연계되는 구성를 볼 수 있다. (오른쪽)

gothic, 영국의 수공예 운동arts & craft movement으로 계속되었다.

자연의 유기적 곡선이 건축공간에 자연스럽게 나타나는 아르누보art nouveau 경향이 심화되어, 특히 독일에서는 극한 유기적 형태를 드러내는 표현주의German Expressionism가 나타났다. 또한 건축공간에 자연을 끌어들이고, 유기적organic 원리를 공간 구성에 적용하는 르코르뷔지에, 프랭크 로이드 라이트, 루이스 칸, 알바 알토Alvar Aalto 등은 강력한 모더니즘의 큰 흐름과 함께 유기적 건축 디자인에 큰 영향을 끼쳤다.

이렇듯 오랜 명맥을 이어온 유기성Organicity은 근대 건축 초기를 거쳐 현대의 생태적 경향으로 이어지게 되었다.

근대 이후: 생태 지향 다원성

탈근대가 되면서 근대의 기계적 획일성과 합리성을 극복하려는 경향이 도처에서 나타났다. 당시 모더니스트의 몰개성성과 비자연성을 극복하려던 활동과 환경, 에너지 문제에 대응하는 에너지 절약적 건축의 확산 움직임

근대의 획일적 디자인 시대가 막을 내리자, 급성장한 산업 발전의 부작용인 환경 오염에 대한 각성이 일어났다. 리처드 풀러의 〈지오데식 돔 오디토리엄〉, 파올로 솔레리의 〈아코산티〉 같은 다양한 친환경 건축 움직임이 각지에서 나타나기 시작했다.

은 일련의 생태 지향eco-oriented의 건축 흐름으로 이해될 수 있다.

20세기 후반의 새로운 패러다임으로 등장한 이러한 개념은 1970년대 초 독일 생태 건축을 기점으로 하여 미국의 그린 건축, 일본의 환경 공생 건축, 점차 발전하여 환경친화 건축, 지속 가능한 개발 등으로 진화하게 되었다. 이는 자연환경, 인간과 건축이 '공존하고 공생해야 한다'는 의미에서는 모두 하나의 경향으로 묶을 수 있다. 이제 생태 개념은 보편적으로 확산되어, 많은 건축물에서 찾아볼 수 있다.

그리하여 현대 건축에는 생태학적 패러다임에 입각한 여러 양상이 다각적으로 나타나며 여전히 '환경'에 대한 중요성도 거론되면서, 새로운 건축적 방향을 모색하고 있다. 뿐만 아니라 '지속 가능sustainability'은 앞으로도 영원한 건축적 화두로 계속 주시될 것이다.

그렇다면 현대 건축공간에서 나타나는 구체적인 생태적 양상은 어떤지 자세히 살펴보겠다.

| 건축, 자연과의 동맹: 에코, 친환경

생태학적 건축은 '지구 환경을 보전하고, 주변 환경과 친화하자Low Impact, High Contact'는 구호 아래 전개되어왔다. 이는 계획 초기 단계부터 적용되어 환경 부하를 줄이고 최종적으로 에너지 사용을 줄이려는 시도다.

1970년대 이후 그 양상은 주변 환경과의 유기적 연계, 자연 요소의 적극적 활용, 생태적 기술·기법의 활용, 대체에너지 활용을 통한 자원 및 에너지 절감, 재생·재활용 소재의 활용 등 다양하게 나타났다.

주변 환경과 소통하다

생태 개념을 담은 건축은 지역 역사와 주변 경관의 맥락을 반영하고 주변 특성과 연계하여, 그 지역과 장소에 조화되는 환경을 제공하고자 한다. 즉 지리적 위치나 지형, 지세, 기후 등 주변 환경에 순응하여 연계되고, 장소성sense of place, Genius Loci을 드러내어 지역의 랜드마크가 된다. 구체적으로 설명하면 형태적으로 일체가 되거나, 자연의 속성, 의미 혹은 개념을 상징이나 은유적으로 건축공간에 드러나게 한다.

또한 지역적 기후를 이용하거나, 내부 공간에 녹지를 조성하거나, 수공간을 형성하거나 전이적 사이 공간 등을 배치하여 건축 내·외부를 공간적으로 연계하는 등 통합적이고 총체적인 조화를 지향하면서 주변과 소통하게 한다.

현대 생태학적 건축은 가시적 과정뿐만 아니라 토양, 기후, 인간, 토지 이용 등 과정을 고려하면서, 진화적 과정과 그 지역 고유의 동·식물과도 관계하며 디자인된다.

'일체화'는 자연의 모습을 형상적으로 모방하거나 유추하여, 유기적으로 대지 표면과 건축물이 자연스럽게 연결되는 등 건축물 형태 자체가 자연으로 동화되어 주변과 일체를 형성한다. 그리하여 자연에 형태적으로 융화되기도 하고, 건축의 경계가 모호해지기도 한다. 이러한 건축 조형은 유형적 요소(지형, 녹지, 물 등)와 관련되어 계획되며, 자연에 순응하는 형태로 나타난다. 부분적으로 물, 녹지와 경계를 접하기도 하며, 이때 형태와 기능은 상호 보완적으로 계획되고 때로는 환경과 기능적 융합을 이루기도 한다.

때로는 건축과 자연이 형태적으로 극대비를 이루어 서로의 형태와 상징을 강조하면서 동시에 조화를 이룬다. 이러한 경우는 그 장소적 특성을

네덜란드의 〈델프트 공대 도서관〉은 주변과 생물학적·조형적 조화를 이뤄 환경의 쾌적도를 높였다.

장 누벨의 〈카르티에 재단 사옥〉은 파리 고유의 지형, 지세는 물론 식물까지 염두에 두고 계획되었다.

도미니크 페로는 〈이화여자대학교 캠퍼스 센터〉를 인근의 지형과 어우러져 자연스럽게 일체가 되도록 디자인했다.

강조하기도 한다.

즉, 기하학적 건축공간에 유기적 자연 요소를 도입하기도 하며, 자연 공간을 인위적으로 연출해 오히려 '자연'을 더 강조하기도 한다. 또한 극적이고 감성적인 공간 연출을 위해 대등하고 투명하게 연출하여 자연과의 연계를 강조한다. 이러한 대등한 위계는 때로는 강한 대조적 이미지를 연출하기도 하며, '외부 같은 내부 공간', '내부 같은 외부 공간'을 형성하며 상호 공존하는 형태와 공간 구성을 보여준다.

상징적 이미지의 공간은 그 건축물의 지역적 역할과 의미를 표현하기도 한다. 상징적 형태는 아이콘이 되거나 오브제적인 성격을 띠게 되고, 개념적 상징은 직관적으로 인지되지 않고 의미적으로 해석되어 건축공간에 표현된다.

바람, 빛 같은 무형적 자연 요소가 건축물의 구조를 거쳐 내부로 유입

될 때 공간을 구성하는 요소로 치환되어 건축공간에서 표현되는데, 이는 공간과 자연과의 교감을 느낄 수 있는 구성 방식이다.

기후는, 지역에 따라 차이가 있겠지만 시대를 거듭하여도 거의 변함없는 가장 지속적인 인자다. 생태학적 건축은 지역 기후에 반응해 건물 내에 미세기후를 조성하여 내·외부가 상호 연결되도록 하는데, 바람으로부터는 바람 에너지, 환기, 통풍 같은 효과를 얻을 수 있으며, 태양으로부터는 열에너지, 채광, 전기 등을 활용할 수 있다.

이렇게 지역 기후에 따라 건축물의 표면, 재료, 색, 형태, 구도, 배치(태양을 향한 경사, 위치, 방향) 등이 결정되고, 방위, 차단, 투과, 반사 및 흡수 등의 계획 조건을 고려하여 지역 기후에 대응하는 건축을 디자인하게 된다.

공기, 기후, 소리 같은 무형적 자연 요소는 공간 구성 요소에 의해서도 제어될 수 있으며, 특히 빛이나 소리처럼 시각, 촉각, 청각, 공감각 등을 자극하는 자연 요소를 건물 안으로 유입하여 공간은 자연과 더 친밀한 관계를 맺게 된다. 또한 주변의 기후 특성을 이용하여 건물 안으로 자연 환

파리의 〈아랍 문화원〉에 자연광이 스며들어 공간이 새롭게 연출된다. 이로써 장 누벨은 자연에 대한 감흥을 느끼도록 해준다.

기를 유도하는 개방적 공간이나 살아 숨 쉬는 유기체 같은 건물환경을 조성할 수도 있다.

건물 안에 내부적 외부 공간, 또는 외부적 내부 공간을 형성하여 건축물 내에 자연을, 자연 안에 건축공간을 담기도 한다. 이는 주변 환경과 유기적 구조로 연계되어, 공간이 대등한 관계를 보이거나, 전이적인 매개 공간을 형성하여 건물 내·외부 공간이 연결되는데, 열 측면에서 완충 역할을 하기도 한다.

이러한 디자인은 고층 건물에서 자연 환기가 가능한 건물 입면에 다양한 깊이의 발코니 공간을 형성하는데, 이 공간은 여러 켜의 공간을 만들고

렌조 피아노는 오두막집 구조와 휜 유리로 뉴칼레도니아의 〈장 마리 티바우 문화센터〉를 완성했다. 주위의 자연과 융합된 생태학적 건축의 유기적 형태는 기능적이며, 환경에 따른다.

또한 반개방적 공간을 제공하여 주변의 소음, 강한 자외선, 단열 문제 등이 이 완충 공간을 거치면서 여과되고 완화되어 건축물 내부 환경을 좀 더 쾌적하게 해준다.

특히 외부 환경과 직간접적으로 연결되는 아트리움atrium 공간은 내부와 외부 기후에 대한 완충적이고 중간적 성격을 띠며, 채광, 환기와 단열 효과를 기대할 수 있다.

이러한 공간에 자연 요소를 도입하여 녹지 공간이나 수공간을 형성한다면 열적인 완충 효과는 더욱 높을 것이다. 즉, 시각적 청량감뿐 아니라 건강한 환경(온도, 보온, 축열, 방음)을 유지하여 냉난방 부하를 줄일 수 있으므로 에너지와 자원의 절약도 가능하다.

산소를 발생시켜 공기를 정화하며, 습도를 조절하여 실내 미세기후를 부드럽게 하고, 신체적·심리적 치유 효과까지 발휘한다. 또한 수공간은 솟아오르는 분수, 떨어지고 흐르는 폭포cascade 등 청각과 시각 그리고 공감각적인 청량감을 제공할 뿐만 아니라, 존재 그 자체만으로도 생동감을 제공하여, 그 가치는 더욱 긍정적으로 평가된다.

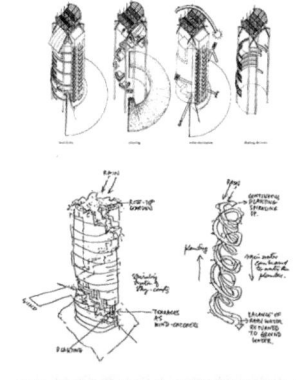

이같이 현대 도시의 열린 공간open

말레이시아의 〈메시니아가 타워(IBM 사옥)〉는 내·외부가 연계되는 완충 공간이 있고, 수직 녹화와 채광을 도입한 인텔리전트 빌딩이다.

space에 자연성을 더해 우리가 살아가기 적합한 물리적 혹은 정서적 쾌적성을 더해준다.

생태학적 건축과 하이테크의 조우

급변하는 산업 기술에 의하여 자연환경에 문제가 생겼다면, 이 고도의 기술에서 그 해결 방법을 찾는 편이 더 쉬울 수 있다.

그리하여 태양에너지 같은 대체 에너지와 순환 시스템을 적용하고, 나쁜 실내 공기가 외부로 빠져나가는 자연 환기가 가능하도록 굴뚝 같은 풍로(바람길)를 계획하고, 생태계의 순환 시스템을 건축 구조 및 설비에 적용하여 우수나 중수를 재활용하고, 건물의 외피를 이중구조로 디자인하거나 차양을 설치하여, 내부 공간에 주변 환경이 끼치는 악영향을 줄이는 등 친환경적이고 생태적인 건축 환경을 구현하는 데 힘을 쏟아야 할 것이다.

앞에서 언급했듯이 건축의 형태가 주변 지형과 하나로 연결되어 보이거나 건축물이 생명체처럼 유기체적 건축 구조로 계획될 때, 일반적으로 순환이라는 자연의 원리가 적용된다. 이를 실현하기 위해서는 현대적인 고도 기술의 적용이 불가피하며, 건축의 형태나 공간 구성에서도 적용되어 나타난다. 이때 사용되는 기계 설비와 정교한 고도 기술은 건축과 자연과 인간의 상호 의존적 관계를 위해 사용되는데, 유기체처럼 주변 환경의 조건에 따라 차단되거나 연계를 거듭하며 나타나게 된다.

이러한 현대 기술이 적용되는 방법은 다양하게 나타나고 있다. 특히 오랜 시간에 걸쳐 국지적 기후와 지역적인 환경에 가장 적합하게 발전된 토속 건축의 디자인 원리와 기술에서 잘 알 수 있다. 즉, 전통적 환경 조절 원리와 기법을 현대적으로 활용하거나, 환경친화적 재료를 사용하거나, 기존 건축 구조를 재활용하거나, 대체에너지인 태양, 바람, 물, 바이오 에

에밀리오 암바즈가 설계한 후쿠오카의 〈아크로스 빌딩〉은 주변 공원의 녹지와 자연스럽게 연계된다. 인공적 풍경landscape이나 나무가 우거져 관광 명소가 되었다.

너지bio-energy 등 지역적 자연 에너지를 활용하는 방법 등이 현대에 많이 적용된다.

특히 지면을 통해 우수(빗물)를 자연 여과 처리하여 이를 건축물의 수조(물탱크)에 저수한 뒤 2차 세정수 따위로 이용하거나, 또한 배수나 하수를 정화 처리해서 세정용이나 잡용수로 공급하는 중수 시스템은 상수 사용량을 줄여 친환경적 효과를 발휘한다.

또한 내부 공간으로의 태양광 차단과 수용을 구조적으로 해결하고, 주변의 미세기후를 끌어들여 건물 내에 자연 환기 시스템을 구축하는 방법이 생태학적 건축에 많이 적용된다. 이는 자연형passive 냉난방 조절법으로 에너지를 절감하여 생태적 환경을 조성하는 방법이다.

즉, 생태 건축 디자인은 건물 내부로의 적합한 공기 유입과 흐름을 위해 고도 기술을 이용한 건축 구조나 공간 계획을 통하여 자연 환기와 건물 내 미세기후 형성 등 내·외부 공간을 생태적으로 순환시켜 더욱 쾌적한 실내 환경을 만든다.

2000년 하노버 엑스포의 전시관 설계 콘셉트는 에코eco였다. 건축 집단 MVRDV은 〈하노버 엑스포 네덜란드관〉에 수평으로 펼쳐지는 자연의 현상을 수직으로 쌓음으로써 재생과 순환을 표현하였다.

쾌적한 환경을 위한 이중 외피 구조, 자연 환기 시스템

건축물은 피부와 혈관, 근육, 뼈 같은 인체의 요소와 유사하게 외피, 설비, 구조, 공간 등으로 구성되어있다. 근대 건축이 생명체의 구조나 진화 과정보다 형태적이고 개념적인 부분에 더 관심이 있었다면, 현대에는 생태학적·친환경적 부분에 적지 않은 관심을 보인다.

이중 외피 구조double skin facade는 주변 환경 변화에 대하여 건물 외피가 부하를 적게 받고 내·외부를 자연스럽게 연결하기 위하여 이중 장치를 한 시스템이다. 특히 이중 창호같이 구조 사이의 공간 즉, 사이 공간은 환경적으로 필터나 완충 역할을 하는데, 그 공간에 빛을 가리는 차양(일사량

프랑크푸르트의 〈코메르츠방크 본사〉는 4개 층마다 공중 정원을 두었으며, 이중 외피를 여닫아 환기할 수 있다. 노먼 포스터는 초고층 건물에 생태 건축을 도입해 실내 환경을 쾌적하게 만들어 빌딩 증후군을 줄이고, 행원의 피로도 덜어주었다.

을 조절하는 광선반, 반사형 차양막)을 설치하면 내부로 유입되는 열이나 빛을 조절할 수 있다. 뿐만 아니라, 여기에 바람길을 연결해 실내 공간에 자연 환기를 유도하면 자연스럽게 오염된 공기를 건물 밖으로 배출할 수 있다. 이 구조는 열적인 측면에서 완충 역할을 하므로 이슬 맺힘을 막아주고, 단열 효과가 있어 냉난방 부하를 감소시킴으로써 에너지 사용량을 절감하는 등 신선한 실내 환경을 유지하는 데 탁월하다.

빛을 조절하는 외부 차양, 루버
차양은 일반적으로 빛과 열을 차단하고 조절할 목적으로 사용된다. 디자인에 따라 상당한 냉난방 효과를 얻을 수 있어서, 이를 구조적으로 계획하면 높은 에너지 효율을 얻을 수 있다. 또한 빛을 반사, 분산, 유도하여 공간 내부로 깊숙이 보내면 자연 채광, 자연조명으로 활용할 수 있으며 더불어 광량 조절과 조도 확보가 가능하다.

르코르뷔지에의 〈라투레트수도원〉과 도미니크 페로의 〈프랑스 국립 중앙도서관〉. 차양은 빛의 양을 조절하여 조도를 조절할 수 있다. 초기 시공비가 비싸지만, 내부 차양보다 차단 효율이 높은 외부 차양이 유지·관리 면에서 유리하다.

차양은 내부에 많이 설치되었고, 건축 구성이나 구조적 측면에서는 그리 중요한 부분이 아니었다. 그러나 친환경적·생태학적 건축물에서는 차양이 쾌적한 실내 환경을 조성하는 데 적지 않은 역할을 담당한다. 현대 건축 특히 건물 유지·관리의 효율을 지향하는 생태적 개념의 건축물에서는, 특히 외부 차양이 건물 디자인의 주요 모티브가 되기도 한다. 외부 차양은 실내에 설치하는 차양보다 차단 효율이 더 높아, 친환경적 디자인에 자주 사용된다.

이오 밍 페이가 〈그랑 루브르(루브르 피라미드)〉에 적용한 유리 구조는 빛을 최대한 받아들이고 특수 공법으로 단열도 가능하며, 큰 아트리움 공간을 형성하기에 적당하다.
〈하카타 리버레인 옥상 정원〉은 녹지, 친수, 자연광 같은 친자연의 콘셉트를 보여주는 인공 정원으로 쾌적성과 커뮤니티를 높여준다.

유리 구조의 생태학적 이점

유리 구조는 일반적으로 아트리움 같은 공간에서 많이 볼 수 있다. 이러한 공간은 주변 환경과 시각적으로는 연결되지만, 물리적으로는 단절되고 차단되는 경우가 많다. 파리의 〈그랑 루브르Grand Louvre〉는 〈피라미드〉와 같은 골조를 그대로 드러내면서 〈루브르 박물관〉의 모습을 그대로 투과시켜 과거와 현재가 공존하는 광경을 자아낸다. 혹자는 이 디자인에 심한 악평을 하지만, 시간적·공간적 지속 가능함의 의미를 드러낸 결과라고도 평할 수 있다. 이는 시각적으로 형체 그대로를 드러내면서도 안과 밖을 명확히 구분하고, 특히 내부에서는 더없는 공간감을 느낄 수 있으며, 지상과 지하 공간을 연결해 다양한 공간감을 제공한다.

생태적 공공성 ecological publicity

생태학적 공간의 장점은 공공 공간public space에서 더 잘 드러난다. 사적 공간private space에서도 생태 환경이 인간 거주환경에 쾌적성amenity을 제공하지만, 공적 영역에서의 생태성은 더욱 많은 공간 사용자에서 그 혜택을 제공하기 때문이다.

공공 영역을 녹지나 친수 공간 등과 함께 조성하면, 그 공간에 머무는 사람에게 생태적 쾌적성을 제공할 수 있다. 편안함과 여유를 누리게 하는 공적 공간에서의 생태적 환경은 그 의미가 더 크다. 생태적 공공성ecological publicity은 사용자에게 그 장소에 대하여 의미(장소성)를 부여하게 하고, 공적 공간에 대한 쾌적한 점유 기회를 시민에게 제공한다. 또한 공적 장소의 녹지 공간은 도시민에게 유익한 공감각적 여유를 준다. 이는 공공 건축의 주변 환경이 긍정적 효과를 발휘하게 되어 공적으로 유익한, '공공성publicity'을 제공하게 된다.

더불어 건축공간이 제공하는 생태성이 주변 지역까지 그 혜택을 전한

〈후쿠오카 은행 본점〉은 시민에게 중정을 개방한다. 이렇게 열린 녹지 공간은 사적 공간보다 여러 면에서 유익하므로 앞으로 관심을 가져야 한다.
프랑스 남부 몽펠리에의 〈안티곤〉에는 물을 응용한 다양한 공간이 있다. 이는 생태적 관점보다 쾌적성을 우선하여 디자인한 결과로서, 시민의 생태적 공공성을 확보해주는 좋은 사례다.

다면 그 지역의 쾌적성까지 향상시킬 수 있다. 예를 들자면, 후쿠오카의 〈아크로스 빌딩〉 같이 주변 공원과 연계되어 건물 상층부까지 연속적으로 녹음을 형성하여, 도심에서 더 확장된 자연 환경을 가꿀 수 있다. 나아가 문화적 코드와 어우러진다면, 도심 속에서 자연 환경과 더불어 누릴 수 있는 여유롭고 쾌적한 환경을 조성할 수 있다.

도시 재생: 재개발, 리노베이션

위와 같이 '생태 공간 만들기'는 도시의 새로운 개발을 의미하는 것이 아니라 다시 살리자는 것이다. 우리가 가진 훌륭한 자산인 자연 환경을 최대한 보전하여 얻는 이점을 도시 재개발에 긍정적으로 활용하자는 것이다. 건물의 리모델링remodelling, 리노베이션renovation부터, 크게는 지역 재개발, 도시 재개발에까지 지속 가능한 공존을 추구할 수 있다. 건축물을 사용 연한에 따라 탄력적으로 변형·보수하고, 도시 공간을 재생·재개발하여 지속적인 삶의 터전을 이어가자는 의미이다.

변화하고 성장하는 공간은 변화무쌍한 열린 공간 시스템open space system이 필요하다. 그리하여 주변 맥락context과 상호작용interaction하며, 재생되고 복원되는 과정을 반복하게 된다. 이 같은 되먹임 체제feedback

스페인 빌바오는 이 미술관 하나로 지역 경제를 회복하고 도시에 활력을 불어넣었다. 도시에 노후되고 버려진 공간 콘텐츠를 재생·재활용하는 지속 가능한 환경 조성에 힘쓰라고 프랭크 게리의 대표작 〈빌바오 구겐하임 미술관〉이 웅변한다.

mechanism를 지속적으로 적용한다면, 환경의 사용 연한을 연장하게 되어 경제적이면서 진정 '지속 가능한 개발sustainable development'을 펴나갈 수 있다.

생태학적 건축 디자인은 최소 에너지로 최대 효과를 구현하는 자원의 경제성과 경제적 미를 지향한다. 물리적·개념적으로 주변 환경과 연계해 순환하는 에너지를 재활용하며, 생애 주기가 끝날 때까지 자연과 지속적으로 관계한다. 또한 건축 설계와 시공에 친자연적 또는 에코-테크eco-tech 적인 방법을 적용한다면, 즉 자연이 가진 속성을 건축에 적극 도입하여 유기적 전체를 이루거나, 자연과 직접 접촉·수용·활용하는 역동적 방법과 계획을 건축물에 표현하거나, 전통적 방법과 첨단 기술을 도입·혼용한다. 그 결과, 녹색 쾌적성green amenity를 확보하는 데 유리할 것이다. 이런 건축은 자연과 서로 대등한 위계를 가지며, 지속적으로 상호작용하고 상호 공존하는 전체적 통일을 지향한다.

앞으로의 에코-건축은 자연과의 관계로 인하여 성장·변이하여 '항상적 환경'을 유지하려 하고, 여러 환경 변화에 유기체적으로 반응하여 늘 일정한 상태를 유지할 것이다. 이를 '인텔리전트한 에코-건축'이라고도 할 수 있다.

이렇듯 '지속 가능'을 추구하는 에코 건축이 자연에 새로운 질서를 부여하기보다는 자연과의 평형을 꾀하며, 공존·공생해 상호 합일되는 전일적 환경 조성이라는 목표를 한동안 꾸준히 지향하리라 전망한다.

05

첨단 기술과 건축_
건축, 미래를 향하다

거대한 볼륨의 공간과 건물 크기, 뒤틀리고 꼬이고 겹치고 구부러진 건물 형태, 아슬아슬하게 묘기 부리며 버티는 건물 구조, 처음 접하는 희한한 건물 표면 등……. 이러한 광경이 등장한 배경에는 디지털 기술을 바탕으로 한 도전 정신이 자리잡고 있다. 인간의 욕망이 빚어낸 도전이라는 그릇과 그 그릇을 단단하게 구워내는 디지털 기술이란 뜨거운 불꽃의 힘을 통해서 시시각각 놀라운 공간과 형태의 건물들이 담겨져 나온다.

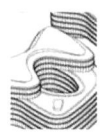# 건축과 대화하기
Communication with architecture

김정신

디자인이란 환경이 암묵적으로 사람에게 베풀어온 가치를 더 자연스럽게 받아들일 수 있도록 해주는 일이다. 디자이너는 환경과 사람, 사물과 사람을 이어주는 전체적인 이음매로서 건축을 디자인한다. 이때, 자기 몸 밖을 '환경'으로 받아들이는지 아니면 자기 자신과 디자인을 포함한 전체를 '환경'으로 받아들이는지에 따라 보는 눈이 달라진다. 자신의 행위가 영향을 미친다는 점에서 자신을 포함한 전체로 환경을 이해해야만, 디자이너의 눈으로 디자인을 볼 수 있게 된다. 건축은 환경과 인간의 이음매로서 적극적 대화의 상대가 되어가고 있다.

Ⅰ 건축과 대화를 한다?

건축가는 현대 건축디자인이 앞으로 발전할 방향을 예측하고 건축디자인이 가져야 할 사회적 책임과 역할을 생각해야 한다. 사람들은 건축디자인에 새로운 변화를 요구하고, 원하는 요구 사항도 다양해졌다. 건축디자인은 그런 요구에 적용될 수 있도록 전개된다. 이런 흐름은 건축가가 건축디자인을 전개할 때 건축 이외 분야에 대한 정보와 지식도 갖추어야 하는 배경이 된다. 따라서 건축은 다양한 분야의 학문과 기술이 융합된 종합예술 작품이라 할 수 있다. 사회·문화에서 건축 작품의 가치를 높게 평가되는 이유다.

오늘날의 건축은 화려하고 놀라운 최첨단의 외형으로 등장한다. 이 같은 모습의 가장 큰 지원군은 디지털 기술digital technology이다. 매일 새롭게 발전하는 디지털 기술은 건축가의 창의적 개념을 지향하면서 예술과 건축의 경계를 넘나드는 건축을 실현한다. 내 움직임에 따라 변화하는 벽면, 손가락 끝으로 스치기만 해도 춤추는 조명 등……. 단순한 상상이 아닌 현실의 기술로 건축에 적용되어 우리에게 반응을 보인다.

건축과 대화를 나눈다는 것은 어떤 의미일까? 건축은 사람을 위해서 만들어진 대상이므로 당연히 사람과의 관계가 중요하다. 하지만, 건축과 사람은 다른 존재이므로 서로 이해하려면 많은 대화가 필요하다. 그렇다면 건축과 사람이 대화하기 위해서는 무엇을 통해야 할까? 두 대상을 연결하는 매개체가 필요하다. 텍스트, 이미지, 애니메이션, 사운드 등 무수히 많은 멀티미디어 기본 구성 요소가 매개체 역할을 한다. 건축가는 이러한 매개체를 이용하여 사람에게 다양한 반응을 보이는 건축을 창조한다. 이러한 건축과 사람의 상호작용을 '인터랙션interaction'이라고 한다.

| 인터랙션 디자인

인터랙션의 사전적 의미는 상호작용이다. 디자인 영역에서는 사람과 사람 또는 건축과 사람 사이에서 발생하는 의사소통을 인터랙션이라 한다. 도시가 복잡해지면서 도시는 다양한 커뮤니케이션 방법을 개발해왔다. 그중 가장 근본적인 것이 문자와 기호를 통한 도시와 도시, 도시와 시민, 시민과 시민의 소통이다. 거리의 안내 표지판, 지도, 현판 등 다양한 부분에 문자와 기호가 사용되며, 이들은 도시의 이미지를 구축하는 데 큰 역할을 한다. 앞으로 개발해야 할 도시 환경 디자인은 각 도시가 고유의 정체성을 가질 수 있는 역사적·문화적·사회적 배경에서 도출된 커뮤니케이션 방법이 필요하다. 인터랙션 디자인은 정보 디자인 환경에서 소통을 지원하는 가장 이상적인 도시 환경 디자인의 커뮤니케이션 방법이 될 것이다.

인터랙션 디자인은 테크놀로지를 이용하여 사람 사이의 원활한 상호 커뮤니케이션을 창출하는 예술이다. 따라서 인터랙션 디자인은 사용자의 행동을 지원하는 시스템과 관련된다. 디자이너는 사람 사이의 원활한 상호 커뮤니케이션을 목적으로 한다는 것을 명심하면서 이러한 행동 지원을 정의함에 주력한다. 따라서 인터랙션 디자인은 테크놀로지와 테크놀로지의 연결이 아닌, 사람과 테크놀로지의 연결을 꾀한다. 인터랙티브 디자인의 새로운 방향은 테크놀로지의 인간화를 추구하며, 이러한 방향은 다중 감각 표현의 인터랙티브를 통해서 강조된다. 디자인 작품의 사용자 대상은 모든 사람이 될 수 있다. 디자이너가 디자인을 시작할 때 현 시점에서 존재하지 않는 사용자 모두를 만날 수는 없다. 따라서 보편적이고 일반적인 사용자의 고려보다 복합적이고 혼성적인 정체성을 지닌 미지의 사용자의 활동성을 고려해야 한다.

디자인에서 인터랙션을 적극적으로 적용하기 시작한 것은 테크놀로지를 작품 표현 방법에 이용한 시점이라 할 수 있다. 바우하우스의 일원인 모호이너지László Moholy-Nagy는 1920년에서 1930년까지 '빛-공간 변조기light-space modulator 세미나'를 열어 〈전기 무대를 위한 조명 장치Light prop for an electric stage〉를 발표하였다. 플라스틱 필름으로 구성된 원형 구조물의 설치 작품인데, 구성 요소가 움직이면서 천장과 벽에 반사되어 다양한 빛과 그림자의 움직임을 연출하였다. 이 같이 관람자의

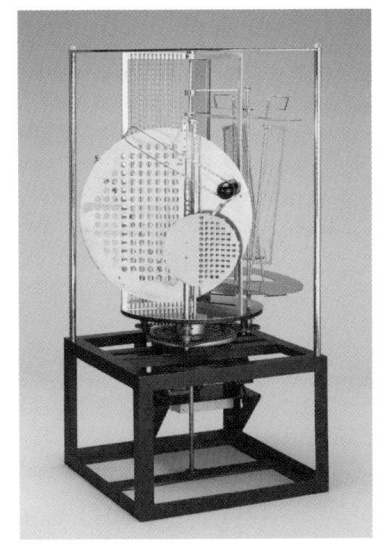

모호이너지가 1925년에 발표한 〈전기 무대를 위한 조명 장치〉.

시점과 작품의 상호작용을 통해 이벤트를 창출하려 한 것이 인터랙션 디자인의 시작이다.

인터랙션 디자인을 다양하게 전개하는 대표적 사례는 스마트폰을 포함한 휴대전화 디자인이다. 디자이너는 전화기를 사용할 다양한 계층의 능력을 고려해야 한다. 100가지의 최신 기능을 갖춘 스마트폰 사용자 중에는 최소 기능만을 즐겨 쓰는 이도 있고, 모든 기능을 사용하면서 더 필요한 기능을 추가로 요구하는 사람도 있다. 디자이너는 예측되는 다양한 문제점에 신속하게 대응, 결과를 창조해야 한다. 그 과정에서 디자이너는 단순한 기계적 기능의 업그레이드만이 아닌, 더욱 사람과 친밀감을 만들어낼 기능을 고민하게 되었다.

이제 디자인은 단순히 대상으로서 상품을 디자인하는 의미를 넘어, 그

건축과 대화하기

상품과 소통할 수 있는 인간의 욕구와 가치, 정서, 기호 등과 상호작용하는 시스템과 연계되어야 한다. 이러한 인간 중심의 디자인, 사용성과 접근성을 중요하게 생각하는 개념이 인터랙션 디자인이 추구하는 목표가 되었다.

| 사람과 인터랙션 디자인

건축은 디자인 초기 단계부터 가장 중요하게 생각하는 요소가 인간이다. 인간을 위한 공간을 창조하는 것이 건축의 궁극적인 목적이라고 해도 과언이 아니다. 따라서 인간이 건축에서 원하는 것이 무엇인지 고민해왔고, 다양한 방법을 도입하여 인간을 위한 건축디자인을 발전시켜왔다. 현대건축은 사용하는 사람의 적극적 참여를 유도하는 실험적 도전을 진행하고 있다.

건축에 대한 인간의 요구도 시대에 따라 변화되었다. 과거에는 건축을 외부 환경에서 인간 자신을 보호해주거나, 자신의 명예나 권력과 부를 건축을 통해서 보여주려 했다. 현대건축에 와서 인간은 더욱 세심한 영역에 대한 요구를 가지고 있다. 건축이 인간의 감정을 인지하고, 교감하길 원한다. 따라서 새로운 즐거움과 경험을 제공하도록 건축에 인터랙션 디자인을 적용한다.

서울의 한 호텔 로비에는 사람의 움직임에 따라서 반응을 보이는 벽면이 있다. 벽면에 연출된 예술 작품이 그곳을 방문하는 이에게 즐거움을 제공한다. 이 벽면은 시각적 변화뿐 아니라 나무 조각들이 움직이는 생동감 넘치는 소리까지 함께 경험하게 해준다.

사용자 참여를 적극적으로 유도하여 건축에 적용할 수 있는 인터랙션 디자인에 참고가 될 만한 영상 설치 작품도 있다. 필립 워딩턴Philip Worthington의 〈새도우 몬스터Shadow monster〉(2008)는 어린이의 역동적 상상력에서 영감을 얻은 벽 그림자놀이를 구체화한 작품이다. 어린 시절 누구나 해봤던 그림자놀이를 통해 작가는 재미있는 콘셉트의 실현성을 만들어냈다. 이 작품은 영상 인식과 사용자의 디자인 참여를 기초로 한 인터랙티브 디자인의 대표적인 예다. 컴퓨터, 카메라, 프로젝터, 라이팅 박스 등의 장비로 채집한 사람의 소리와 움직임이 정밀하게 프로그램된 소프트웨어를 거쳐 손 그림자가 환상적인 영상으로 창조된다. 손의 움직임은 늑대의 입 모양으로 나타나기도 하고, 새가 되어 소리 내며 날아가기도 한다. 이런 마술 같은 경험은 더욱 흥미롭고 즐거운 이야기를 만들도록 유도한다.

사람들에게 청각 경험을 주는 건축공간으로 녹스NOX 그룹의 〈손-O-하우스Son-O-House〉가 있다. 공간은 방문자의 행위에 따라서 다른 음향 반응을 나타내도록 계획되었다. 이러는 공간 사용자의 능동적 공간 체험을 일으키면서 공간 구조에 자연스럽게 적응되도록

대니얼 로진Daniel Rozin의 〈미러Mirror〉는 사람의 움직임에 따라서 벽면 나무 패널 조각이 변화한다.(위)

〈새도우 몬스터〉는 사람의 움직임에 따라 그림자가 새로운 이미지로 변환되어 스크린에 투영된다.(가운데)

〈손-O-하우스〉는 공간 내에 설치된 음향 시스템이 사람의 동선에 따라서 다른 사운드를 제공한다.(아래)

건축과 대화하기 267

유도한다. 이 작품에 장착된 센서 23개와 스피커 20개가 방문자의 움직임과 흐름, 위치의 유형을 감지하고 분석해서 24시간 살아있는 소리의 흐름을 만들어낸다. 방문자는 이 공간에 능동적으로 참여함으로써 공간과 새로운 방식의 대화를 나누고 친밀하고 다양한 공간 체험을 할 수 있다.

다양한 정보를 시각화하는 인터랙션 디자인

건축은 시각적인가, 비시각적인가. 아마도 이 질문에 건축은 시각적이라고 답할 것이다. 그렇다면 건축을 구성하는 요소는 모두 시각적일까? 건축을 구성하는 요소 가운데 눈에 보이지 않지만, 건축디자인을 결정하는 것이 많다. 예를 들어 새로운 건축물이 조성될 환경이 지닌 기후, 문화적 특성, 인구 분포의 특성 등은 당장 눈앞에 보이지 않지만, 건축디자인을 결정하는 중요한 요소다. 건축은 다양한 가시적·비가시적 정보를 디자인으로 구축한 총집합체라 할 수 있다. 현대 건축디자인은 사람들과 적극적으로 의사소통하는 방법으로 다양한 정보를 시각화할 수 있는 기술을 개발해 적용하고 있다.

'보디〉데이터〉스페이스Body〉Data〉Space'는 예술과 신체의 인터랙티브를 주제로 하는 예술 단체다. 신체가 만들어내는 많은 인터랙티브 자료를 다양

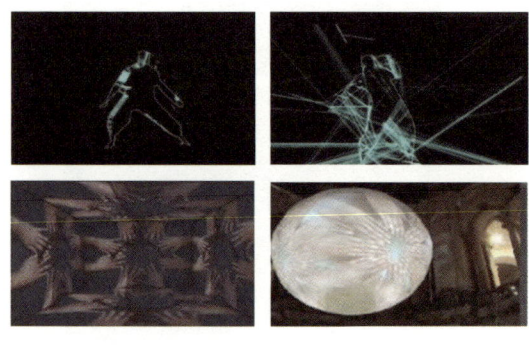

예술과 신체의 인터랙티브를 주제로 삼는 예술 단체 '보디〉데이터〉스페이스'의 작품.

한 공간에 연출한다. 이들은 영국에서 기획된 전시 '디자인과 몸짓Design & Motion'에 예술과 과학을 건축에 이용한 작품을 출품했다. 영상으로 촬영한 무용수의 동작을 그래픽 이미지로 전환하여 실시간으로 공간에 연출할 수 있다. 거대한 규모의 건축공간도 점차 인터랙티브를 적용할 수 있는 환경으로 발전할 것으로 보인다. 미래 건축은 정보를 시각화하기 위해 주변 환경과 커뮤니케이션하게 될 것이다.

공공 디자인에서의 인터랙션

공공 디자인은 우리 삶이 편리하고 합리적 방향으로 가도록 지원한다. 공공 디자인은 생명체처럼 변화가 많은 생활의 경험을 반영하기에 생동감 있는 커뮤니케이션을 구현할 수 있도록 인터랙션 디자인을 반영하여 개발된다.

서울 강남역 사거리에서 교보타워 사거리까지 강남대로 760미터 구간은 미디어폴media pole이 설치된 첨단 '유비쿼터스 거리U-Street'가 되었다. 이 거리에는 높이 11미터의 22개 미디어폴이 30미터 간격으로 설치되어

서울 강남역 미디어폴의 정보 콘텐츠 제공과 광고.

건축과 대화하기 269

줄리언 오피의 〈보행자〉. 기존의 건물 이미지를 완전히 반전시켜 생동감 넘치는 예술 컨텐츠를 제공한다.

공공 정보, 뉴스, 지역 상가와 교통 정보 등을 보행자에게 제공한다. 또 카메라 기능을 탑재한 미디어폴로 사진을 찍어 이메일이나 블로그로 전송할 수도, 노트북 컴퓨터와 직접 연결할 수도 있다. 미디어폴은 그 자체가 가로등·교통안전 표지판·광고판의 역할을 한다.

2009년 겨울 서울역 광장에서는 거대한 전광판을 볼 수 있었다. 전광판이 설치된 건물은 평범한 빌딩에서 혁신적인 모습으로 변화했다. 환경 친화적 전구로 많이 사용되고 있는 LED(Light-Emitting Diode, 발광 다이오드)를 사용해 1만 제곱미터의 거대한 전광판을 미디어 캔버스로 완성했다. 그 첫 프로젝트로 세계적 팝아티스트 줄리언 오피Julian Opie의 〈보행자 Walking People〉가 전시되었다. 최고의 테크놀로지와 예술이 결합하여 도심 복판에서 시민들과 감성 커뮤니케이션을 완성하였다.

일상에서 쉽게 접하는 버스 정류장도 공공 디자인 장소다. 최근 버스 정류장은 노선을 쉽게 찾아볼 수 있는 디자인과 대기 장소로서의 쾌적함과 편안함을 모두 충족하도록 변화하고 있다. 또한 LED 조명을 이용해,

계절에 따라 다양한 메시지를 투영함으로써 이용객과 친밀한 커뮤니케이션을 나누게 되었다.

서울의 버스 정류장에 적용된 인터랙션 디자인.

| 아트 마케팅에서의 인터랙션 디자인

기업은 브랜드 가치를 상승시켜 줄 마케팅 전략을 늘 고민한다. 그래서 마케팅 전략은 시대의 요구에 따라서 빠르게 변화했다. 그런데 최근에는 아트 마케팅이 성공적인 반응을 얻고 있다. 아트 마케팅이란 예술 작품을 활용해 기업과 기업의 브랜드 이미지를 고급화하는 감성 마케팅 전략의 하나다. 예를 들어 유명 화가의 그림을 제품 디자인에 접목하거나, 상업적 장소에 조형물을 설치하는 것으로 주로 글로벌 기업에서 활용한다. 이러한 과정을 통해 광고는 예술이 되고, 기업의 이미지는 좋은 방향으로 향상될 수 있다. 아트 마케팅의 목표는 기업의 상징적 의미를 극대화하고 예술성을 부여하여 기업과 소비자의 감성적 교류를 이끌어내는 데 있다. 인터랙션 디자인을 활용한 아트 마케팅 사례를 살펴보자.

〈갤러리아백화점〉 외벽은 83센티미터의 유리 디스크와 LED 조명 4330개로 이루어졌다. 이 벽면은 환경의 변화에 반응하면서 변화된다. 단순한 빛의 변화만을 보여주는 것이 아니라 다른 백화점과 차별되는 고유한 이미지를 형성한다. 사람들에게 끊임없이 자신의 존재을 다양한 빛으로 알린다.

2008년 밀란 디자인 주간의 렉서스Lexus 관에 기획·전시된 〈다이아몬드 거품Diamond Bubble〉, 〈다이아몬드 의자Diamond Chair〉, 〈다이아몬드 기

서울 압구정동 〈갤러리아백화점〉의 크리스마스 시즌 디자인.

둥Diamond Pillar〉도 좋은 예다. 〈다이아몬드 거품〉은 '부드러우면서도 강한 elastic yet strong'이라는 디자인 개념이 평화롭게 조화를 이룬 어둠 속 공간에서 반대 요소의 공존으로 표현하였다. 방문객은 이 작품의 상호 연결된 구조체가 내부에서 빛을 변화시키면서 천천히 움직이는 모습을 통해 처음 공간에서 보였던 단순함 속에 숨겨진 강한 에너지를 느낄 수 있다. 빛을 발하는 벽 안쪽에 거대한 환상적인 공간이 약동하는 곳이 〈다이아몬드 기둥〉이다. 이 작품은 다이아몬드 크리스털 구조에서 형태를 가져왔으며, 검

사토 오키佐藤オオキ의 〈L-finesse〉, 넨도Nendo. 유연한 플라스틱 재료로 구조를 만들어 생명체의 움직임처럼 스스로 작동하게 하여 관람자의 시선을 주목시킨다.(위)

자동차 엔진과 사람 심장의 기능이 같다는 데 착안하여 움직이는 기둥에서 심박의 소리까지 경험하도록 한 전시 연출이다.(아래)

은 틀은 콘셉트 자동차의 모티프가 되었다. 이 기둥은 인체의 심장박동 소리와 함께 혈관의 움직임처럼 약동한다. 우아함 속에서 넘치는 활력을 보여주려는 디자인 콘셉트를 상반된 요소의 조합으로 표현했다.

2008 밀란 디자인 주간의 그린 디자인 프로젝트에서 LED 조명으로 성장하는 나무를 전시 장소인 밀란 의과대학 주랑柱廊에 설치하였다. 조명은 시간에 따라 노란색, 파란색, 빨간색, 보라색, 녹색으로 변화된다. 성장하는 나무는 프랑스 작가 장 지오노Jean Giono의 〈나무를 심는 사람〉 낭송과 함께 관람객에서 전시의 기획 의도를 효과적으로 전달했다.

영국 최대 자선단체인 〈웰컴트러스트 사옥〉에는 시선을 끄는 윈도우 디스플레이가 있다. 1층 창에는 누군가를 환영하는 동작의 팔이 나타나지만, 시간이 잠시 흐른 뒤 팔의 피부 조직이 사라지고 네온 램프로 표현된 정맥과 동맥이 나타난다. 이 작품은 의학과 인간의 삶, 예술과 역사의 관계를 연구해온 웰컴트러스트의 정체성을 표현하기 위해서 인간의 신체를 표현하는 상징적 방식을 사용하였다. 작가는 전자 소재를 이용해 피부를 마술처럼 사라지게 하여 혈관을 드러냈다. 이 작품을 통해 사람들의 자신의 신체를 뒤돌아보게 되고, 그러한 상상이 이 자선단체의 활동을 다시 인식하게 하는 계기를 만들었다.

서울의 한 성형외과 건물은 LED 조명을 이용해서 다양한 미디어 효과를 연출한다. 시시각각 변화하는 외벽 디자인이 주목성을 높여 광고 효과를 극대화하며, 더불어 LED 조명이 도시의 경관 디자인을 주도한다.

광화문에 위치한 금호아시아나 빌

카스타냐 라벨리 스튜디오Castagna Ravelli Studio의 〈빛 나무Light Tree〉. 낭송하는 글의 내용에 따라 성장하는 나무의 영상을 투영해 관람자에게 메시지를 전달한다.

폴 콕세지, 〈웰컴트러스트 사옥〉. 변화되는 디스플레이를 통해서 재단 홍보 효과를 극대화한다. (위)
〈BK 동양 성형외과〉, 서울 신사동. 주목을 끌어 지역의 랜드마크로 역할한다. (아래 왼쪽)
〈금호아시아나 본관〉, 서울 광화문. 시즌에 따라서 변화되는 콘텐츠로 기업 이미지를 전달한다. (아래 오른쪽)

딩 뒤편 외벽에는 소형 LED 램프 6만 9000개로 구성된 높이 91미터 폭 23미터의 갤러리가 있다. 이 갤러리는 26개 콘텐츠가 주기적으로 교체된다. 역동적인 커뮤니케이션은 기업의 문화적 이미지를 연출하며 사람들과 끊임없이 소통한다.

｜감성을 전달하는 인터랙션 디자인

건축에서의 인터랙션 디자인 특성은 디자인에서 발생할 수 있는 다양한 이벤트와 다양한 사용자의 활동을 지원하면서 디자인이 전달하는 의미를 함께 표출하도록 한다. 보편적이지 않은 활동성까지도 담을 수 있는 디자인을 구축해야 한다. 따라서, 활발한 의사소통을 창조하는 것이 인터랙션 디자인의 특성이다.

활발한 의사소통의 예로 영국 설치미술가 폴 콕세지Paul Cocksedge의 작품을 들 수 있다. 관람자는 1440개의 크리스털 디스크로 이루어진 커튼 입면에 감추어진 모나리자를 뒷면에 부착된 거울을 통해 발견하고 놀라게 된다. 사람들은 이 같은 시각적 반전에서 오는 드라마틱한 커뮤니케이션을 선호한다.

새로운 의사소통 방식이 적용될 때마다 디자인은 새로운 가치를 얻는다. 따라서 건축디자인은 디자인과 주변 구성 요소와의 다양한 의사소통을 통해 인터랙션 디자인이 확장되는 방향으로 나아가고 있다. 최근 인터랙션 디자인은 정보의 조직, 분류, 접근에 대한 기존의 단순한 물리적 조작이나 2차원적 컴퓨터 그래픽을 뛰어넘어, 신체가 직접 가상적 층위의 정보와 상호작용할 수 있는 촉각 매개체를 창출한다. 이렇게 새로운 의사소통을 통한 경험의 확장이 건축디자인을 바라보는 시각을 변화시키고 관습의 경계를 허물고 있다.

뒤쪽 거울에 반사되는 모나리자를 발견하고 관람자는 드라마틱한 경험에 즐거워한다.

Digital Technology
of Architecture

건축과 디지털 기술

권영석

인류가 도구를 사용할 수 있게 되고 집shelter을 지어서 몸을 보호하기 시작한 지 어언 반만년이 지나, 이제 상상할 수 있는 모든 욕망을 실현할 정도로 비약적인 기술의 발전을 이루어냈다. 그러나 다른 여러 분야에 비해 건축 기술의 발전 속도가 느린 까닭은 경박단소輕薄短小한 정보통신IT 기술과 달리, 규모가 큰 노동·자본집약적 산업이면서 무엇보다 사람들이 생활하고 거주하는 데 직접적으로 관련되기 때문이다.

그러나 이런 제약이 서서히 약해지면서 기술이 주도하는 새로운 미래 환경이 그려진다. 과거의 경험과 교훈만이 다음 새로운 기술의 직접적 바탕이 되었던 이전과 달리, 무엇이든 원하는 모든 것을 실현시켜주는 핵심은 바로 나온 지 100년도 되지 않은 디지털 기술digital technology이다. '설계자에 의해 내·외부 공간이 디자인된 건축물이 시공 행위를 거쳐 지어지는 일련의 과정을 통해 인간이 거주하는 환경을 창조하는 것'이라는 건축의 일반적 정의를 바탕으로 디지털 기술을 다음과 같이 다섯 가지 범주로 나누어볼 수 있다.

    디지털과 창조자(디지털 혁명과 새로운 직종)
    디지털과 디자인(디지털 환경에서의 설계 방법)
    디지털과 공간(디지털 기술을 통한 도전)
    디지털과 건물 공사(가상의 정보로 실제 건물 짓기)
    디지털과 환경(건축을 넘어 도시와 환경으로)

이들 범주가 서로 긴밀하게 협조하며 발전해야 가장 이상적인 건축의 발전 과정이 될 것이다. 설계자, 디자인, 공간, 시공, 유지·관리와 도시환경이 각각 디지털 기술과 결합되어 탄생한 새로운 건축 기술이 우리가 원하는 미래를 앞당기고 있다.

| 디지털과 창조자 – 디지털 혁명과 새로운 직종

전통적 건축 설계에서 건축가는 머릿속으로 떠올린 공간과 건물의 형태를 유일한 수단인 손을 통해서 그려내거나 만들어야 했다. 과거의 건축가는 다양한 분야에 재능을 가졌더라도 그 능력을 도면으로만 표현할 수밖에 없었다. 그들은 생각을 그대로 그려야 하는 화가이자, 도면으로는 부족한 표현을 직접 실물로 만들어내는 목수이자 기술자였다. 이렇게 예술가와 기술자의 두 영역을 담당하던 장인으로서의 건축가는 지금의 기준으로 보면, 천재가 되어야만 했고, 그렇지 않은 사람에게도 그러한 역량을 엄격하게 강요했다.

오랫동안 이러한 전통적인 방법으로 설계하였던 건축가들은 컴퓨터의 발명과 함께 도래한 첫 번째의 디지털 혁명을 통해 비로소 설계 도구를 선택할 자유와 발상의 도움을 얻을 수 있는 수단을 얻게 되었다. 또한, 장인-도제 관계 같은 단순하고 일방적인 수직 업무 방식에서 벗어나 업무 영역이 세분화하기 시작했다. 최초의 디지털 혁명에 의해 설계용 컴퓨터 프로그램이라는 새로운 설계 도구가 탄생했다. 그리고, 설계자는 컴퓨터 이용 설계CAD, Computer-Aided Design 프로그램의 활용 능력에 따라 설계 수준이 좌우되었다. 손이 아닌 다른 도구의 역할과 비중이 커진 것이다.

1차 디지털 혁명은 설계가 그림의 범위에서 계산, 분석의 범위로 진화하는 계기가 되었고, 이때부터 혁신적인 생각과 창조적 자세를 가진 젊은 건축가에 의해 건축에 대한 모든 사고와 아이디어가 확장되기 시작했다.

1963년 이반 서덜랜드Ivan Sutherland의 스케치패드SketchPad로부터 시작된 컴퓨터 기술에 의한 디자인은 편리하고 효율적이면서 정확하다는 장점과 함께 설계의 제약이 생길 수 있다는 우려도 있었다.

최초의 디지털 혁명이 설계용 컴퓨터 프로그램의 개발과 보급 그리고 전통적 사고로부터의 확장을 유도했다면, 두 번째의 디지털 혁명은 정보의 등장과 확산이 그 주인공이다. 지금은 생활의 일부가 된 인터넷을 통한 정보화와 네트워크에 기반한 개방화의 확대에 힘입어, 디지털 기술은 기존 기술의 안내자guide가 아니라 새로운 기술과 문화를 창출하고 이끄는 주도자trend-setter가 되었다.

　디지털 혁명이 불러온 정보화와 개방화에 의한 자유무역주의의 확대, 거품 경제의 형성, 금융과 기술의 만남 등 세계화globalization에 있어서 건설 시장도 빠질 수 없는 위치를 차지한다. 이미 1차 디지털 혁명에서 건축 설계에서 도구적 활용이 검증된 디지털 기술은 이런 배경에서 더 나아가 적극적으로 생각하는 과정에 참여하는 또 다른 설계자의 역할을 하게 된다. 또한 디지털 기술은 다양한 조건의 계산, 정보의 분석, 결과의 예측 등에 사용되어 전에는 떠올릴 수 없었던 복잡한 형태와 다양한 공간을 얻을 수 있게 해주었다.

　두 차례의 디지털 혁명을 거치면서 새로운 기술뿐 아니라 이러한 기술을 적극적으로 활용하는 새로운 직업이 탄생하게 되었다.

건축 설계자 architect

세상이 아무리 변해도 건축가의 역할은 반드시 필요하다. 건축 설계에는 공간 구성의 예술적 발현과 기술의 해결뿐 아니라 건축가의 윤리적·문화

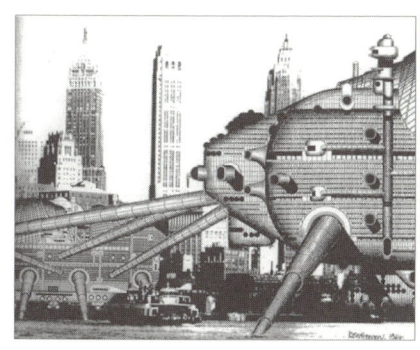 

오스트리아 그라츠의 〈쿤스트하우스〉. 20세기 중반 청년 건축가였던 피터 쿡은 21세기의 디지털 기술을 통해 비로소 아키그램 당시 그가 꿈꾸었던 건축을 부분적으로나마 실현하였다.

적 소양과 식견 그리고 사회적 소명 의식이 중요하기 때문이다. 이렇듯 건물이란 건축가의 역량과 책임감이 설계에 녹아들어 완성되는 것이다. 따라서 건축가의 기본 소양, 기술 지식과 경험의 폭이 디지털 지식, 컴퓨터 활용 능력과 접목되었을 때 큰 파급효과를 일으킬 수 있다.

거장 건축가들이 젊은 시절 머릿속에만 담아두고 시도조차 하지 못했던 혁신적인 아이디어가 최근 들어 봇물 터지듯 실현되고 있다. 청년기에 상상했던 꿈과 이상을 무르익은 디지털 기술을 통해 이루어내는 21세기에, 청년 건축가들은 어떠한 발상과 목표, 이상을 가지는지 사뭇 궁금하다.

디지털 프로젝트 매니저digital project manager

디지털 프로젝트 매니저는 미래의 첨단 건축에서 필요한 통합 설계, 다기능 설계 등을 구현하기 위해서 필요한 기존 건축 설계 업무와는 다른 성격을 지닌 새로운 전문가다. 예전 설계 기법에 새 기술을 적용하려면, 과거의 경험과 미래의 디지털 기술을 동시에 발휘할 수 있는 종합적 능력을 갖추어야 한다. 이러한 역량을 바탕으로 설계 정보와 기술 문제의 해결 방법을 제시하고 조율해주는 관리자를 디지털 프로젝트 매니저라 한다.

디지털 프로젝트 매니저는 설계 지식 외에도 전산 지식과 각종 정보를 동시에 섭렵한 미래의 장인Meister 개념으로 볼 수 있다. 성공적인 디지털 프로젝트 매니저로서의 역할을 위해서는 디지털 기술을 통한 업무 관리 능력, 판단력, 응용력과 리더로서의 역량이 요구된다. 건물 형태의 설계와 그 디자인을 실제로 가능하게 하는 기술적 해법, 설계 과정을 총괄하는 디지털 프로젝트 매니저의 역할은 점점 더 중요해지고 있다.

디지털 디자이너digital designer

과거의 전통적 제도사draftsman는 수작업으로 도면을 작성했고, 캐드 작업자CAD drafter는 주어진 스케치를 그대로 전산화하여 도면으로 출력했다. 이에 비해, 디지털 디자이너는 컴퓨터 프로그램과 정보처리 기술을 바탕으로 3차원 건물 형태를 만들어낸다. 컴퓨터를 사용하여 결과물을 만들어내는 점에서 기존의 컴퓨터 그래픽CG, Computer Graphic 업무와 비슷하나, 디지털 디자이너는 적극적으로 설계 정보를 형태로 구현하면서 기술적 문제도 해결하는 특징을 지닌다. 취급하는 기술과 업무 방식에 따라 디지털 디자이너는 다음과 같이 구분할 수 있다.

디지털 모델러digital modeler : 디지털 프로젝트 매니저와 협력하여 건물의 3D 모델을 제작하면서 설계한다. 경험과 창의력이 뒷받침되어야 하고, 더불어 예술적 발상과 능숙한 프로그램 활용으로 자신만의 논리에 의한 형태와 공간을 제시한다.

스크립터scripter : 프로그래밍 언어를 사용해 설계 정보을 산출하거나 형태를 생성하는 스크립팅을 담당한다. 뛰어난 컴퓨터 프로그램

〈성균관대 학술정보관〉 3D 모델. 디지털 모델링에 의한 3D 건물 모델의 설계로 복잡한 형태의 건물의 시공에 도움을 준다. ⓒ㈜삼우종합건축사사무소

활용 능력computer programing과 깊이 있는 수학 지식이 필요하며, 함수와 계산식을 즉시 작성할 수 있어야 한다. 설계 능력도 갖춘다면 건물의 초기 형태 디자인, 프로젝트 규모의 검토 같은 업무를 창의적으로 수행할 수 있다.

디지털 테크니션digital technician

건축 설계가 실제 건물로 지어지기 위해서는 안정적으로 계산된 건물의 구조, 원활한 냉난방 설비와 전기 설비 시스템 등이 반드시 필요한데, 이러한 기능은 갈수록 더 복잡해지고 그 비중도 커지는 추세다. 디지털 기술을 활용하는 전문 기술자, 즉 디지털 테크니션은 건축 이외의 기술적 조언과 해결, 분야 간 조율을 담당한다. 디지털 기술을 통해 건축 과정을 더 효율적·경제적으로 만드는 디지털 테크니션은 업무의 내용에 따라 다음과 같이 나뉜다.

디지털 컨설턴트digital consultant : 기술 장인이자 해결사의 역할로 담당 기술에 대한 열정과 경험을 보유해야 한다. BIM(빌딩 정보 모델링) 및 친환경 계획 같은 특화된 분야에서 디지털 기술을 활용한 신기술을 제안하거나 설계 시 발생하는 문제를 해결한다.

디지털 엔지니어digital engineer : 구조, 설비, 토목, 조경 등의 분야에서 전문 지식과 디지털 지식이 통합된 역량을 바탕으로 실무를 진행하는 기술자다. 분야 간 디지털 정보를 교환하고 긴밀하게 호흡을 맞춰야 하므로 각 분야에 상당한 수준의 기술과 지식이 요구된다. 시공을 위해 디지털화한 건물 정보를 만드는 첨병 역할을 담당한다.

크고 복잡한 건물이나 초고층 빌딩을 짓기 위해서는 인간의 한계를 벗어난 초능력이 요청된다. 과거에는 이러한 능력을 천재 한 명에게 얻으려 한 반면, 오늘날에는 다양한 직종의 전문가가 서로 협력하여 여러 기술을 적용하면서 건축 작품을 이루어낸다. 이렇게 디지털 기술을 배경으로 한 건축가, 관리자, 기술자의 긴밀한 협업에 의해 조화를 이룬 설계는 미래의 건축을 비인간적 공간이 아니라 멋있으면서 기능도 뛰어난 예술 작품으로 일구는 열쇠가 될 것이다.

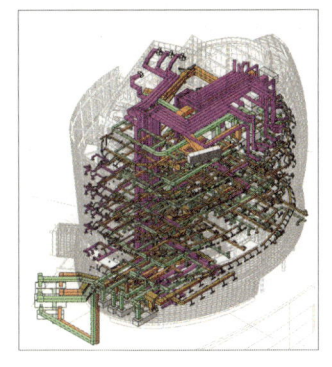

건물 내부 설비 시스템의 3D 설계 모델. 건물은 건축뿐만 아니라 설비와 구조, 토목, 조경 등 다양한 분야가 서로 잘 조합되면서 설계되어야 비로소 하나의 작품으로 탄생된다. ⓒ㈜삼우종합건축사사무소

| 디지털과 디자인 – 디지털 환경에서의 설계 방법

현대건축에서 컴퓨터 프로그램의 도움은 필연이다. 뛰어난 발상을 건축 설계로 나타내기 위해 어떤 방법, 어떤 도구를 사용해 표현하는가가 그 건물의 완성도와 수준을 결정하기 때문이다.

고유의 표현 방식과 취향대로 손을 사용하여 개인의 역량에 따라 표현

 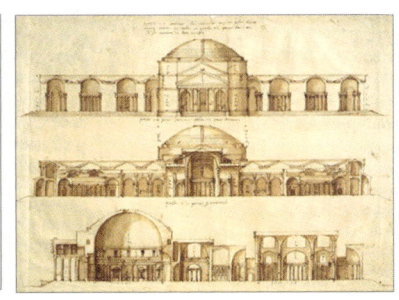

이탈리아의 건축가 안드레아 팔라디오Andrea Palladio의 건축 스케치. 과거에는 도면이 하나의 그림이자 작품이었고, 도면 안에 모든 정보가 다 들어있었기 때문에 복잡할 수밖에 없었다.

자하 하디드의 〈템즈 게이트웨이 개발 계획안The Thames Gateway as an Urban Field〉. 손으로 그리는 수공예 작품으로서의 도면이 아니라 숫자와 계산에 의해 그려지는 디지털 이미지를 통해 건물의 초기 형태에 대한 영감을 얻을 수 있다.

하는 기존의 설계 방법에서는 미적 감각과 표현 기술이 가장 중요한 조건이었다. 반면, 디지털 디자인은 앞서 이야기한 다양한 전문가의 도움을 받아 이러한 감각과 기술을 대신하게 되고, 그 결과 생각 이상의 디자인을 얻을 수 있다. 훌륭한 건물의 설계에는 역시 디지털 기술이 큰 역할을 한다.

BIM 설계 BIM Design

빌딩 정보 모델링BIM, Building Information Modeling은 건물의 3D 모델에 모든 정보를 입력해 관리하는 첨단 융합 기술이다. 여기에서 말하는 정보는 치수, 물량, 가격, 성능, 종류, 사양, 규격, 위치, 기간 등 건물을 설계하고 짓는 데 필요한 모든 내용을 뜻한다. 이전의 도면이 선과 문자로만 구성된 2

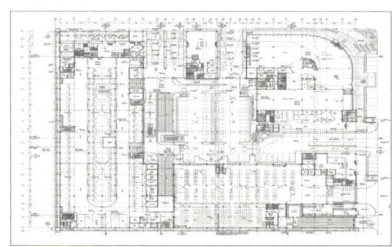 

캐드CAD로 그려진 설계도면과 BIM 모델. 캐드는 모든 도면을 일일이 선과 글자를 사용해 그려야 하는 반면, BIM 설계는 3D 모델만 있으면 건물의 모든 부분을 스탬프로 찍어내듯 자유자재로 얻어낼 수 있다.

홍콩의 〈원 아일랜드 이스트One Island East〉와 〈홍콩 시티 플라자 호텔 Hongkong City Plaza Hotel〉 모두 BIM으로 설계되었다. 이 3D 모델링으로 미리 건물을 지어보며 시뮬레이션할 수 있고, 건물을 구성하는 요소 전체가 BIM을 통해 치밀하게 조합되어 좀 더 효율적인 설계가 가능해진다.

차원적 집합인 데 반하여, BIM 설계는 벽, 바닥, 지붕, 창문, 마감재 등을 직접 3D로 그려넣어 컴퓨터에서 가상 건물을 미리 짓는 방법이다.

BIM 설계에 사용되는 모델링 프로그램으로는 Revit(오토데스크 사), ArchiCAD(그라피소프트 사), Bentley(벤틀리 사), Digital Project(게리테크놀로지 사) 등이 대표적이다. BIM 모델을 바탕으로 도면을 인쇄하거나 공정을 미리 검토할 수도 있고, 완공 뒤에는 건물의 유지·관리에도 쓰인다. 말하자면 BIM 모델은 설계 과정에서 미리 탄생한 가상 건물이다.

스크립팅과 파라메트릭 설계 Scripting & Parametric Design

스크립팅scripting은 스케치와 작도에 의한 설계가 아니라, 숫자와 수학 공식, 프로그래밍 언어를 이용해 형태를 만들어내는 방법으로 아직은 낯설다. 이 설계 기법을 활용할 수 있으려면 건축 지식과 프로그래밍을 다루는 전산 지식 모두 전문가 수준이 되어야 한다. 즉, 수학자와 건축가가 결합

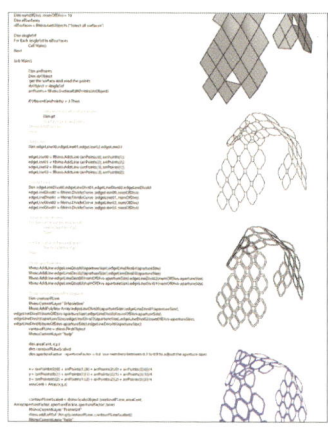

프로그래밍을 통한 연산에 의해 형태가 만들어지고 수정되며, 그 형태의 정보를 추출하기도 한다.

되어야 하는 셈인데, 앞서 소개한 스크립터가 이를 담당한다. 이 기법은 주로 비논리적 형태를 합리적 형태로 정리하거나, 복잡한 초기 디자인에서 면적이나 부재部材의 크기 등의 필요한 정보를 구하거나, 최적의 정보를 계산해 설계에 반영하는 데 주로 사용된다.

또한 이 방법을 사용하면 설계 초기부터 혁신적이면서 동시에 합리적인 건물 형태를, 여러 과정을 거치지 않고 명령 하나command 또는 명령의 집합script으로 한번에 만들어낼 수 있다. 이렇게 경제적인 파라메트릭 설계는 파라미터parameter, 즉 매개변수 값에 의해 설계를 진행하거나 필요한 조건을 정보화하여 건물을 설계하는 기법으로, 설계 전체에 관여하는 BIM과 달리 건물 형태를 만들어내는 초기 개념 설계 단계에 주로 사용된다.

파라미터를 입력하거나 변형하는 방식의 대표적 설계 방법으로 유전적 설계generative design가 있다. 유전적 설계는 몇 개 구성 요소가 일정한

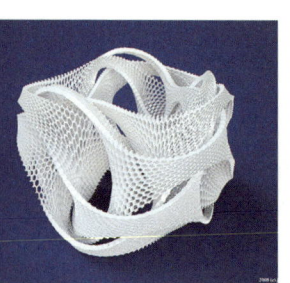
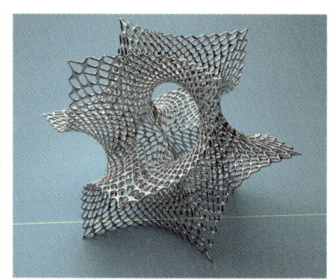
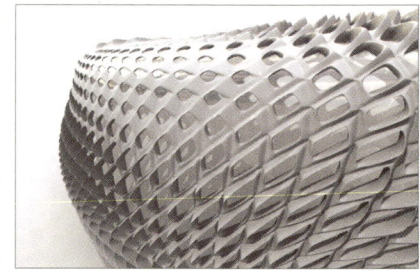

입력하는 변수에 의해 만들어진 새로운 형태가 새로운 건물 형태의 영감이 된다.

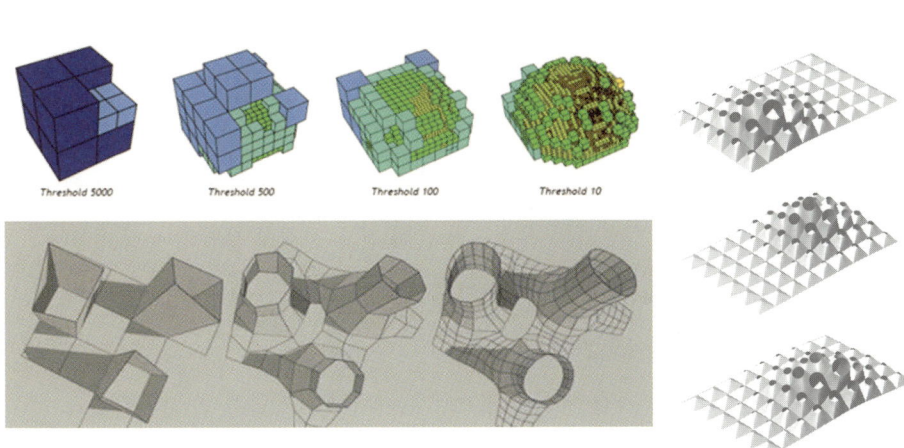

파라미터의 변환에 의해 미리 예측할 수 없는 다양한 형태가 만들어지기도 하고 복잡한 형태를 정리해주기도 한다.

논리 체계algorithm를 통해 전체 구조를 이루는 유전자 및 분자구조의 개념을 응용하여 건물의 형태를 만드는 방법이다.

스크립팅 또는 파라미터를 활용한 설계는 수학적 지식이 필요하나, 이는 디지털 기술이 해결해준다. 다양한 설계 프로그램이 개발·제공되어 복잡한 설계 과정을 좀 더 쉽게, 마치 게임하듯 진행할 수 있게 바뀌고 있다.

비정형 설계 Free Form Design

비정형 설계는 자유 곡선형 설계라고도 하며 Rhino(맥닐 사), SketchUp(구글 사), FormZ(오토데스시스 사), 3ds Max(오토데스크 사), Maya(오토데스크 사) 같은 3D 설계용 프로그램을 사용하여 복잡한 형상이나 곡선 형태의 건물을 설계하는 방법이다.

예전부터 건축가는 반듯하고 안정된 모양에 대항하는 도전을 계속해왔다. 근대 이전까지는 벽과 구조물에 장식을 하거나 형태를 덧붙여서 인간의 욕망을 표현했지만, 그것은 건물 구조나 전체 형상, 실내 공간의 볼륨과 상관없는 꾸밈으로, 마치 화장과 같은 단순한 국부적 표현에 불과했다. 고딕 양식이나 가우디의 건축양식 같이 간혹 천재적 장인의 등장에 의해 새로운 비정형의 건물이 탄생하기도 했지만, 그런 건물을 짓는 데는 많은 돈과 시간, 노력이 필요했다.

하지만, 디지털 기술에 의한 3D 설계는 비정형 건물을 좀 더 쉽게 도면으로 표현하고 직접 지을 수 있게 해준다. 그중에서 특히 건물의 외벽면을 구기거나 뒤틀어 변형하거나 작은 요소를 반복해 겹쳐서 새로운 형태를 만드는 설계 기법이 비정형 설계의 대부분을 차지한다. 프랭크 게리, 자하 하디드, 산티아고 칼라트라바 같은 건축가의 설계가 이 영역에 속한

과거의 대표적인 비정형 건축물인 바르셀로나의 〈사그라다 파밀리아〉.(위)

르코르뷔지에와 야니스 크세나키스Iannis Xenakis가 공동 설계한 〈필립스관Philips-Pavilion〉. 이런 비정형 설계를 실제로 짓기 위해서는 설계 능력뿐 아니라 수학적 지식과 계산이 요구되는데, 디지털 기술의 보급 전에는 손과 머리로 그 모든 일을 대신하였다.(아래)

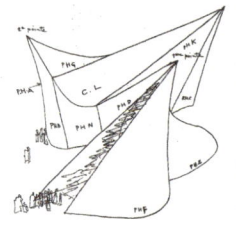 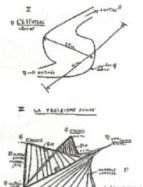 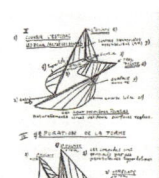 

자하 하디드, 프랭크 게리, 산티아고 칼라트라바의 작품. 대표적 비정형 건축가인 이들은 설계를 위해 각각 다른 방식의 디지털 기술을 활용하고 있다.

다. 물론 이들의 설계 과정이 모두 디지털 기술의 사용에서 시작되지는 않았지만, 설계 과정에서 큰 도움을 받고 시공 과정에서는 훨씬 더 큰 도움을 구한다.

　기술이 발전하고 삶의 질이 높아지면서 점점 더 자극적이고 독특한 형태의 건물을 원하는 것이 요즘 건축 트렌드 중 하나다. 이러한 사회적 요구를 디지털 기술로 해결할 수 있다는 사실은 건축가에게 축복이 될 수도 있지만, 우연의 결과나 물리적 노력 없이 만들어진 형태는 진지하고 신중한 고민의 산물이 아니라는 점에서 건축의 진정성을 위협한다는 지적도 있다. 그러나 비정형 디자인은 우리의 상상만으로는 떠올리기도, 도면으로 그리기도 힘든 복잡하고 기발한 형태를 쉽고 빠르게 재현해준다는 점에서 충분한 의미를 지닌다.

| 디지털과 공간 – 디지털 기술을 통한 도전

디지털 기술을 활용해서 쉽고, 빠르고, 값싸게 생산할 수 있는 현대 산업은 건축가에게도 선택의 폭을 넓혀주었다. 이러한 현대 건축 기술의 발전과 더불어 사회는 점점 지능화하고 개인의 욕망이 커지면서 실내·외 공간 또한 그 규모와 기능이 확장하고 있다. 과거에 공간을 만드는 방법은 오로지 설계자의 경험과 제한적인 당시 기술 수준에 의해 결정되었지만, 지금은 그 양상이 달라졌다. 다양한 기술의 융합과 응용convergence으로 경험을 확장하고, 한계 또한 극복하고 있다.

거대한 볼륨의 공간과 건물 크기, 뒤틀리고 꼬이고 겹치고 구부러진 건물 형태, 아슬아슬하게 묘기 부리며 버티는 건물 구조, 처음 접하는 희

자하 하디드의 작품인 로마의 〈맥시MAXXI〉와 쿠프 힘멜브라우Coop-Himmelblau가 설계한 독일 뮌헨의 〈BMW 자동차 박물관BMW Welt〉. 거침없이 현란하게 구성된 실내 공간과 과감하게 뒤틀리며 뻗은 외부 형태가 현재의 디지털 건축의 대표적인 트렌드다.

한한 건물 표면 등……. 예전에는 볼 수 없었던 이러한 광경이 지금에서야 속속 등장한 배경에는 디지털 기술을 바탕으로 한 도전 정신이 자리잡고 있다. 인간의 욕망이 빚어낸 도전이라는 그릇과 그 그릇을 단단하게 구워내는 디지털 기술이란 뜨거운 불꽃의 힘을 통해서 시시각각 놀라운 공간과 형태의 건물이 담겨져 나온다.

형태에의 도전 Challenges to Form

형태에 도전하는 건축의 대표적인 예는 비정형 건축 Informal Architecture을 들 수 있다. 비정형 건축은 도시에 활력을 주고 마케팅 및 집객 효과를 얻을 수 있다. 복잡한 구조 계산과 새로운 구조 시스템의 시공을 가능하게 한 디지털 기술이 구조 기술의 한계로 묶여있던 형태의 제약이라는 봉인을 풀었다.

미국 건축가 프랭크 게리가 설계한 스위스 바젤의 〈노바티스 빌딩Novatis Building〉. 뒤틀린 외벽으로 이루어진 건물 덩어리가 여러 개 겹친 형태를 통해 극단적인 복잡성과 비현실성을 표현하면서 기술을 통한 표현이라는 현대건축의 한 주류를 차지하고 있다.

피터르 브뤼헐Pieter Bruegel의 〈바벨탑The Tower of Babel〉과 스웨덴의 〈터닝 토르소 타워Turning Torso Tower〉, 그리고 미국의 SOM에서 설계한 〈부르즈 칼리파〉. 높은 곳에 오르고 싶어 하는 인간의 욕망은, 높이뿐 아니라 형태라는 심미적 만족감까지도 기술의 발전에 의해 구현하고 있다.

중력과 크기에의 도전 Challenges to Size & Gravity

중력에 도전하고자 하는 건축 기술의 대표적인 예로 초고층 건축skyscraper이 있다. 1930년대에 지어진 〈엠파이어 스테이트 빌딩Empire States Building〉은 41년간 세계에서 가장 높은 건물로 군림했다. 이후 세계 각지에 우후죽순 초고층 건물이 세워지고 있다. 지금은 사라진 〈세계 무역 센터World Trade Center〉 이후 400미터대에 머물던 세계 초고층 건축의 높이가 2000년대 급성장한 중동의 경제력을 대표하는 두바이 〈부르즈 칼리파Burj Khalifa〉의 완공을 계기로 600미터 이상의 높이 한계에 도전하고 있다.

초고층 건축은 자본과 노동력이 집중되어야 하는 집약적 산업 분야이면서, 동시에 첨단 기술도 필요한 분야다. 최근의 붐은 건축에서 디지털 기술의 활용과 그 맥을 같이한다. 무작정 높이 짓는 것이 최우선이었던 과거에 비해, 더 빠르고 경제적으로 지으면서 효율적 공간을 확보한다는 목표야말로 현대의 초고층 건축이 잡아야 할 두 마리의 토끼다.

이러한 요구 조건에 대응하여 BIM을 활용한 3D 모델과 스크립팅 설계를 통한 복잡한 규모의 정확한 검토, 다양한 형태의 외벽 마감재의 합

BIM으로 설계된 뉴욕의 〈프리덤 타워 Freedom Tower〉. 디지털 기술은 초고층 건물의 구조적 안정뿐만 아니라 다양한 기능의 해결도 가능하게 해준다.

리적인 제작, BIM 모델을 사용한 구조 계산과 건물의 에너지 소비 분석 등 초고층 건축의 핵심적인 부분이 모두 디지털 기술을 통해 이루어지고 있다.

　이러한 초고층 건축은 도시화 문제의 해결 방안이 될 수도 있지만, 거주환경과 업무 환경의 측면에서 볼 때는 유일한 대안이 아닐 수도 있다. 그러나, 한계에 대한 도전을 통해 기술의 발전을 끌어낼 수 있다는 점에서 그 의미를 찾을 수 있다.

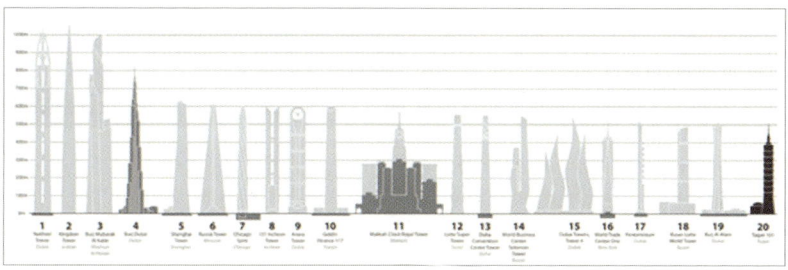

디지털 기술의 폭넓은 확대와 함께 세계 각지에서 초고층 건물의 실현이 경쟁적으로 증가하고 있다.

베이징에 설치된 그린픽스GreenPix의 〈제로 에너지 미디어월Zero Energy Media Wall〉. 태양광 발전형 외벽 시스템BIPV System과 LED 디스플레이 시스템이 결합된 건물 입면을 통해 태양에너지만으로 외벽에 광고 영상 등 정보를 표현할 수 있는 친환경과 디지털 요소가 결합된 건물이다.

기능에의 도전 Challenges to Functions

고정관념처럼 여겨졌던 건물의 각종 기능이 디지털 기술과 함께 확장된다. 건물 외벽은 단단하고 안정되게 실내 공간을 보호해야만 한다는 믿음은 벽체의 경량화, 정보를 담는 외벽면 재료, 연속성을 통한 내·외부 경계의 파괴 같은 추세로 바뀌고 있다. 또한 움직이는 건물을 만들겠다는 아이디어는 구조·설비 시스템의 발전과 어우러져 실현되기 시작했으며, 바닥과 지붕과 벽의 경계가 허물어지면서 새로운 개념의 실내 공간을 제공한다. 건물의 움직임을 자동으로 통제하고, 외벽면에 정보를 제공하여 외부와 소통하며, 실내벽과 외벽면이 통합·연속되는 유기적 건물의 설계 역시 디지털 기술을 통해 가능하다.

두바이의 〈다이나믹 타워Dynamic Tower〉와 칼라트라바가 설계한 미국의 밀워키 미술관의 〈쿼드러치 파빌리온Quadracci Pavilion〉. 80층의 〈다이나믹 타워〉는 층별로 각각 회전하며 다양한 조망을 얻는 개념을 자동화 회전 시스템의 제어를 통해 실현한다. 또한 〈쿼드러치 파빌리온〉은 거대한 크기의 외벽 차양인 〈버크 브라이즈 솔레Burke Brise Soleil〉가 센서로 풍력을 감지하면서 마치 새가 날개를 펴고 접듯 동작하여 건물 벽면 전체를 가리며 실내에 햇빛을 차단해준다.

막시밀리아노 훅사스Massimiliano Fuksas의 〈밀라노 전시장Fiera Milano〉. 지붕이 벽이 되고, 바닥도 되면서 외부 마감과 실내 마감이 동일해지는 공간의 설계가 가능해졌다. 거기 필요한 냉난방, 공조 시스템 또한 BIM 같은 기술을 통해 해결된다.

건축과 실내 공간의 통합 Integration of Form & Space

최근 건물 외관 디자인은 디지털 기술이 발달함에 따라 점점 복잡해지는데, 실내 공간은 철저히 기능적 편안함을 추구하는 양극화 추세가 나타난다. 반대로 이전부터 경험해온 불편함과 습관을 만드는 인간적 공간은 더 이상 요구되지 않거나, 그 빈도가 적어진다. 원인은 삶의 질이 변화했기 때문이다.

 건물의 '안'과 '밖'이라는 상반된 개념과 요구 사항을 반영하고 특이한 형태를 유지하면서 건물 내부의 성능까지 확보하는 방법은 어렵고 복잡하다. 실내 공간의 디자인과 냉난방 및 공기조화 설비, 조명, 내부 마감 같은 요소를 함께 통합해서 계획해야 하기 때문이다. 이런 복합적인 요구 조건은 통합 설계 과정integrated project delivery을 통해 해결한다. 건물의 외부 형태에서 시작된 설계는 실내 공간에서 마무리되므로, 내·외부에 걸쳐 통합된 설계 방식으로 '표리부동表裏不同'한 건물을 '표리일체表裏一體'로 바꾸어놓는다. 통합 설계를 위해서는 디지털 자료를 서로 교환하며 계획

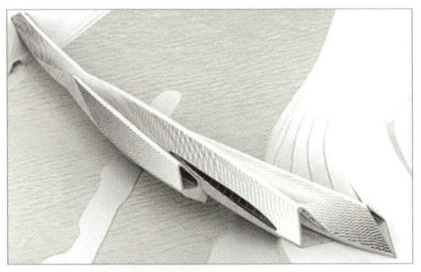

자하 하디드가 설계한 스페인의 〈사라고사 엑스포 전시관Zaragoza Bridge Pavilion〉. 복잡한 형태의 건물 외형이 실내에 그대로 나타나면서, 실내 공간에도 벽과 천장, 바닥의 형태를 통해 일체화된 건물이 된다.

해야 하고, 이러한 설계 과정에는 반드시 정확하고 일관된 설계 정보가 필요하다.

인류는 꿈, 희망, 욕망의 충족과 도전에 의해 지금까지 진화해왔다. 하지만 건축 분야는 다른 산업에 비해 환경·기술적 제한 조건이 많아 번번이 좌절했다. 하지만 오늘날 디지털 기술은 이러한 도전을 가능하게 해준다. 한계의 극복이 기술 발전의 우선 목적인지는 생각해봐야겠지만, 디지털 기술을 활용한 도전 의지는 격려 받을 만하다.

| 디지털과 건물 공사 – 가상의 정보로 실제 건물 짓기

많은 아이디어와 시도를 통해 나온 설계안은 시공을 통해 그 존재 가치를 얻는다. 생각이 비로소 현실로 되는 시공 단계construction phase는 설계와 더불어 건축의 중요한 두 축을 이룬다. 시공에서 가장 중요한 요소는 시공성

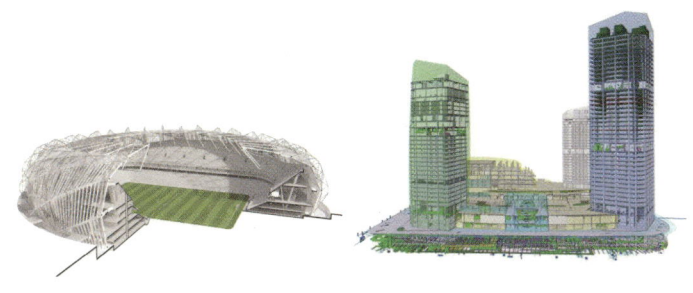

폴란드의 〈유럽 챔피언쉽 2012 축구 경기장European Soccer Championship 2012 Stadium〉과 중국 광저우의 〈타이쿠 후이Taikoo Hui MXD〉 프로젝트의 시공용 3D 모델. 디지털 기술에 의한 3D 모델링은 시공하기 전 테스트 역할을 하기 때문에 유용하다.

constructivity과 경제성cost saving이다. 시공성은 설계의 아이디어와 요구하는 기능을 그대로 마지막까지 유지하면서 공사가 가능하도록 하는 능력을 의미한다. 경제성은 적은 인력으로 빠르게, 재료를 절감하면서 효과적인 공사가 진행되도록 하는 것이다. 바꿔 말하면, 시공성은 건물의 품질과 성능에 관한 요소이고, 경제성은 공사비를 포함한 전체 사업비와 밀접한 관련이 있다.

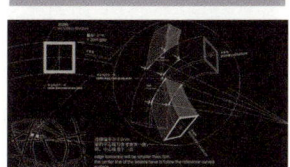

현대건축은 새로운 마감재의 사용을 통해 혁신적인 건물을 설계하기 위한 경쟁뿐 아니라 자재의 생산방법과 시공에도 디지털 기술을 접목해 경제적인 첨단 공간을 제공하려는 실험이 다양하게 나타난다. 이러한 조건을 만족시키면서 건물을 만드는 공사 과정은 예

〈베이징올림픽 주경기장〉처럼 복잡한 형태와 구조로 이루어진 건물은 반드시 BIM 등 디지털 설계를 통해 지어진다.

건축과 디지털 기술 297

술 행위가 경제 행위로 바뀌는 순간이며 '싸고 빠르고 정확하게, 뛰어난 성능을 지닌 멋진 건물을 이루어내는' 최고의 시공은 디지털 기술에서 출발한다.

가상 시공 Virtual Prototyping

가상 시공은 3D 모델을 바탕으로 시공 과정을 컴퓨터상에서 그대로 구현하는 방법이다. 앞서 소개한 BIM 설계를 통해 3D로 작업한 설계용 BIM 모델design BIM model을 공사 용도에 맞춰 시공용 BIM 모델construction BIM model로 상세하게 변환하고, 공사 일정 정보를 입력한다. 이 시공용 BIM 모델을 가지고 실제 공사 현장에서 발생하는 변수를 직접 시뮬레이션하면서 문제의 예측과 해결을 가능하게 해준다.

가상 시공의 결과를 토대로 공사 자재의 발주와 입고 상황까지 파악할 수 있고, 공사 인력이 언제 얼마나 필요한지 예상할 수 있으며, 철거 시 발생하는 건설 폐기물의 양이나 재활용 여부도 예측 가능하다. 이것은 공기工期 단축과 공사비 절감이라는 직접적인 경제 효과와 함께 자원의 절약이라는 환경적인 측면에서도 그 효과를 얻어낼 수 있다.

 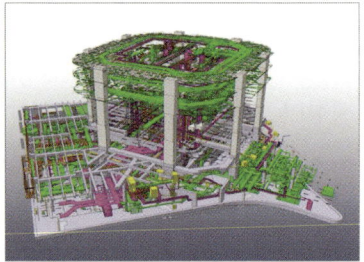

홍콩의 〈원 아일랜드 이스트One Island East〉. 건물을 구성하는 많은 설비 요소 간 다양한 충돌 부위를 BIM 설계로 점검하여 수정할 수 있다.

곡선형 마감재의 형상을 그대로 제작해주는 유압 프레스Multiple Post Hydraulic Press와 자하 하디드가 설계한 〈샤넬 전시관Chanel Traveling Pavilion〉의 외부 마감. 복잡한 형태의 외장재는 디지털 설계 정보를 통해 공장에서 자동으로 정확하게 제작된다.

프리패브리케이션과 자동화 제작 Prefabrication and Prototyping

프리패브리케이션은 건축, 구조, 설비 부재 등을 공장에서 사전 제작해 현장에서 조립함으로써 공사 현장에서의 제작과 설치를 최소화하는 방법이다. 프리패브리케이션을 활용한 건축을 프리패브 건축 또는 조립식 건축 prefabricated building이라 한다.

　프리패브리케이션은 대량생산 체계를 갖추기 시작한 현대에 나타나기 시작했고, 최근 들어 더욱 빠르게 보급되고 있다. 디지털 기술을 적용해

〈사그라다 파밀리아〉의 시공 모습. 80년 넘게 수작업으로 제작해온 조각 같은 건물 부재들을 최근에는 3D 모델을 통한 자동화 제작 방식으로 대체하고 있다.

정밀성과 활용도를 높였다. 프리패브리케이션을 위해 BIM 및 디지털 정보 변환 기술 등이 집약된 자동화 제작 기법으로 복잡한 형상과 구조 부재를 손쉽게 제작하여 현장에 제공함으로써 미래의 건축을 현실화하는 역할을 담당한다.

디지털 목업과 현장 설치 | Digital Mock-Up

목업mock-up의 사전적 의미는 '기술적 점검을 위해 전체 또는 일부 요소를 실물 형태의 모형으로 제작하는 것'이다. 사전에 제작한다는 점에서 프리패브리케이션과 유사하나, 목업은 자재의 성능과 시공에서 발생하는 예상 문제점, 현장 설치에 대한 방법 등을 파악하기 위한 시험을 목적으로 한다.

디지털 목업은 실제 크기로 목업을 제작하는 대신, 3D 모델로 만들어 상세한 설치 과정을 시뮬레이션하거나 자재의 정보를 추출한다. 가상으로 만들고 시험하는 과정을 거쳐 현장 설치 시 생기는 문제를 줄일 뿐 아니라, 실제 목업에 드는 시간과 작업 과정이 필요 없어 공사비를 절감할 수 있다.

복잡한 시공 과정에는 현장 설치 이전에 가상의 디지털 목업 과정이 반드시 필요하다.

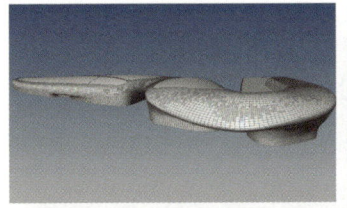

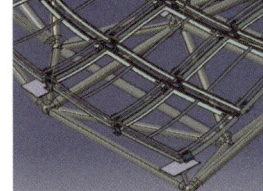
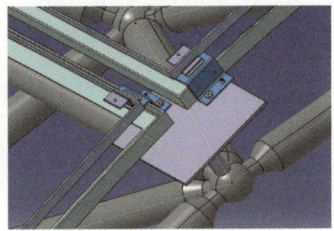

〈동대문 디자인 플라자〉의 외장 마감 3D 모델. 미리 가상으로 만들어본 후 실제로 제작해야 위험을 줄일 수 있다.

프랭크 게리가 설계한 라스베이거스의 〈로 루보 두뇌 건강 연구소Lou Ruvo Brain Institute〉. 복잡한 형태로 설계된 건물 외관은 3D 모델 작업을 통해 다양한 사전 검토 작업으로 현장에서 무리 없이 시공된다.

현장 관리의 정보화 PMIS, Project Management Information System

앞서 준비·예측하고 제작한 디지털 기술의 산물이 드디어 실현되는 곳이 바로 공사 현장이다. 현장은 이제까지 많은 고민과 검토, 시도가 마무리되는 단계이자 완성되는 장소다. 준비된 모든 것이 모여서 조합되는 작업 이외에도 새로운 기술이 선보이며 그 완성을 촉진시킨다.

현장 상황을 살펴보자. 자동화 제작에 의해 만들어진 프리패브 자재가 속속 도착한다. 작게는 하나의 벽체에서부터 크게는 방 하나보다도 더 큰 부재가 프리패브로 제작되어온다. 간편한 작업으로 자재가 조립되어 빠른 시간에 많은 면적의 공간이 구축되고 건물이 올라가기 시작한다. 현장에서의 설치는 큰 문제없이 진행된다. 이미 디지털 목업을 통해 여러 가지 문제를 검토하고 이미 해결했기 때문이다. 모든 것이 빠르고, 적고, 쉽고, 간단하다. 십시일반으로 이루어진 다양한 기술의 총체가 시공 과정에서 그 능력을 십분 발휘하면 결과는 고품질 건물로 나타난다. 그 모든 연결고리에는 디지털이라는 매개체가 자리한다.

❘ 디지털과 환경 – 건축을 넘어 도시와 환경으로

건물은 그 완성과 함께 사회, 도시와 관계 맺기를 시작한다. 건물이 탄생에서부터 도시와 어울리며 사회화되고 열심히 기능하다가 노후를 거쳐 철거에 이르는 과정은 마치 사람의 일생과 같다. 이렇듯 건물이 자신의 일생 동안 사회와 환경을 파괴하는지, 아니면 이바지하는지 여부는 전적으로 설계자에 달렸다. 디지털 기술에 의해 잘 설계되고 잘 지어진 건물은 에너지 소비를 최소화하고 거주자에게 쾌적한 환경을 제공하며 인간과 공생한

 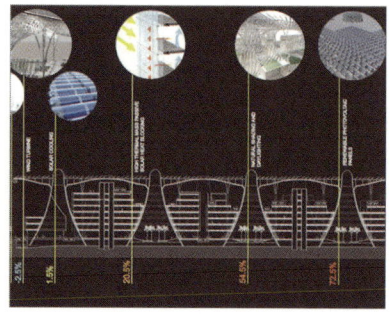

미국의 아드리안 스미스·고든 길Adrian Smith & Gordon Gill Architecture에서 계획한 〈마스다르 청사Masdar Headquarters〉 계획안. 대형 공간 구조의 건축물에는 더 더욱 에너지 소비를 절감할 수 있고 재생에너지를 사용하는 패시브 디자인Passive Design이 필요하다.

다. 설계와 시공을 통한 사회적 공헌을 위해서는 디지털 기술의 도움이 빠질 수 없다.

디지털 시뮬레이션과 건물 성능 분석 Digital Simulation & Building Performance Analysis

앞서 우리는 BIM과 가상 시공을 통해 건물을 실제로 짓지 않고도 가상으로 건물을 얻을 수 있음을 알게 되었다. 이런 건물 모델을 이용해서 다양한 분석과 시뮬레이션을 하면 건물의 성능을 예측할 수 있다. 성능뿐 아니라 구조적 견고함, 거주환경의 쾌적함 역시 미리 예상해볼 수 있다. 결국 이러한 과정은 내부적으로는 고성능의 공간을 얻으면서, 외부적으로는 환경에 도움이 되는 지속가능한 건물을 가능하게 한다. 디지털 시뮬레이션은 병을 미리 진단하여 초기에 완치하는 의사와 같은 역할이며, 결국 건물의 수명을 연장시켜준다.

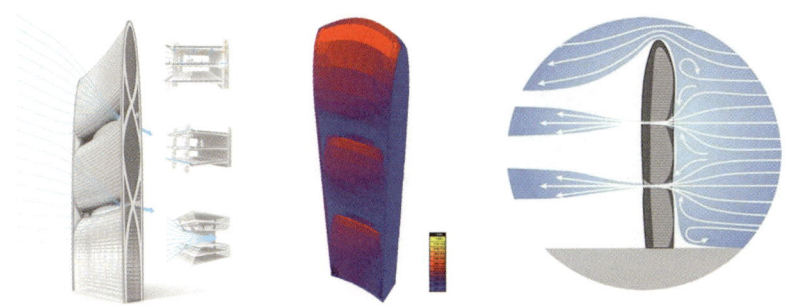

미국 SOM이 설계한 중국 광저우의 〈펄 리버 타워Pearl River Tower〉. 열 환경 분석과 풍동風洞 분석 등의 결과가 설계에 적극 반영되어 건물의 성능을 더욱 높여준다.

유지·관리 자동화 Building System Operating & Maintenance

초기 투자 비용과 유지·관리 비용의 합을 나타내는 건물의 총생애 주기 비용 LCC, Life Cycle Cost에서 공사비는 15~25퍼센트에 불과하다. 그런데, 유지·관리 비용은 LCC 중 75~85퍼센트에 달해, 건설 비용의 4~5배를 차지한다. 이는 건물의 일생에서 운영-보수-유지·관리에 투자되는 비용과 기간이 건물을 짓는 기간과 비용보다 훨씬 더 길고 크다는 것을 말해준다. 이러한 사실은 우리의 선입관과 오해를 깨뜨린다. 설계를 급하게 하고 공사비를 아껴서 초기 투자비를 줄인 건물은 결국 성능에 문제가 생기고 과다한 관리 비용으로 인해 절감한 공사비 이상의 손실이 사용자에게 돌아오기 마련이다.

잘 설계되고 잘 지어진 건물이라도 어떻게 운영하느냐에 따라 관리 비용은 크게 차이난다. 디지털 기술에 의한 건물 자동화, 자동제어 시스템은 세밀하고 정확하게 작동하면서 쾌적한 거주환경을 유지해준다. 건물은 멈춘 상태의 무생물이 아니다. 오히려 끊임없이 활동하며 신진대사를 이어가는 유기체에 가깝다. 신선한 공기와 물이 매일 공급되고, 더러운 오·폐수와 오염 물질이

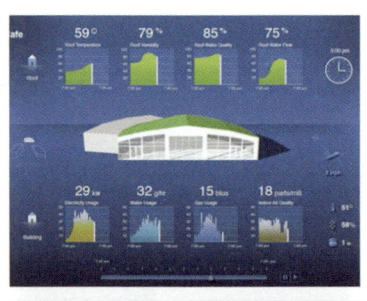

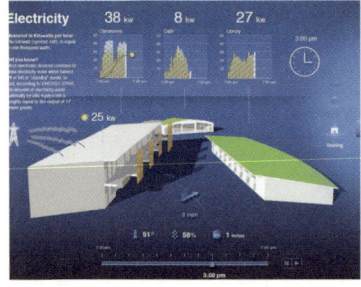

건물 에너지 소비를 한눈에 볼 수 있는 모니터링 시스템. 건물 유지·관리의 자동화는 공사비보다 비싼 유지·관리 비용을 절감시켜준다.

지속적으로 배출되며, 내·외부를 수시로 데우거나 식히고, 전기와 정보가 막힘없이 순환한다. 이렇게 복잡한 건물의 신진대사가 자동화되어 이루어질 때 효율은 더욱 커진다.

도시와 자연의 보존 Conservation & Sustainability

원래 주어진 것과 애써 이루어낸 것, 어느 하나 소홀히 할 수 없고 함부로 할 수 없다. 전자로서의 자연과 후자로서의 도시, 천연과 인공의 상반된 두 환경은 모두 인간의 자산이다. 하나는 잘 지켜서 전해야 하고, 다른 하나는 잘 소유하며 사용해야 한다.

    자연환경은 공기, 나무, 물, 햇빛 등 그 구성 요소를 효과적으로 빌려 씀으로써 그 가치를 지속시킬 수 있다. 효과적으로 빌려쓴다는 것은 제어와 조절을 효과적으로 이루어낸다는 의미이다.

    유비쿼터스 ubiquitous, 와이파이 Wi-Fi, RFID 같은 무선통신 기술과 다양한 감지 센서, 모니터링 시스템 등을 활용한 자동제어 기술은 건물 관리 자동화에 사용된다. 어두우면 자동으로 밝아지고, 사용하지 않는 공간은 냉난방과 조명이 작동을 멈추며, 계절에 따라 적절한 온도를 유지해 전기,

렌조 피아노의 〈캘리포니아 자연사박물관 California Academy of Sciences〉. 옥상 녹화와 실내의 정원형 아트리움이 있는 최신 에코 빌딩으로 자연과 건물이 공존하는 모습을 보여준다.

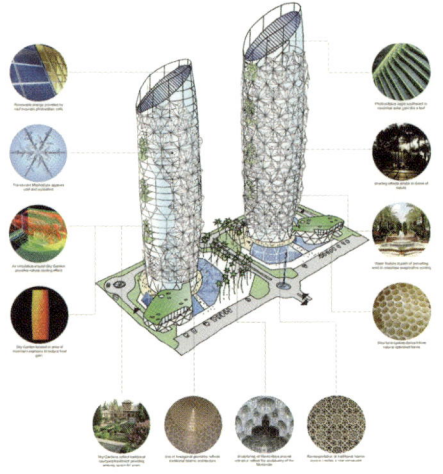

에이다스Aedas의 〈아부다비 투자청Abu Dhabi Investment Council Headquarters〉 계획안. 이처럼 자연 요소의 차용과 지역성의 반영을 통한 디자인의 해결, 디지털 시뮬레이션과 기능성 있는 외부 마감재의 사용으로 건물 성능을 충족시키는 등 현대 기술이 집적된 새로운 트렌드의 건물이 속속 등장하고 있다.

가스, 석유 등 동력원을 절약해준다.

태양열·태양광·풍력·지열 등 무한한 재생에너지renewable energy는 아낌없이 사용하고, 물·나무·금속과 같은 유한한 천연자원은 아껴 사용하여 자연에게 되돌려주는 역할 역시 디지털 기술의 몫이다. 현재와 미래의 첨단 기술도 중요하지만, 인간다운 삶의 질과 직결되는 자연환경의 유지 역시 중요하기 때문이다.

반면, 새로 짓는 건물의 정보화뿐 아니라 기존 건물의 효과적 관리를 통한 도시환경의 보존urban conservation 역시 빼놓을 수 없다. 역사적 유적과 주요 도시 시설을 속속들이 읽어 저장함으로써 단순한 외관 보수, 파손 부분의 수리·교체는 물론, 범죄와 테러를 예방하는 방범, 화재와 지진 등 각종 재난으로부터 보호하는 방재의 목적을 이룰 수 있다.

여기 사용되는 대표적 기술로 3D 레이저 스캔laser scanning이 있다. 이 기술은 건물의 내·외부를 엑스레이X-ray 찍듯 형상 정보로 만들어 데이터

스위스 파로Faro 사의 3D 레이저 스캐닝을 통한 건물과 도시 경관의 디지털 모델. 1밀리미터 이하의 간격으로 건물과 도시의 형상을 샅샅이 스캐닝하고 입력해서 3D의 자료로 저장하는데, 이러한 작업을 통해 건물 관리를 위한 모든 정보를 얻을 수 있게 된다.

베이스화하는데, 이렇게 구축한 3D 정보화에서부터 건물의 방범, 방재, 보수, 유지·관리의 자동화가 시작된다.

지구환경의 정보화 Environmental Database

디지털 기술의 범위는 현재 지상과 해저의 모든 정보와 동식물 추적에 따른 식생 분포의 파악에까지 확장되어 거의 모든 환경 정보의 구축에 이른다. 가령, 구글 어스Google Earth 같은 위성 영상 지형 정보 서비스를 통해 도시의 모든 환경 정보를 데이터베이스화한다. 심지어, 해저의 지형까지 인터넷으로 살펴볼 수 있고, 상어와 고래 같은 해저 생물에 태그를 부착하여 이동로를 추적하고, 직접 이동 경로를 체험할 수도 있다. 디지털 기술을 이용한 정보화가 도시와 환경을 넘어 우주까지 나아가는 지금, 그 한계가 어디일까 묻는 것은 무의미하다. 그저 경험하면서 즐길 뿐.

이전의 건물이 도시와 사회의 관계에만 집중하고 인간의 삶의 쾌적함과 욕망을 중심으로 존재했다면, 이제 환경을 이야기할 때다. 지구상에서 발생하는 전체 에너지 소비의 약 30퍼센트는 바로 건물이 차지한다. 전체 자원의 40퍼센트를 건물이 소비하며, 이산화탄소 배출의 50퍼센트를 자동차 매연과 헤어 스프레이가 아닌 건물이 발생시킨다. 또한 전체 폐기물의

20~50퍼센트도 건물에서 나온다. 이만하면 건축을 포함한 건설 산업 전체가 지구환경을 가장 크게 위협하는 주범이라 할 수 있다.

이제는 이기적 자세로 적극적으로 누리기보다 자연에 대해 겸허하게 생활 습관을 가다듬어야 한다. 자연 에너지를 적극적으로 사용하는 패시브 설계passive design을 통해 자연과 함께하며 환경을 생각하는 지속가능한 설계sustainable design를 구현하기 위해서는 역설적으로 첨단의 디지털 기술이 필요하다.

새로운 건축 패러다임의 중심, 디지털 기술

보통 디지털 건축 하면, 3D 프로그램을 사용한 현란하고 복잡한 형태로 구성된 건물의 설계만 떠올리기 쉽다. 하지만 지금까지 살펴보았듯 디지털 기술은 건축에서 다양한 분야와 용도 그리고 기능으로 확장되어 아주 작은 부분에서부터 넓은 범위에까지 적용됨을 알 수 있다. 디지털은 단순히 디자인에 국한된 도구가 아니라는 것이다. 건설 산업AEC, Architecture, Engineering & Construction이란 크고 높고 넓은 산업 분야와 디지털 기술이란 작고 섬세한 분야가 이렇듯 통합interdisciplinary·통섭consilience되는 과정을 거쳐 인간과 사회와 환경에 걸쳐 다양한 장면을 연출하며 새로운 미래를 만들어낸다.

결국, 사람의 욕망과 바람에서 시작한 상상이 건물로 탄생되는 과정에서 발생하는 무수한 문제와 갈등과 고민을 디지털 기술이 해결해주기도 하고 통제하기도 하면서 인간과 자연 사이의 균형을 맞추는 매개체가 된다. 이렇게 생소하지만 효과적인 디지털 기반의 새로운 기술을 통해 과거의 좌절이 해결되는 순간, 새로운 시장과 새로운 생활 방식, 새로운 패러다임이 열릴 것이다. 물론 그 중심에는 디지털 기술이 있다.

건축 建築

「명사」 집이나 성, 다리 따위의 구조물을 그 목적에 따라 설계하여 흙이나 나무, 돌, 벽돌, 쇠 따위를 써서 세우거나 쌓아 만드는 일.

Architecture, Art
and Culture

건축, 예술 그리고 문화

장정제

건축은 예술의 여러 분야 가운데 가장 뛰어난 장르로 여겨져왔다. 그리고 예술의 어머니 혹은 종합예술이라고도 불린다. 건축이 예술의 모태母胎고 가장 포괄적인 범위를 지니기 때문이다. 건축은 단순히 건축물을 짓는 것이 아니라 삶의 공간을 만들고 삶의 내용을 담을 수 있는 모든 것을 포함해왔다. 그렇게 보자면 살아가는 동안 인간이 만들어온 모든 것은 건축과 분리될 수 없다. 그러한 건축이 예술로 인정받고자 한다면 다른 모든 예술과 같이 나름의 가치를 지녀야 한다. 다시 말하자면, 건축은 어떻게 예술이 될 수 있고, 어떠한 측면에서 예술로 인정받을 수 있는지 알아야 한다는 것이다. 그리고 어떻게 다른 예술을 포괄할지 확인해야 한다. 건축이 모든 예술을 담아왔다는 것과 건축 자체가 예술이 될 수 있는가는 다른 이야기다. 그러한 문제에 대한 해답은 건축을 통해 삶을 얻는다는 데에서부터 찾을 수 있다.

| 예술로서의 건축

건축은 짓기이다. 세상을 만들고 나를 만드는 과정이다. 그렇지 않았다면 건축은 단지 감각과 소모를 위한 노동으로 국한되었으리라. 그러나 건축은 그보다 한 차원 높은 세계에 도달하려는 인간의 의지와 노력을 통해 만들어진 역사다. 시간을 통해 누적된 역사이기에 무시할 수 없는 가치와 판단을 녹여낸다.

건축은 돌을 다듬고, 흙을 빚고, 나무를 제재하여 형태를 만드는 일부터 시작되었다. 건축을 한다는 것은 주변의 재료를 통해 새로운 것을 만든다는 뜻이다. 우리가 살아가는 곳을 만들고 가꾸는 일이며, 그러한 건축물은 형태

초기 움집 주거는 매우 간단한 재료와 구조를 통하여 비바람을 막고 휴식을 취하는 정도였다.(위)

〈트라야누스의 정자The Kiosk of Trajan〉(서기 1~2세기)는 부재들을 좀 더 정교하게 깎고 다듬어 일정한 형식을 만들어낸다.(가운데)

안드레아 팔라디오의 〈라 로톤다La Rotonda〉(1569). 시간이 지나면서 좀 더 기하학적이고 균형과 조화를 이룬 형태로 발전한다.(아래)

적으로 잘 조정되고 사람들이 살 수 있는 충분하고 적절한 공간을 만들어 내는 것이 우선이었다. 그곳에서 살고, 잠을 자고, 휴식을 취하고, 가족을 지키고, 험한 자연환경을 피해야했기 때문이다. 지금 우리가 사는 집은 그렇게 머물면서 생활하고, 가꾸고, 만들고, 무엇인가를 하는 곳이다. 그곳은 여러 재료를 다듬고 연결하고 가꾸어서 만들어낸다. 그렇게 하면서 재료는 아름다운 형태를 가지고 여러 색으로 채색되고 화려한 부분을 가지게 되었다. 건축물은 단단하고 크고 아름다울수록 더욱 훌륭하고 귀하고 소중하게 여겼다. 그러한 건축물은 더 숭고한 인간의 노력과 정신이 깃들고, 세상 어디에도 없는 유일한 것으로 창조될 수 있었기 때문이다.

그곳에는 많은 노력과 기술, 그리고 무엇이 보기 좋은지 등의 생각이 포함되어있다. 그 건축물이 서있는 지역의 자연환경과 밀접하게 관련된다. 그리고 그곳에서 색다른 느낌과 감동을 받기도 한다. 아름다운 색으로부터 황홀한 기쁨을 얻고 거대한 기둥과 높은 천장으로부터 위압감과 힘을 느끼기도 한다. 그렇기 때문에 사람들은 그처럼 무엇인가를 느끼게 하는 건축물을 만들어내고 그곳에서 살고자 한다.

그러한 여러 가지 느낌은 삶의 경험을 다양하게 하고, 즐겁게 하고, 기분을 바꾸어줄 뿐 아니라 삶 자체를 풍부하게 한다. 결국 우리 자신을 더 훌륭하게 만들어준다. 그렇기에 건축을 한다는 것은 삶과 너무나 가까운 일이다. 편안하고 아름다운 집은 그곳에서 일어나는 일상생활을 풍요롭게 하고, 동시에 나를 만족시켜준다. 그러므로 예술은 삶을 한 차원 더 높일 뿐 아니라, 만족과 가치를 얻는 데 중요한 방법이 된다. 그리고 건축이 그 한가운데 있음을 알 수 있다.

예술은 인간에게 절실하고 강한 느낌과 감정을 전해주는 모든 범위를 일컫는다. 그러므로 예술은 우리가 창조하는 모든 곳에서 발견될 수 있다.

프란체스코 보로미니Francesco Borromini의 〈산 카를로 알레 콰트로 폰타네 교회San Carlo alle Quattro Fontane〉(1677). 어떤 건축물은 훨씬 더 복잡하고 화려한 장식을 가지기도 했고 형태는 여러 요소로 조합되고 그림자와 명암으로 치장되었다.(왼쪽)

르코르뷔지에의 〈롱샹성당〉(1956). 종종 내부 공간은 빛과 색채로 채색되어 화려하고 장엄한 효과를 만들어내기도 한다.(오른쪽)

    인간이 살아가는 동안 겪고 만들고 경험하는 모든 부분에는 어떠한 목적과 의도가 있다. 펜은 쓰기 위하여, 칼은 자르고 싸우기 위하여, 신발은 발을 보호하기 위하여, 그릇은 음식을 담기 위하여, 집은 가정을 이루고 삶을 유지하기 위하여 만들어낸 수단이고 도구다. 자연에 존재하지 않고 인간이 만든 모든 도구는 수만 년 동안 늘어나고 발전해왔다. 그러한 도구는 모두 인간이 살아가기 위한 것이다.

    모든 인간의 창조물이 단지 기능을 수행하는 것을 넘어서 더욱 예술적 성격을 띨 때 그 창조물을 통하여 누리는 삶도 풍부한 소통과 감정을 얻는다. 결국 우리 삶이 한 차원 더 예술적이고 가치 있는 것에 접근할 수 있게 된다. 그래서 우리는 예술적인 삶과 작품 그리고 감동을 소중히 여긴다.

    건축물이 예술적으로 충실한 감정과 의미를 전달하는 것도 중요하지만, 단단하고 편안하고 기능적으로 만족스러운 건축물이어야 함은 물론이다. 그러한 기본적인 요구를 만족시키고 나서, 훌륭하고 아름답고 감동을 주기까지 하는 건축물은 그 안에서 살아가는 우리에게 더 풍부한 삶을 제공한다. 이것이 바로 건축물이 의도하는 바를 더욱 훌륭하게 실현하는 방법이라고 할 수 있다.

머물고 휴식하고 잠을 자고 가족과 함께 하는 집이 없다면 우리의 생존 자체가 위험해질 뿐더러, 감정적·심리적·사회적 삶에도 무리가 따를 터이다. 그러므로 우리가 어떠한 건축물에서 자신의 생활을 편리하고 안정되게 유지할 수 있다는 것은 훌륭한 삶을 꾸려나가고, 동시에 나와 내 존재를 안정받는 방법이 된다. 머무는 거처, 공간, 건축적 장소에서 충분히 만족스러운 활동이 가능하다면 우리는 더욱 분명한 삶의 이정표를 얻게 된다. 그러므로, 건축이 예술로서 다가온다는 사실은 건축물 자체가 아름답다는 것 이상으로, 그러한 건축물이 제공하고 느끼게 하는 우리의 감정과 일상적 삶을 아름답게 함을 의미한다.

예술이 단지 작품이라는 형태로만 국한

페터 춤토르Peter Zumthor의 〈클라우스형제예배당Brother Claus Field Chapel〉. 빛은 성스러움과 숭고함을 만들고 어두운 공간의 두려움과 형태의 질감을 두드러지게 하는 요소다.(위)

스티븐 홀이 미국 워싱턴에 지은 〈스위스대사관저New Residence at Swiss Embassy〉(2006). 아름답게 계획된 공간은 그 안에서 생활하고 휴식하는 개인에게 더 충만한 감정을 느끼도록 하고 삶을 풍요롭게 만든다.(아래)

되지 않고 예술적인 작업과 삶, 예술적 공간에서의 활동, 예술적인 삶과 공간을 꾸미는 도구, 예술적 사고에까지 넓혀질 수 있었던 까닭에, 오늘날 많은 영역이 예술로 인정받게 되었다. 실제로 '예술적'이라는 말은 이미 예술로 인정받아온 음악, 미술, 문학을 넘어, 화장, 옷, 꽃꽂이, 요리, 구두, 가전제품, 주방기기, 책, 헤어스타일 등 생활 속 거의 모든 부분에서 사용되고 있다.

그것은 예술이라는 말의 범위가 훌륭한 예술적 작품에 한정되지 않고 삶을 훌륭하게 바꾸어줄 수 있는 수단으로 확대되었다는 뜻이며, 이는 예술적 삶이 도시에 사는 거의 모든 사람이 누릴 수 있는 보편적인 것으로 인정받았음을 뜻한다.

우리 모두는 더 나은 삶을 살기 위해 노력한다. 그리고 수천 년 전부터

창덕궁 〈인정전〉. 건축물은 스스로 아름다운 형태를 만들고 주변 공간을 변화시키며 또 그 안에서 살아가는 사람들의 지위와 힘을 보여주기도 한다.(왼쪽)
파리의 〈에펠탑〉과 같이 한 시대와 도시를 대변하는 구조물이 되기도 한다.(오른쪽)

지금까지 거의 모든 인간은 더 훌륭하다고 생각하는 삶을 누리고 얻기 위하여 자연을 개척하고 무리를 만들고 사회를 유지해왔다. 동시에 이 사회 안에서 모순과 불평등과 해악을 제거하고, 훌륭한 인간적인 삶을 발전시켜왔다. 예술은 그 모든 인간의 노력 가운데 하나다. 더 풍부하고 아름답고 행복한 삶을 위하여 우리의 감성과 감각 그리고 경험이라는 측면에서 예술은 가치를 부여하는 것이다.

문화, 건축 그리고 예술

인간은 자연환경을 개척하고 살아가기 위해 집을 짓고, 농사를 짓고, 사냥하고, 무리 지어 살면서 나름의 생활 방식을 선택해왔다. 인간을 제외한 다른 어떠한 생명체도 그러한 생활 방식을 만들어내지 못했다. 자신이 처한 환경을 변화시키고, 새로운 구조물과 형식들을 창조하여, 자연과 구별된 세계와 사회를 구축한 생명체는 인간뿐이다.

그러한 삶의 방식은 인간이 만들어낸 가장 큰 문화文化의 일부다. 문화는 문명文明과는 다른 것이다. 문화는 아주 오랜 시간 동안 천천히 사람과 사람이 서로 기대어(化) 만들어내는 무늬(文)다. 그러므로 사람들 사이에서 소통과 교환이 이루어지고, 이를 통해 유대감이 형성되는 가운데, 오랫동안 상호작용이 지속되면서 문화는 생성된다.

우리 시대의 제도와 법률, 도시와 건축은 단숨에 생겨난다. 따라서 현대사회는 문화라기보다는 문명에 가깝다. 물질문명이든 자본주의사회든, 그것은 법과 규정에 의한 강제에 가깝다. 이 시대의 문화라고 할 수 있는 부분은 과거의 문화와는 다른 모습이다. 여러 사람이 빠른 시간에 삶의 방식을 만들어내고 함께 공유한다. 미디어를 통해 빠르게 변화하는 도시적 삶의 내용이 되어간다. 이 도시에 가득 찬 것은 인간의 문화다. 그 가운데 물리적으로 견고하게 세워진 모든 것은 건축의 대상이다. 인간은 처음부터 이 문화를 담는 삶의 공간을 만들어왔고, 그것은 건축이 되었다.

예술은 거대한 문화의 일부다. 또 건축은 그러한 문화의 중심에 있다. 인간이 스스로 삶을 유지하고 활동하고 존재를 거처하기 위하여 생산하는 모든 것이 삶의 무대고 또한 건축이기 때문이다. 도시의 모든 것은 건축을 통하여 생산되어왔다. 도시는 보는 이의 시각에 따라 물리학의 에너지와 힘의 관계, 석유화학공업을 통해 생산된 제품, 부동산의 임대료 분포, 자동차와 교통수단이 만들어놓은 통로, 무형의 네트워크와 통신의 세계 따위로 달리 보일 것이다. 그러나 우리가 사는 도시는 이 모든 것을 아우른다. 도시는 건축과 함께 발전하고, 문화의 중심지고, 인간의 사회와 국가 그리고 모든 삶의 방식을 정교하게 다듬어낸 배경이다.

인간은 자신에게 주어진 자연환경 속에서 불리한 조건을 극복하고 더 나은 생활 여건을 구축해나갔다. 이렇게 새로운 환경을 만들어가는 과정에서 서로 다른 구조와 형식을 창조하며 문화를 형성했다.

건축architecture이라는 용어는 어원을 따져볼 때, '가장 큰archi 기술tecture'로 풀어볼 수 있다. 그리고 기술tecture은 기예techne이기도 하고, 예술ars이기도하다. 그렇게 보자면, 초기 예술은 어떠한 능력과 인간의 신체를 통하여 무언가 생산하고 변화시킬 수 있는 경험과 기예를 일컬었음이 분명한다. 그러므로 예술은 우리의 손을 통하여 혹은 신체를 통하여 생산하고 삶을 변화시키고 내적인 감동을 끌어내고 소통하는 모든 과정을 가리킨다. 예술은 그러한 작업의 과정과 만족, 그것의 결과물, 그리고 생산되는 세계의 문화, 결과물이 만드는 인간의 사회까지도 포함한다.

건축은 우리가 살아가는 삶의 무대이고, 새로운 세계이며, 그 누구도 일찍이 경험하지 못한 문명의 결과다. 이 도시는 무수한 건축물로 가득 차 있고, 건축물은 문화를 담는 그릇이다. 그러한 문화는 우리가 만들어내는 삶의 방식이다. 건축을 예술로 파악하는 것은, 건축을 어떠한 도구나 문화, 문명, 혹은 이성적 작업의 결과나 공학적 사고의 학문으로 파악하는 단계를 넘어서는 것이다. 인간이 가진 감정을 확인하고 세계 내의 존재로서 자신을 발견하고 만들어가는 과정이다. 스스로 삶의 가치를 확대하고 더 나은 존재와 의식을 유지하기 위한 방법이다. 우리가 가진 삶이 더 풍부해지고, 그 안에서 더 많은 경험과 사건을 유지하고, 그로 인해서 행복해지기 위한 것이다. 만약 그렇지 않다면, 예술이란 오래된 먼지를 뒤집어 쓴 미술관의 작품이 될 뿐이다.

그러므로 예술로서의 건축은 인간이 문자로 자신의 삶을 기록하고 종교적 의식이나 기도를 하는 것과 다르지 않다. 또한 아름다운 그림과 조각과 문학과 다르지 않다. 세계에서 발견할 수 있는 아름다움과 리듬, 흥겨움과 기쁨으로 춤추고 노래하는 것과 다르지 않다. 그것이 바로 예술이기 때문이고, 동시에 예술은 그러한 나의 감동과 신체의 동화를 내포하기 때문이다. 살아가는 방식인 셈이다. 행복하고, 즐겁고, 흥겹고, 기쁘고, 아름다운 삶과 무대의 관계를 이해함은 예술로서 건축을 바라보는 바탕이다. 건축은 이 순간 거대한 크레인 같은 장치와 어마어마하게 큰 철골 구조물로 생성되는 것이 아니라, 그것을 누리는 우리 자신의 일상 속에서 탄생한다.

| 예술의 기원, 경이로움 그리고 경외

인간은 언제나 놀라운 세계를 보았으며, 그것이 경이롭고 강력하고, 무엇보다도 거대한 힘을 지녔다고 여겼다. 인간은 이 세계가 무서울 뿐 아니라 강력한 힘으로 움직이고, 그 안에서 자신은 미미한 존재라서 생명과 삶을 유지하기가 쉽지 않음을 깨달았다. 자연은 스스로 변화하고 움직이고 다시 원래의 모습을 찾아가고, 그러한 자연의 내부에는 보이는 것 이상의 위대한 힘, 그리고 신과 절대적인 비밀이 존재한다고 믿었다. 그리고 자신도 그러한 자연의 일부임을 깨달았다.

세계의 모든 존재하는 것은 어떠한 질서를 가지며, 그것은 이미 정해진 원리라 믿으며, 그 조화 속에서 유지된다고 보았다. 매일 떠오르는 태

거대한 힘을 지닌 자연은 인간이 대적할 수 없는 절대적인 에너지와 질서로 움직인다.

양과 밤과 낮, 달이 차고 기우는 시간과 사계절이 모여서 열두 달과 여러 절기가 생겼다. 시간은 더 길게 봄·여름·가을·겨울을 만들고, 식물은 그에 따라서 싹을 틔우고 성장하고, 때에 따라 꽃을 피우고 열매를 맺고, 또 그 모든 것을 잃어갔다.

시기에 따라서 가뭄과 홍수, 태풍과 혹독한 추위가 몰아닥쳤다. 강이 넘치고 바다는 파도쳤으며 산사태와 모래바람이 불어왔다. 그런 변화를 이해하면서 마치 자연이 살아있으며, 또 그토록 신비롭고 강력한 힘을 거스르면 자신의 생명이 위험해짐을 알게 되었다. 아울러 세계에 존재하는 모든 것은 그러한 힘을 가진 생명체라고 여기게 되었다. 그들은 모두 그러한 신비로운 주기와 반복되는 차이에 감동했고, 거기에 대고 무엇인가를 기원했다. 그러한 기원이 삶을 풍요롭게 만든다고 생각했다.

인간은 자연을 통하여 세계가 살아있고 경이롭고 언제나 존재함을 깨달았다. 또 자신과 소통하기를 바랐다. 그들은 두려움과 감탄을 함께 나누었으며, 세계는 인간과 소통하는 대상이었다. 인류의 조상은 그러한 신비 속에서 자신의 존재를 확인했다. 우리는 여전히 이 세계의 아름다움과 놀라운 힘에 경탄하고, 즐기고, 경외하고, 또 기원한다. 이 세계가 살아있는 존재여서 분노하고, 즐거워하고, 기뻐하고, 우리를 예뻐하고, 미워하고,

인간은 경이를 넘어 경외를 자아내는 자연에게 자신들의 소망을 기원했다. 삶의 풍요를 위한 이러한 기원이 바로 예술의 시초였다.

파괴하고, 풍요롭게 한다고 믿기도 한다.

예술은 이처럼 절대적인 존재인 자연을 달래고 떠받듦으로써 우리의 삶을 풍요롭게 만들려는 기원에서 시작되었다. 이는 자연을 경외하고 개척하고 자신만의 창조물을 만드는 일로 발전되었다. 그것은 자연의 순환과 변화를 이해하는 또 다른 방식이다. 인간은 그것이 자연이 가진 에너지와 힘의 순환 관계이고, 수학적이고 정량적인 해석의 충분한 대상이라고 생각한다. 그러나 한편으로 여전히 자연은 그러한 인간의 의식과 감성에 존재하는 믿음의 대상이다.

그렇기 때문에 거대한 자연의 형상들, 높이 솟은 산, 구름, 커다란 나무와 돌, 움직임을 갖는 모든 자연의 대상, 바다, 강, 성장하는 생명체, 거대하고 용맹한 짐승, 소리, 모습, 움직임, 진동을 갖는 것, 지진, 파도, 천둥은 예술적 형상의 중요한 소재가 되어왔다. 게다가 그러한 것이 만들어내는 여러 현상, 관계, 사람이 지어내는 여러 이야기는, 세계가 풍부한 이야기의 그릇이고 보이지 않는 무수한 힘이 꿈틀거리는 곳임을 보여주었다. 그래서 그러한 형상을 가진 신화와 건축물과 조형물이 생겨났다. 초기 건축물은 그처럼 거대하고 강력한 자연의 형상과 힘을 보여주기 위하여 탄생했다. 거대한 산, 구름, 언덕, 평원, 나무를 통하여 건축물은 모습을 갖추어갔다.

그렇게 만든 대상은 건축물이기 이전에 신이고 위대한 자연이었다. 형상의 주인공이 창조의 중심에 존재하고, 인간은 그 부분이었다. 그래서 예술은 자연으로부터 태어났다. 인간에게 자연은 무섭고 감당할 수 없는 세계지만, 그 힘을 빌어 새로운 지식을 얻고, 또 자연이 어떻게 움직이고 존재하는가 깨달아가면서 자신들의 풍요롭고 안정된 삶을 위하여 숭배하기도 했다. 그렇기 때문에 인간은 그들에게 더 많은 것을 바라고 기원했다.

영국의 〈스톤헨지Stonehenge〉(왼쪽), 이집트의 〈카르나크 신전Karnak Temple〉(가운데), 인도네시아의 〈보로부두르Bodobudur〉 불교 유적(오른쪽). 인간이 문화를 형성한 모든 지역에는 이러한 신성한 건축물이 지어졌다.

그러한 창조물은 인간의 삶을 위한 건축물, 의복, 도구 들이었다. 이는 자연으로부터 얻어낸 인간의 창조물이며, 동시에 자연의 위대한 힘을 담은 대상이었다. 그러므로 고대의 생산물은 아무나 가질 수 없었으며, 또 그런 생산물은 신성했다. 인간이 자연으로부터 얻어낸 재료로 구축한 구조물은 자연의 힘과 신비를 담은 신성한 건축물이 되었다. 그러한 건축물은 인간이 살아온 곳 어디에서나 발견할 수 있다. 모든 인간은 강력한 자연의 힘을 기리고 기원하고 자신의 행복을 빌고자 사원과 신성한 건축물을 세웠다. 이를 구축한 인간, 그리고 그곳을 마음대로 사용하고 그곳의 주인임을 인정받은 인간은 자연을 극복한 위대한 창조자가 될 수 있었다.

본래 인간은 자연을 개척하기보다는 소통하고 이해하고 공존하려 했다. 인간이 이처럼 공존하는 방식을 버리고, 손쉽게 자연을 파괴하고 소모하고 변경하는 방식을 선택한 것은 최근의 일이다. 인간의 생산이 삶을 위한 창조와 기원이 아닌, 자본과 문명에 귀속된 것이다. 이로써 예술은 종교적 색채에서 인간의 창조물로 변화하기 시작했다. 그것은 인위적 문명이 되고 있다. 인간이 스스로 자연을 개척하는 위대한 주인공이 되면서 예술은 경외스러운 자연을 대상으로 삼지 않은 채 인간의 의지와 사고를 통하여 구축되기 시작한 것이다.

그러한 과정을 통하여 인간은 종교, 문화, 사회, 예술, 건축을 인간의 것으로 동시에 발전시켜왔다. 그러한 기원으로부터 인간은 자신만의 형식을 창조하고 이 세계에 지금까지 존재하지 않았던 것을 만들어냈다. 그것은 인간을 위한 것이기는 하나, 분명 초기의 위대한 자연과 세계의 힘을 극복하고, 그것을 경외하고 또 숭배하면서 그와 같은 것을 창조하기 위한 염원으로부터 시작되었다. 거의 모든 인간 활동의 기원은 아주 오래전 통합된 하나였다. 그 기원에서부터 오늘날 무수한 창조물과 문명이 생산되었다.

인간은 이제 자연에서뿐 아니라 사람이 많이 모인 마을과 도시 그리고 그들이 개척한 인간의 세계 속에서 무엇인가 얻고자 하고, 그 안에 변화를 주입하기 시작했다. 그러한 창조적 활동은 처음에는 천천히 이루어졌다. 동굴을 치장하고, 움집을 만들고, 울타리를 치고, 여러 가족이 모여 마을을 만들었다. 수렵·채집 생활에서 정착 생활로 바뀌자 자연의 모든 작물을 키우고, 동물을 길들여 가축으로 키워가면서 자신의 삶에 스스로 질서를 부과하고 의미를 만들어내기 시작했다. 나아가 많은 사람이 교역하고, 교통수단을 발달시켜 도시를 만들어나갔다. 시장이 생기고, 권력을 가진 자들의 위대한 도시가 생겼다.

그러나 온갖 자연의 현상을 만들어내는 보이지 않는 신은 인간에게 여전히 두려움의 대상이었다. 그들이 세상을 조화롭게 유지시키고 인간의 안녕을 보살핀다고 믿었다. 인간은 그러한 힘을 극복할 수 있는 자신만의 건축물을 창조했다. 그곳에서 제사 지내고, 기원하고, 또 인간이 모인 곳에서 많은 사람이 생활할 수 있는 건축물을 지었다.

인간은 새로운 것을 기원하기 시작했다. 더 큰 가족과 부족의 힘, 건강과 안녕, 자녀의 행복, 많은 자식과 그들의 번영, 더 많은 수확과 수렵을 위하여 그것이 성장하는 곳의 위대한 신에게 기원하고 의존하였다. 강과 산과 들의 신에게. 개천과 고원과 동굴 속에서도. 그 신의 뜻을 따라야만 그들은 자연으로부터 풍요로운 선물을 받을 수 있었다. 그리하여 수많은 신과 신화, 그리고 종교가 탄생했다.

그래서 인간은 그러한 위대한 힘을 지닌 대상에게 제사 지내고, 그들에게 기원하는 데 필요한 신전을 짓기 시작했다. 중세에 이르기까지 강력한 힘을 지닌 왕의 경우를 제외하고, 거의 대부분의 건축물은 신전이었다. 그리고 거의 모든 예술이 신과 인간, 자연에 대한 염원과 비밀을 담는 노력이었다.

그들이 자신의 삶을 기원하고 자신이 믿는 바에 기도하기 위하여 화장하고, 춤추고, 노래하고, 제사 지내고, 기록하고, 무덤을 만들고, 사냥하고, 축제를 열어 축하하는 것이 바로 그러한 삶의 중요한 행위였으며, 이를 더욱 분명하게 표현하고자 여러 도구를 만들었다. 접시와 기구, 창과

로마 시대의 대표적 건축물인 〈판테온〉. 만신전萬神殿을 의미한다.

세실 발몬드Cecil Balmond의 〈쿠임브라 푸트브리지Coimbra Footbridge〉(2006). (왼쪽)
다니엘 리베스킨트Daniel Libeskind의 〈왕립 온타리오 미술관 증축Royal Ontario Museum Extension〉(2007). (가운데)
3 Deluxe의 〈Leonardo Glass Cube〉(2007). (오른쪽)

활, 북, 탬버린, 징, 현란한 악기와 제기, 여러 의복과 장신구, 강력한 동물의 송곳니와 발톱, 두개골, 꼬리, 가죽, 자연의 생물체, 식물의 꽃과 열매 등은 모두 신성한 힘의 상징이었다. 그러한 자연물을 이용해 도구를 만들면서 인간은 자연과 소통했다. 인간이 세계와 소통하던 많은 방식은 곧 세련된 문화를 만들어냈다. 그리고 그 안에서 건축이 창조됐을 뿐 아니라 문학, 음악, 미술, 조각, 춤 등 모든 예술이 탄생했다.

| 건축 예술의 창조

이처럼 기원에서부터 시작한 고대의 예술은 인간이 원하는 방식으로 생산한 결과물이다. 그들이 그려놓은 그림은 들판에 있는 짐승을 비슷하게 그려놓은 것이 아니라 진정한 생명체였다. 그림은 풍요로운 상징이었다. 염원을 담은 신성한 힘이고, 주술이며, 진정한 비밀이기도 했다. 그들이 믿는 삶의 방식이며, 스스로 표현하고 세계 내에서 자신의 존재를 확인하는 방식이었다.

건축은 그러한 삶의 방식을 담고 있다. 그 안에서 인간이 표현하고자 하고 이해하고자 하는 욕구와 내용을 파악함으로써 자신의 존재를 확인하는 것이다. 건축물은 언제나 무언가 표현하고, 그것을 소유한 사람과 사용하는 사람 그리고 그것을 보는 사람에게 각인되며, 그들이 공유한 의식 속에서 특정한 역할을 하기도 한다. 그러한 역할은 강력한 권력과 부, 종교적인 힘, 개인의 영역과 존재감, 안정, 다양한 감성을 통하여 부각된다. 건축이 그것을 통하여 드러내는 것은 결국 우리의 삶이고, 우리가 어떻게 살아가야 하는가에 대한 해답이다. 건축물이 기능한다는 것은 단지 어떠한 의식이 벌어지고, 행위가 일어나고, 무엇이 놓이는가에 대한 해답일 뿐 아니라, 그것이 인간의 삶과 의식에 어떠한 영향을 미치고, 그 안에서 어떻게 자신의 존재 방식을 해석하는가에까지 영향을 미치게 된다. 우리가 건축을 하고, 뭔가 만들어내는 이유는 소유나 편리성에 대한 욕구 충족을 넘어선 소통에 있기 때문이다. 태초에 모든 사물이 살아있었듯, 우리는 언제나 주변 사물과 소통하고 익숙해지고 의미를 부여하면서 내 안에 감정과 의미를 생산한다. 그 탓에 건축은 그 어떠한 대상보다도 강력한 예술일 수 있다. 그 어떠한 대상보다도 포괄적이며 오랫동안 인간을 감싸 안기 때문이고, 우리는 그 안에서 모든 삶의 의식을 유지하기 때문이다.

구석기 후기에 제작되었다고 추정되는 〈라스코 동굴벽화〉. 당시 인간에게 벽화 속 동물은 단순한 그림이 아니라 진정한 생명체였다.

〈파르테논신전〉, 기원전 5세기   〈콜로세움〉, 서기 80년경   〈크세노폰 팰리스〉, 6세기

건축은 수천 년 동안 인간의 삶을 담아왔고, 그것은 인간 삶의 행위와 의미를 담아온 셈이다. 그렇기 때문에 건축은 스스로 예술을 담고, 그 예술이 담을 수 있는 감성과 감정을 담아왔다. 건축이 예술인 이유는 예술이 목적으로 하는 삶의 내용을 항상 재생산하고, 일상 속에서 거듭 반복하기 때문이다. 인간은 언제나 예술을 통하여 더 나은 내용과 풍부한 감각을 얻고자 한다. 그것이 내 존재를 분명하게 정립하고, 내 삶을 의미 있게 만들기 때문이다. 우리 자신과 우리를 둘러싼 세계를 바꾸고자 하는 염원이 담겨있기 때문이다.

건축은 인간의 삶을 담고, 스스로 자신의 형태도 생산한다. 그리고 그러한 인간의 행위와 건축물의 밀집은 도시적 양상을 불러왔다. 이제 예술

〈엘 에스코리알〉, 16세기   〈바드대학 공연예술센터〉, 2003년   〈뉴욕현대미술관 (확장)〉, 2004년

〈하기아 소피아〉, 537년   〈피사대성당〉, 12~13세기   〈밀라노대성당〉, 14~15세기

은 여럿이 모인 도시 속에서 가능한 문화처럼 받아들여진다. 예술은 소통할 수 있고 공유할 수 있어야 한다는 전제를 갖기 때문이다. 건축물은 단지 구조체이고, 형태가 아닌 살아있는 삶의 부분이고, 그 안에서 인간의 삶과 문화를 담고 있다. 예술을 어떠한 작품으로 남기거나 혹은 그러한 작업의 과정을 목적으로 여기는 것이 아니라, 우리 자신을 위한 끊임없는 반성과 의지로 받아들인다. 현대사회의 많은 영역이 편의와 효율성, 자본의 가치에 의하여 변화하고 있으나, 여전히 우리는 행복하고 아름답고 충일한 삶을 누리고자 한다.

〈레온 카스티야 현대미술관〉, 2004년   〈시애틀 중앙도서관〉, 2004년   〈알리안츠 아레나〉, 2005년

| 건축으로 하나 되는 삶과 예술

오늘날 인간은 자신에게 이성 이상의 부분이 존재하고 그것이 감각과 감성, 지각과 무의식, 초월적인 의식과 본능, 신체의 능력과 욕구 등으로 나뉘어졌음을 알게 되었다. 동시에 이성으로만 이해하던 세계는 자유를 얻고, 감성과 감각은 본래의 모습을 드러낸다. 그리고 그러한 경험이 자연과 인간의 삶을 바꾸고 예술의 부분으로 확장되었다. 우리가 누리는, 우리를 둘러싼 세계는 바로 그러한 감각과 감성의 부분을 통해 얻어진다. 그리고 그것이 실제 경험하는 삶이다.

그것이 인간이 경험하고 삶을 이어가는 방식이다. 이로써 감각을 매개체로 하는 예술의 확대가 이루어질 수 있다. 예술은 인간을 자유롭게 한다.

이제 미켈란젤로와 레오나르도 다빈치가 누렸던 예술가의 지위를, 오늘날 우리도 누리고 있다. 이제 예술은 진정 인간이 자신의 삶에서 경험하는 세계의 부분이 되었다. 과거에는 예술가의 범주 밖에 있었던 금속 세공사, 플로리스트, 자동차 디자이너, 서예가, 일러스트레이터, 패션디자이너……. 이들은 모두 예술가 또는 그에 버금가는 존재가 되었다. 삶이 그러한 예술로 들어차게 되었다. 우리는 건축이 그려내는 문화에 속하게 된 것이다. 우리 삶과 예술이 하나가 되었다.

더 읽어볼 만한 책

가스통 바슐라르, 곽광수 옮김, 《공간의 시학》, 동문선, 2003.
고야마 히사오, 김광현 옮김, 《건축의장 12강》, 국제, 2008.
구니야 쥰이치로, 심귀득 외 옮김, 《환경과 자연인식의 흐름》, 고려원, 1992.
구승회, 《생태철학과 환경윤리》, 동국대학교출판부, 2001.
권영걸, 《공간디자인 16강》, 국제, 2001.
길성호, 《현대건축사고론》, 미건사, 1997.
김원 외, 《건축가는 어떤 집에서 살까》, 서울포럼, 2005.
김자경, 《자연과 함께하는 건축》, 시공문화사, 2004.
김정동, 《근대건축기행》, 푸른역사, 1999.
_____, 《문학 속 우리 도시 기행 2》, 푸른역사, 2005.
노베르그 슐츠, 김광현 옮김, 《실존·공간·건축》, 태림문화사, 1985.
데이비드 하비, 구동회 외 옮김, 《포스트모더니티의 조건》, 한울, 2009.
루돌프 슈타이너, 양억관 옮김, 《색채의 본질》, 물병자리, 2005.
모리스 메를로-퐁티, 남수인 외 옮김, 《보이는 것과 보이지 않는 것》, 동문선, 2004.
바실리 칸딘스키, 차봉희 옮김, 《점·선·면》, 열화당, 2000.
박영욱, 《필로아키텍처》, 향연, 2009.
볼프강 마이젠하이머, 김정근 옮김, 《공간의 안무: 시간 속에서 사라지는 공간》, 동녘, 2007.
브루노 제비, 최종현 외 옮김, 《공간으로서의 건축》, 세진사, 1983.
빅터 파파넥, 조영식 옮김, 《녹색위기》, 조형교육, 1999.
에드워드 소자, 이무용 옮김, 《공간과 사회비판이론》, 시각과 언어, 1997.
에드워드 홀, 최효선 옮김, 《숨겨진 차원》, 한길사, 2002.
이진경, 《수학의 몽상》, 푸른숲, 2000.

이-푸 투안, 구동회 외 옮김, 《공간과 장소》, 대윤, 1999.
장 프랑수아 리오타르, 유정완 외 옮김, 《포스트모던의 조건》, 민음사, 1992.
정인하, 《집은 노래 불러야 한다》, 하늘아래, 2002.
제인 제이콥스, 유강은 옮김, 《미국 대도시의 죽음과 삶》, 그린비, 2010.
제임스 러브록, 홍욱희 옮김, 《가이아: 살아있는 생명체로서의 지구》, 갈라파고스, 2004.
코디 최, 《동시대 문화의 이해를 위한 20세기 문화 지형도》, 안그라픽스, 2006.
파버 비렌, 김진한 옮김, 《색채의 영향》, 시공사, 2005.
하싼 화티, 정기용 옮김, 《이집트 구르나 마을 이야기》, 열화당, 2000.
하인리히 뵐플린, 박지형 옮김, 《미술사의 기초개념》, 시공사, 2007.
하인리히 콜츠, 양동양 옮김, 《現代建築論》, 기문당, 1991.

저자 소개

이영수_ 홍익대학교 건축대학 교수
홍익대학교와 동 대학원 건축학과를 졸업하고 프랑스 파리 라빌레트 건축대학에서 건축학 석사학위를 받았다. 현지 설계사무소에서 근무한 뒤 귀국하여 홍익대학교에서 박사학위를 받았다. 1988년 대한민국 건축대전에서 대상을 수상했고, 홍익대학교 건축대학 교수로 재직 중이다. 한국건축설계교수회 회장, 서울특별시·국토해양부 등의 자문위원을 맡고 있다. 현대건축의 공간과 형태에 대한 연구를 지속하고 있다.

노은주_ 건축사사무소 가온건축studio_GAON 소장
홍익대학교 건축학과를 졸업하고 동 대학원 박사과정을 수료했다. 가온건축을 설립하여 주택, 상업 시설 등 건축물과 북촌길 탐방로 설계 등 다양한 프로젝트를 수행했다. '금산주택' 으로 2011년 한국공간디자인대상(문화부장관상)을 수상했다. 홍익대, 중앙대 등에서 강의했고, 건축의 사회적 소통을 위해 대중을 상대로 다양한 문화 활동을 진행했다. 건축가 임형남 (가온건축 공동대표)과 공저로 《집주인과 건축가의 행복한 만남》(2006), 《서울풍경화첩》(2009), 《이야기로 집을 짓다》(2010), 《나무처럼 자라는 집》(2011), 《작은 집, 큰 생각》(2011)을 펴냈다.

박영태_ 동양미래대학 실내디자인과 교수
홍익대학교 산업디자인학과를 졸업하고 동 대학원에서 석사학위를 받았다. 현재 동 대학원 건축학과 박사과정 중이다. IDC, (주)중앙디자인, (주)넥서스플랜에서 근무했고, 경동대학교 건축공학부에 출강했다. 동양미래대학 실내디자인과 교수로 재직 중이다. 공공디자인과 건축·공간환경디자인에 관심을 두고 연구 및 실무 중이며, 저서 《LIVING BRIDGES》(공저, 2010) 등이 있다.

이종환_ (주)원도시건축 설계실 실장
홍익대학교 건축학과를 졸업하고 동 대학원에서 석사학위를 받았다. 2005년 김중업 장학건축가로 선정되었다. 현재 (주)원도시건축 설계실 실장 및 명지대학교 건축대학 건축학부 겸임교수로 재직 중이다. 부안군청사, 대전무역회관 등의 현상설계 당선작을 디자인했다. 한국건축가협회 전문위원으로 신사동 가로수길, 장충동 등지에 대한 공간문화투어를 진행하며 대중에게 일상의 건축공간을 알리고 있다.

유명희_ 울산대학교 건축대학 교수
홍익대학교 대학원 건축학과에서 박사학위를 받았다. (주)정림건축을 거쳐 모이건축사사무소
소장을 역임했다. 울산대학교 건축대학 교수로 재직하며 자연 생성 및 지속 원리인
자기조직화 이론을 통해 건축·도시 공간을 읽고 조직하는 연구를 진행하고 있다.
한국과학재단 여성이공계양성 프로그램인 WISE 울산지역센터 건축 분야를 진행하며
2008년 WISE 공로상, 한국디자인진흥협회 디자인작가상을 수상했다.

김수진_ 공간설계 오리개구리 소장
홍익대학교 대학원 건축학과에서 박사학위를 받았다. (주)민설계를 거쳐 현재 공간설계사무실
오리개구리Spaceplan Ori를 운영하고 있다. 건축과 그래픽, 실내건축을 아우르는 총체적인
디자인을 지향하며, 경험의 구조라는 관점에서 건축공간의 속성과 인간행동의 교감에 대한
연구 및 강의를 진행하고 있다. 주요 작업으로 성남시 청소년수련관, 해운대 동부빌라단지
등이 있다.

김선영_ 수원과학대학교 실내건축디자인과 교수
이화여자대학교를 졸업하고 홍익대학교 대학원 건축학과에서 박사학위를 받았다.
(주)풍진ID, (주)신예종합건축사사무소에 근무하며 디자인 컨설팅, 도시계획 및 마스터플랜,
건축설계 등 건축 실무를 수행하였다. 현재 수원과학대학교 실내건축디자인과 교수로 재직
중이다. 대표작으로 주한캐나다대사관, 웅진플레이도시 마스터플랜, 코엑스몰 컬러 코디네이션
등이 있다. 비물리적인 색채 변화 및 활용도 등에 관심을 갖고 연구 중이다.

이선민_ 신흥대학 실내디자인과 교수
이화여자대학교 장식미술학과에서 실내디자인을 전공하고 동 대학원에서 석사학위를 받았다.
홍익대학교 대학원 건축학과에서 박사학위를 받았다. 건축 색채에 많은 관심을 갖고 연구
중이며, 색채와 관련된 연구 보고서와 논문을 지속적으로 발표하고 있다. 신흥대학
실내디자인과 교수로 재직 중이고, 한국색채학회 편집위원을 맡고 있다.

임기택_ 부경대학교 건축학과 교수
홍익대학교 건축학과 대학원에서 박사과정을 수료했다. 네덜란드 델프트 공과대학에서
도시계획을 전공했다. 한국토지주택공사 도시재생사업단 선임연구원으로 재직하며
도시건축의 변화 양상에 따른 재구조화와 도시재생 역학에 대해 연구했다. 현재 부경대학교
건축학과 교수로 재직 중이다. 옮긴 책 《조이스와 피라네지의 각본》(2006), 《라파엘 모네오가
말하는 8인의 현대건축가》(공역, 2008), 저서 《도시재생 현재와 미래》(공저, 2010) 등이 있다.

이윤희_ 동서대학교 3D융합R&D센터 연구교수
홍익대학교 대학원 건축학과에서 박사학위를 받았다. 생태건축공간을 중심으로 연구를
해왔으며, 현재 동서대학교 3D융합R&D센터 연구교수로 재직하고 있다. 친환경 및 생태,
공공성, 도시재생, 문화콘텐츠와 창조도시 등이 관심 분야이며, 그 관련 보고서와 연구 논문을
발표하고 있다. 최근에는 공간에서의 생태성, 그 공공적 상호작용, 문화콘텐츠와 창조공간에
관한 연구 과제와 지자체 관련 개발 사업을 수행하고 있다.

김정신_ 건양대학교 의료공간디자인학과 교수
홍익대학교 대학원에서 박사학위를 받았다. 디자인의 창의적 사고를 표현하는 건축
테크놀로지에 관심을 갖고 있다. 2008년 영국 킹스턴대학에서 연구교수를 지냈고,
건양대학교 의료공간디자인학과 교수로 재직 중이다. 한국실내디자인학회 특수공간위원회
위원장, 대한건축학회 설계위원회 공공디자인분과 위원장 등을 역임했다.
저서 《조형디자인 실습》(공저, 2005)이 있다.

권영석_ (주)삼우종합건축사사무소 디지털디자인팀 실장
홍익대학교 건축학과를 졸업하고 동 대학원에서 석사학위를 받았다.
(주)삼우종합건축사사무소에서 주택, 관공서, 리조트 등의 건축 실무 및 친환경기술을 통한
설계기법 적용 업무를 수행했고, 현재 디지털디자인팀에서 BIM 연구개발 업무를 담당하고
있다. BIM과 비정형설계가 포함된 포괄적인 디지털디자인의 프로세스와 방법론을 주요 관심
분야로 삼고 있으며, 이와 관련한 컨설팅, 강의 및 기고 활동을 하고 있다.

장정제_ 건축이론가·비평가
홍익대학교 건축학과를 졸업하고 동 대학원 박사과정을 수료했다. 건축이론가 및 비평가로
활동하며 다수의 저서와 논문을 발표했고, 건축 연구 및 설계 프로젝트에 참가했다.
홍익대학교 건축대학, 한양대학교 대학원에 출강하고 있다. 저서 《자유로운 건축 개념의
구조로서 건축》(2007), 《현대건축의 사고》(2008), 《창조적 사고와 디자인의 도전》(2008),
《건축과 도시의 상호작용》(2008), 《알기 쉬운 건축》(2008) 등이 있다.

건축 콘서트
건축으로 통하는 12가지 즐거운 상상

1판 1쇄 발행 2010년 10월 25일
1판 5쇄 발행 2019년 7월 30일

지은이 이영수 외 12명

펴낸이 송영만
펴낸곳 효형출판
출판등록 1994년 9월 16일 제406-2003-031호

주소 10881 경기도 파주시 회동길 125-11
홈페이지 www.hyohyung.co.kr
전자우편 info@hyohyung.co.kr
전화 031 955 7600 | 팩스 031 955 7610

ISBN 978-89-5872-095-9 03540

이 책에 실린 글과 그림은 효형출판의 허락 없이 옮겨 쓸 수 없습니다.
표지 사진 ⓒ유명희

값 17,000원